平成の大修理を終えた姫路城（78ページ掲載）

82 NIPPON

姫路城

日本郵便

テーマ別
日本切手カタログ

公益財団法人 日本郵趣協会発行

Vol.4
鉄道・観光編

JN207073

もくじ

ストーブ列車（21ページ掲載）

博多祇園山笠（54ページ掲載）

栗林公園（87ページ掲載）

築地本願寺（108ページ掲載）

本書について

本書は「テーマ別日本切手カタログ」のシリーズ第4巻に当たり、日本の鉄道と観光に関するおよそ1,400種の切手を4部構成に大別し、採録を行っています。

この第4巻全体を貫くキーワード、それは"旅"です。冒頭には人々を旅路に誘う「鉄道」を据えました。明治以来、蒸気機関車、電気・ディーゼル機関車、さらには新幹線と旅を支えてきた鉄道。さまざまな車両の乗車を楽しみつつ、そんな車中の高揚感が旅の期待につながっていきます。

第2部は「祭り・イベントめぐり」。元日の遊佐のアマハゲから大晦日のなまはげまで、津々浦々の祭りやイベントを歳時記順に採録しています。また、第3部は城、名園、塔、灯台、文化財建造物、教会等の多種多様な「観光名所めぐり」を、北から南の順に採録しました。そして第4部は各地の寺院や神社を訪ね、仏像や仏画を拝観する「神社仏閣めぐり」。旅の折々には梅や桜の花まつりを愛でながら、この美しい日本の観光を本書で存分にお楽しみください。

---

❶ **中尊寺** 【岩手県平泉町】
ちゅうそんじ

❷ 850年、円仁の開創という。藤原清衡が壮大な伽藍を築く。基衡・秀衡も毛越寺・観自在王院・無量光院などを建立。奥州藤原氏滅亡（1189年）で衰退。1337年、金色堂と経蔵を残して焼失。伊達氏が再建した。

❸ **金色堂 [国宝]**

❹ 1124年、藤原清衡が自身の葬堂として建立。阿弥陀堂形式の堂で黒漆塗・金箔貼、光堂（ひかりどう）とも呼ぶ。内陣には藤原3代のミイラ化遺体を納める3つの須弥壇。そして4代目泰衡の頭部も。❼

❺ ❻
424
1968.5.1. 新動植物国宝図案切手
1967年シリーズ30円
424　30Yen・・・・・・・・・・・・・・・・・・・・100□

C2119a（左）
R0806a（右）

2012.6.29. 第3次世界遺産　第6集（平泉）
C2119a　80Yen・・・・・・・・・・・・・・・・・・・・120□

2011.11.15. 地方自治法施行60周年　岩手県
R806a　80Yen・・・・・・・・・・・・・・・・・・・・120□

▲ 第4部 神社仏閣めぐり　「寺院」のページより

■本書のカタログ表記について

❶**大項目**：切手に描かれたテーマを示します。また複数の関連する切手がある場合は、大きなテーマの括りを示します。

❷：❶の大項目の解説を記しています。

❸**小項目**：❶の大項目をより細分類し、切手の具体的な題材を指し示します。

❹：❸の小項目の解説を記しています。

❺**切手**：原則として原寸の70%で採録。それ以外の場合は縮小率を示しています。

❻**切手番号**：「さくら日本切手カタログ」に準拠した切手番号です。

❼**切手データ**：発行日、切手名称、切手番号、額面、未使用切手評価の順（「さくら日本切手カタログ」に準拠）。切手番号の分野別記号は以下の通りです。

- ■無記号：普通切手
- ■C：記念切手
- ■R：ふるさと切手
- ■P：公園切手
- ■G：グリーティング切手
- ■N：年賀切手

※採録は基本的に北から南の地理順ですが、テーマにより採録順の異なる場合があります。その場合は各テーマの冒頭において注記を施しましたので、ご参照ください。

同図案の切手　同図案切手がある場合は、最初に発行の切手で代表し、コイル切手・額面変更等が評価の末尾にカタログ番号で示しています。（切手帳、ペーン等は省略）

1972.1.21.
新動植物国宝図案切手　1972年シリーズ20円
438　20Yen・・・・・・・・・50□ [同図案▶449コイル]

図案を代表して掲載   図案は未掲載

津和野・島根県

80
NIPPON

日本郵便

かつての山口線蒸気機関車8620形（7ページ掲載）
写真はSLやまぐち号C57-1（2007年）。現在はC57-1に加えてD51-200が牽引。

［当項目の採録］　特記事項があるものについては、各項の冒頭に記載。基本的には地域ごとに北から南に、さらに車両については国内での運用年順に掲載。

蒸気機関車

蒸気機関車は、車軸配置によって分類される。車軸配置とは、動力によって回転して車体を前進させる動輪と、車体の重量を支えてレールに沿って案内している先輪・従輪の軸数と配置を、数字とアルファベットで表すもの。切手はこの方法を参考に、車軸数の少ない機関車（B）から、日本での運用年順に掲載。配置パターンについては、下記の対応表を参照。

※車軸配置は機関車を横から見た状態で、小さい●が先輪・従輪、大きい○が動輪を示す。左が機関車の先頭で先輪、動輪、従輪の順。配置記号は日本で使用されているもの。通称はアメリカで使用され、掲載以外の呼称もある。

配置パターン	配置記号	通称（代表的な例）
●○○	1 B	ポーター
●○○●	1 B 1	コロンビア
○○○	C	シックスホイールカップルド
●○○○	1 C	モーガル
●○○○●	1 C 1	プレーリー
●○○○●●	1 C 2	アドリアティック
●●○○○●	2 C 1	パシフィック
●●○○○●●	2 C 2	ハドソン
●○○○○	1 D	コンソリデーション
●○○○○●	1 D 1	ミカド
●○○○○○●●	1 E 2	テキサス

B（動輪軸数2）

150形・1号機関車（1B）
【1872年／タンク式蒸気機関車】

1872年（明治5）の鉄道開業時、日本で初めて運行したイギリス製蒸気機関車。新橋～横浜間を走行。第1号と名付けられたが、後に150形と改称。国の重要文化財。開業当日の情景を描いた錦絵（C606）に描かれた、中央右の御簾付き車両は天皇の御料車（皇族専用車両）。

C606　汐留ヨリ横浜迄鉄道
開業御乗初諸人拝礼之図

C679　150形式蒸気機関車
（背景は旧新橋駅）

1972.10.14.　鉄道100年
C606　20Yen ……………………………… 40□

1975.6.10.　SLシリーズ第5集
C679　20Yen ……………………………… 60□

860形・国産1号（1B1）
【1893年／タンク式】

C1181
国産第1号の蒸気機関車

日本国有鉄道の前身・逓信省鉄道庁が、1893年（明治26）にイギリス人技術者の指揮の下で製造した、日本初の国産蒸気機関車。京都～神戸間などで運用された。

1987.4.1.
新鉄道事業体制発足
C1181　60Yen …………100□

230形233号（1B1）
【1903年／タンク式】

逓信省鉄道作業局（官設鉄道）が、民間機関車メーカーの汽車製造会社に発注し、日本で初めて本格的に量産が行われた。現存する最古の国産タンク式蒸気機関車として、現在、京都鉄道博物館に展示されている。

2017.10.4.
鉄道シリーズ
第5集（通常版）
C2330a
82Yen…… ―□

2017.10.4.
鉄道シリーズ
第5集（イラスト版）
C2331a
82Yen…… ―□

C2330a（上）「生きている」鉄道文化の長期保存と魅力ある展示
C2331a（下）230形233号蒸気機関車

デフォルメされた蒸気機関車の錦絵

C2094b　梅堂国政筆
「開化幼早学門」

2011.4.20.　切手趣味週間
C2094b　80Yen…………120□

「開化幼早学門（かいかおさなはやがくもん）」は、1876年（明治9）に発行された、幼児教育用の書籍。切手の錦絵は、文明開化の象徴として「鉄道」と「郵便」を取り上げている。

錦絵の蒸気機関車にはカラフルに色づけられているが、実際にこのような車両が走っていたわけではない。おそらく、子供向けということで色や形がデフォルメされたものと考えられ、車種の特定も難しい。

※タンク式蒸気機関車：水、石炭を機関車本体に積載する形態の機関車を指す。

C （動輪軸数3）

1290形「善光号」(C) 【1875年／タンク式】

イギリスから輸入された蒸気機関車3両のうちの1両。日本初の私鉄・日本鉄道に引き渡された1両は、建設工事用に使用された。埼玉県川口市の善光寺裏で組み立てられたことから、「善光号」の愛称で呼ばれることとなった。

C928
1290形蒸気機関車「善光号」

1982.6.23. 東北新幹線開通
C928　60Yen ·······························100□

7100形「弁慶号」(1C) 【1880年／テンダー式】

1880年（明治13）の北海道初の鉄道（官営幌内鉄道）の開業にあたり、アメリカ合衆国から輸入された蒸気機関車。8両が輸入され、そのうち最初の6両には、順に「義経」、「弁慶」、「比羅夫」、「光圀」、「信広」、「静」と歴史上の人物にちなんだ愛称が命名された。切手の題材になったのは、2番目に製造された「弁慶号」。

昭和22.10.14

C110(上)　C678(左)
7100形蒸気機関車「弁慶号」

1947.10.14. 鉄道75年
C110　売価5Yen··· 2,400□

1975.6.10.
SLシリーズ第5集

C678　20Yen ··············60□

（背景は旧札幌駅）

8620形（1C）【1914年／テンダー式】

日本で初めて本格的に量産された国産旅客列車牽引用蒸気機関車。「ハチロク」の愛称で親しまれ、国鉄蒸気機関車の末期まで全国で使用された。

R362 津和野

※戦中から戦後にかけての山口線を描く。当時の牽引機は8620形が主力だった。

C674
8620形
蒸気機関車

1975.4.3. SLシリーズ第3集
C674　20Yen ··························60□

1999.10.13. 萩・津和野
R362　80Yen ·························120□

C51形（2C1）【1919年／テンダー式】

日本で開発された幹線旅客列車用の大型蒸気機関車。当初は18900形と称したが、後にC51形と改称。愛称はシゴイチ。計289両が製造された。

C677　C51形蒸気機関車

1975.5.15. SLシリーズ第4集
C677　20Yen ··············60□

C11形（1C2）【1932年／タンク式】

1930年に設計されたC10形の改良増備車として登場した、小型の蒸気機関車。コンパクトで使い勝手がよく、計381両もの車両が製造された。切手は、只見線の滝谷～会津桧原間の橋梁を走る姿。

C675　C11形蒸気機関車

1975.4.3. SLシリーズ第3集
C675　20Yen ··························60□

鉄道—旅への誘い

からくり儀右衛門、鉄道模型と走る！

1997.6.3.
長崎街道
R213
80Yen·····120□

2004.8.23.
科学技術とアニメ・ヒーロー・ヒロイン・シリーズ第5集
C1917b
80Yen·····120□

［同図案▶C1918d］

R213　佐賀・精煉方
（4種連刷のうちの1枚）

C1917b
蒸気車雛形

幕末の嘉永6年（1853）、ロシアのプチャーチン率いる軍艦が長崎港に入港したときのこと。当時、佐賀藩は海外の技術を積極的に学ぶ「精煉方（今で言えば理化学研究所）」を設置していた。

ある日、プチャーチンに招かれた精煉方の一人が、蒸気機関車の模型に目を留め、実際に動かしてもらったという。「生き物のようだった！」という報告から、彼が初めて目にした鉄道への衝撃が伝わってくる。

精煉方の一員に、からくり儀右衛門の異名で知られる発明家・田中久重がいた。彼は仲間から伝え聞いた話のみで、なんと安政2年（1855）、日本人の手による初の鉄道模型（雛形）を完成させ、公開運転を試みている。久重は藩主の前で模型と併走しつつ、圧力弁を操作したという。

C12形（1C1）【1932年／タンク式】

簡易線規格路線用の、小型軽量で運転コストの低い新形として設計された蒸気機関車。現在、日本国内で動態保存としての運転が行われているのは、真岡鐵道の1両のみ。福島県の国鉄川俣線（廃線）岩代川俣駅跡地で静態保存されていたものを、1994年に復活させた。

R821d　真岡鐵道SL
2012.10.15.　地方自治法施行60周年記念シリーズ　栃木県
R821d　80Yen ······························ 120□

C57形（2C1）【1937年／テンダー式】

C671　C57形蒸気機関車

C55形の63号機として製造が始められたが、改良箇所が多岐に及んだため、新形式のC57形蒸気機関車として誕生。「貴婦人」のほか、「シゴナナ」の愛称で呼ばれる。切手は宮崎の大淀川橋梁を走る姿。

1974.11.26.　SLシリーズ第1集
C671　20Yen ······························ 60□

C58形（1C1）【1938年／テンダー式】

C672　C58形蒸気機関車

8620形の速度と9600形の牽引力を兼ね備えた共通の後継機として設計され、433両を製造し、各地のローカル線や都市部の入換用として使用された。愛称は「シゴハチ」。

1975.2.25.　SLシリーズ第2集
C672　20Yen ······························ 60□

C59形（2C1）【1941年／テンダー式】

C91　C59形蒸気機関車

1930年代末、幹線の優等列車を牽引していたC53形の後継機として、保守が容易で同等以上の性能を備える新型機関車として誕生。この切手は日本で最初に鉄道車両を描いた切手で、当時の最新式であったC59が題材に選ばれた。

1942.10.14.　鉄道70年
C91　5Sen ······························ 700□

SLやまぐち号を当初より牽引しているC57形1号機。
photo by khws4v1

8

銀河鉄道999牽引機のモデルはC62形

2006.2.1.
アニメ・ヒーロー・ヒロイン・シリーズ第3集
C1974
80Yenシート ············ 2,700□
C1974a-b
銀河鉄道999

松本零士の漫画「銀河鉄道999」では、主人公たちが乗り込む「銀河鉄道超特急999号」の牽引機として、C62形が登場する。原作の漫画・映画版では、松本零士が同機のプレートを保有していた関係から、実際に存在した48号機（C62 48）、テレビアニメ版では実物に敬意を表して、架空の50号機（C62 50）となっている。

C62形「つばめ」（2C2）【1948年／テンダー式】

C607　C62形蒸気機関車「つばめ」

貨物用のD52形を、生活物資の買出しや復員・引き揚げ輸送のための旅客用に改造した蒸気機関車。愛称は「シロクニ」。切手は東海道本線の東京〜大阪間を走った特急「つばめ」。

▶「つばめ」のヘッドマーク

1972.10.14.　鉄道100年
C607　20Yen ············ 40□

D（動輪軸数4）

9600形（1D）【1913年／テンダー式】

C676　9600形蒸気機関車

1913年（大正2）から製造した、日本で初めての本格的な国産貨物列車牽引用の蒸気機関車。「キューロク」、「クンロク」などの愛称で、四国を除く日本全国で長く使用された。国鉄において最後まで稼動した蒸気機関車ともなった、長命な形式。

1975.5.15.　SLシリーズ第4集
C676　20Yen ············ 60□

「虹の世界」の蒸気機関車の機種は？

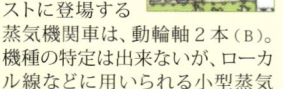

C1759
不思議な虹の世界

画家・安野光雅の描いたイラストに登場する蒸気機関車は、動輪軸2本（B）。機種の特定は出来ないが、ローカル線などに用いられる小型蒸気機関車に多い形式で、日本では11種が導入されていた。

1999.10.28.　日本学術会議50周年
C1759　80Yen ············ 150□

最後の国産機関車製造の場面が題材

1949年発行の産業図案切手500円「機関車製造」の原画は、郵政省技芸官（当時）の渡辺三郎が担当した。後に渡辺は、作画前に火花が飛び散る大工場を取材した…と語っている。この取材時期と特徴的なフロントの形状から、図案の車両は汽車製造株式会社が1948年に製造し、奥羽本線の板谷峠で活躍した、国鉄形最後の新製蒸気機関車E10（動輪軸数5）と推察される。

323
機関車製造
C1471　機関車製造500円と小型郵便自動車
1949.9.26.
産業図案切手500円
323　500Yen ………………85,000□
［同図案▶333 500Yen …75,000□
1995.9.19.
郵便切手の歩みシリーズ第5集
C1471　80Yen ………………120□

D51形（1D1）【1935年／テンダー式】

C670　D51形蒸気機関車
1974.11.26. SLシリーズ第1集
C670　20Yen …………60□

主に貨物輸送のために用いられた蒸気機関車。太平洋戦争中も大量生産されたこともあり、1,115両が製造され、日本の機関車1形式の車両数で最大を記録した。「デゴイチ」の愛称は知名度も高く、日本の蒸気機関車の代名詞になっている。

C1733h-i
蒸気機関車D51
登場（1）（2）
2000.2.23. 20世紀シリーズ 第7集
C1733h-i
50Yen単片
……………… 80□

D52形（1D1）【1943年／テンダー式】

C673　D52形蒸気機関車
1975.2.25. SLシリーズ第2集
C673　20Yen …………60□

戦時中、貨物船の不足により石炭輸送を陸運で補う必要性が高まり、主に東海道・山陽本線で重い貨物列車を牽引することを目的にして誕生した、D51形よりも出力の高い、国鉄最強とされる蒸気機関車。愛称は「デゴニ」。

電気機関車

電気機関車とは、電気を動力機関として客車や貨車を牽引する車両。車両記号は電気を示すE（Electoric）＋動輪軸数をアルファベット（動輪軸数2=B、3=Cなど。下表参照）で表す。英字の後ろの数字は、最高運転速度（85km/hより早いか遅いか）と、架線から取り入れる電源の種類（直流・交流・交流直流両用）によって振り分けられる。切手はこの方法を参考に、動輪軸数の少ない機関車から運用順に掲載。

動輪軸数	2	3	4	5	6	7	8
車両記号	EB	EC	ED	EE	EF	EG	EH

85km/h以下の直流……10〜29　　85km/h超の直流……50〜69
85km/h以下の直交流…30〜39　　85km/h超の交流……70〜79
85km/h以下の交流……40〜49　　85km/h超の直交流…80〜89
※試作車……90〜99

EC（動輪軸数3）

10000形*（EC40形）【1912年／直流電気機関車】

C1269　10000形電気機関車
1990.1.31.　電気機関車シリーズ第1集
C1269　62Yen…………………………100□

日本が初めて導入した電気機関車で、国鉄の前身である鉄道院がドイツから輸入した。信越本線の横川〜軽井沢間（碓氷峠）の電化に際して調達されたアプト式電気機関車。

ED（動輪軸数4）

ED40形　【1919年／直流電気機関車】

C1271　ED40形電気機関車
1990.2.28.
電気機関車シリーズ第2集
C1271　62Yen…………100□

国鉄が初めて導入した国産電気機関車。信越本線の横川〜軽井沢間（碓氷峠）用のアプト式電気機関車。10000形（EC40形）の増備用として製造された。2018年3月、鉄道博物館（埼玉県・大宮）で展示されているED40形式10号機が、国の重要文化財（美術工芸品）に指定された。

ED16形*（10020形）【1931年／直流電気機関車】

C937　ED16形電気機関車
1982.11.15.
上越新幹線開通
C937　60Yen……100□

輸入電気機関車が主流だった頃、国産の鉄道省形中形標準機として製造された名機関車。上越線の水上〜石内間で使用されたことから題材に選ばれた。切手には8号機が描かれている。2018年3月、青梅鉄道公園で展示されているED16形式の1号機が、国の重要文化財（美術工芸品）に指定された。

＊1928年、車両形式称号規程改正が実施され、10000形はEC40形に、10020形はED40形に形式が改められた。そのため、85km/h以下の直流電気機関車ではあるが、例外的に40という数字が割り振られている。

ED70形 【1957年／交流電気機関車】

北陸本線田村～敦賀間の交流電化にあわせて製造された、日本初の量産型にして世界初の商用周波数60Hzの交流電気機関車でもある。北陸本線の客貨輸送を一手に担った。

C1274　ED70形電気機関車
1990.4.23.　電気機関車シリーズ第3集
C1274　62Yen ······················100□

ED61形 【1958年／直流電気機関車】

急勾配が連続する中央線八王子～甲府間の輸送力増強と、古い機関車を置き換える目的で18両を製造。後に、すべての車両がED62形に改造され、形式消滅した。

C1276　ED61形電気機関車
1990.5.23.　電気機関車シリーズ第4集
C1276　62Yen ······················100□

ED79形 【交流電気機関車】

【「日本海」　1986年】

青函トンネルを有する津軽海峡線区間の開業に伴う、同区間の専用機関車として製造。切手の列車は、青函トンネルが開通して最初に通過した、寝台特急「日本海」。大阪駅～函館駅間を運行した。

C1217　青函トンネル用のED79形電気機関車と地図
1988.3.11.
青函トンネル開通
C1217　60Yen ······················100□
［ペーン▶ CP9　600Yen ···············1,000□

【開業初上り列車「海峡」　1988年】

切手の手前の列車(奥の電車については13ページを参照)がED79形電気機関車で、青森駅～函館駅間を津軽線・海峡線・江差線・函館本線(津軽海峡線)経由で運行する快速列車「海峡」を牽引。この列車は青函連絡船の代替と津軽海峡線内の地域輸送を担っていた。

C1742a　青函トンネル開通
2000.11.22.
20世紀シリーズ第16集
C1742a　80Yen ······················120□

▶開業初の上り列車
ED79形「海峡」

EF （動輪軸数6）

EF53形 【1932年／直流電気機関車】

旅客列車用電気機関車として誕生。初の国産電気機関車EF52形をベースとし、高速性能の向上、機器類の信頼性と機能の向上が図られた車両として、後続の基本となった。

C1273　EF53形電気機関車
1990.4.23.　電気機関車シリーズ第3集
C1273　62Yen ······················100□

EF55形 【1936年／直流電気機関車】

1936年当時は海外の最新鋭車両が流線形だった影響から、蒸気機関車や電車、気動車などにも流線形の車両が登場していた。EF55形もその流れで製造されたもので、愛称は「ムーミン」。

C1275　EF55形電気機関車
1990.5.23.　電気機関車シリーズ第4集
C1275　62Yen ······················100□

EF57形 【1940年／直流電気機関車】

鉄道省が太平洋戦争前に製造した最後の旅客用電気機関車。戦時体制下で開発・製造された機関車だが、当時における優秀機として完成された。箱形車体と両端のデッキを備える古典的形態である。

C1277　EF57形電気機関車
1990.7.18.　電気機関車シリーズ第5集
C1277　62Yen ······················100□

EF58形（初代） 【1946年／直流電気機関車】

1946年～1948年にかけて製造された初期形車。故障や事故が多く、1号機～31号機までの計31両が完成したところで一旦製造中止となったが、鉄道ファンには人気の高い車両。「旧EF58形」などの呼び方もある。切手に描かれているのは4号機。

C262　EF58形電気機関車と広重画「由井」
1956.11.19.
東海道電化完成
C262　10Yen ···1,200□

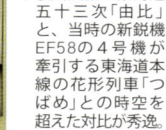

◀歌川広重の東海道五十三次「由比」と、当時の新鋭機EF58の4号機が牽引する東海道本線の花形列車「つばめ」との時空を超えた対比が秀逸。

▲「東海道電化完成」の原画　　　　郵政博物館所蔵

鉄道―旅への誘い

EF58形（改良型）【1952〜58年／直流電気機関車】

C1270　EF58形電気機関車

1990.1.31.　電気機関車
シリーズ第1集
C1270　62Yen‥‥‥‥100□

初代のEF58を大改良した車両だが、「EF58形」の形式称号は継承して量産を再開。「新EF58形」とも呼ばれ、一般にEF58形と言えばこの形態を指す。こちらの改良型の車両も鉄道ファンに人気があり、愛称は「ゴハチ」。切手は、特急「つばめ」を描いたもの。

EF30形【1960年／直交流両用電気機関車】

C1278　EF30形電気機関車

1990.7.18.　電気機関車シリーズ第5集
C1278　62Yen‥‥‥‥‥‥‥‥‥100□

九州の交流電化に伴い、関門海峡トンネルで活躍した電気機関車。車体は海底トンネルを通るため、ステンレス製（防錆加工）。本州と九州を結ぶ全ての客車と貨物列車を牽引した。

EF66形【1968年／直流電気機関車】

C2194e　日本国有鉄道EF66形

2014.10.10.　鉄道シリーズ第2集
C2194e　82Yen‥‥‥‥‥‥‥‥120□

東海道・山陽本線系統の高速貨物列車専用機として開発された電気機関車。民営化時、JR西日本では東京〜下関間で「あさかぜ」「さくら」等の寝台急行特別列車の牽引などにも運用された。

「青大将」のルーツはフランス国鉄？

　EF58形の車体には、標準色の焦げ茶（ぶどう色）、深紅色（ため色）などがあるが、東海道本線全線電化に際し、1954年に塗装試験が行われ、このとき、フランス国鉄（SNCF）の電気機関車2D2 9135を参考にしたとされる（写真）。「東海道電化完成」の切手は、この塗装試験時の濃緑色と淡緑色で上下2トーンに塗装された4号機を描いている。その後、全線電化後の1956年から運行した特急「つばめ」と「はと」の牽引機車両25両は、車体が淡緑色、下部に黄色、下回りは暗緑色で当時としては斬新な緑色となった。その色味と長く連なる列車の様子から、「青大将色」というあだ名で呼ばれ、人々に親しまれた。

・・・・・ イラストにみる電気機関車 ・・・・・

C168　通信手段と地球
［同図案▶C170,C171］

1949.10.10.　万国郵便
連合（UPU）75年
C168　8Yen‥‥‥‥500□

電車と客車。イラストなので機種の特定はできないが、先頭の機関車は動輪軸数が6つのため、EF形がモデルと考えられる。

国有鉄道・組織の変遷

　1868年（慶応3）、幕府は官営による鉄道建設を決定し、新橋〜横浜間の鉄道建設が始まる。1870年（明治3）より本格的に着工が進められ、鉄道開業の前年にあたる1871年、所管官庁として工部省鉄道寮（1877年に工部省鉄道局）が設置された。初代鉄道頭（てつどうのかみ）に就任したのは、明治政府官僚の井上勝（写真）で、鉄道建設に尽力し、「鉄道の父」と呼ばれている。

　1885年（明治18）に工部省が廃止されると、鉄道は内閣直属となり、1890年には内務省鉄道庁に改組。1892年に逓信省鉄道庁、翌1893年には逓信省鉄道局となった。1897年には逓信省鉄道局は監督行政のみを受け持ち、現業部門は逓信省外局の鉄道作業局に分離された。

　1906年（明治39）に鉄道国有化が決定。1907年に鉄道作業局は帝国鉄道庁となる。相次ぐ鉄道行政の所管変更や組織の分離による混乱が社会問題となったため、1908年に逓信省鉄道局と帝国鉄道庁を統合し内閣鉄道院を新設。1920年（大正9）に鉄道省、1943年（昭和18）に運輸通信省、1945年に運輸省となり、1949年（昭和24）に公共企業体の日本国有鉄道（国鉄）が発足した。

写真：国立国会図書館所蔵

EH （動輪軸数8）

EH10形【1954年／直流電気機関車】

C1272　EH10形電気機関車

1990.2.28.　電気機関車シリーズ第2集
C1272　62Yen‥‥‥‥‥‥‥‥‥100□

国鉄史上最大級の電気機関車で、国鉄が製作した当時唯一の8動輪軸。東海道本線・山陽本線の貨物列車牽引に使用され、その巨体から「マンモス」という愛称で親しまれた。

電車

電車は、動力源に電力を用いる鉄道車両（電気車）のうち、駆動用電動機を装置して架線や軌道から得る電気を動力源として走行し、旅客や貨物を載せる設備を持つ車両の総称。動力を持つ車両は電動車、動力を持たず電動車と編成を組む車両は付随車と呼ばれる。現在の日本では、電車のほとんどが旅客用に運用されている。

日本国有鉄道（国鉄）および日本旅客鉄道（JR）の電車

※国鉄およびＪＲの電車を運用開始年順に掲載。

日本国有鉄道151系「こだま」（特急用電車）【1958年】

国鉄（当時）初の特急形電車として、東京～大阪・神戸間の特急「こだま」に導入された。東海道新幹線開業前の東海道本線の花形列車であり、国鉄黄金時代を象徴する車両。第2回ブルーリボン賞＊を受賞。

C2155c 日本国有鉄道151系

2013.10.11.　鉄道シリーズ第1集
C2155c　80Yen······························120□

日本国有鉄道581系（寝台座席兼用電車）【1967年】

当時新大阪までであった新幹線に接続し、昼夜兼用（寝台・座席両用）の九州への特急電車として誕生。また、先頭部に通り抜け出来る左右開きのドア「貫通扉」が初めて設置された。第11回ブルーリボン賞を受賞。

C2194d 日本国有鉄道581系

2014.10.10.　鉄道シリーズ第2集
C2194d　82Yen······························120□

日本国有鉄道183系（特急用電車）【1972年】

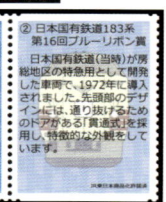

国鉄（当時）が房総地区の特急電車として開発した列車。開業した総武本線（快速線）東京～錦糸町間は地下トンネルだったため、火災事故対策として先頭部に通り抜けるためのドアがある581系以来の「貫通式」を採用した特徴的な外観。第16回ブルーリボン賞受賞。

C2233b（上）　C2234c（下）　日本国有鉄道183系

2015.10.9.　鉄道シリーズ第3集（通常版）
C2233b　82Yen······························120□
2015.10.9.　鉄道シリーズ第3集（イラスト版）
C2234c　82Yen······························120□

　＊ブルーリボン賞、ブルネル賞については、16～17㌻を参照。

九州旅客鉄道787系「つばめ」（特急用電車）【1992年】

博多駅と鹿児島中央駅を結ぶ特急電車として活躍。シャープな外観、落ち着いた内装、心地よいサービスで名列車と呼ばれる。第36回ブルーリボン賞受賞したほか、1994年に第5回ブルネル賞＊（鉄道関連では唯一となる国際デザインコンペティション）受賞。

C2330h（上）　C2331f（下）　九州旅客鉄道787系

2017.10.4.　鉄道シリーズ第5集（通常版）
C2330h　82Yen······························─□
2017.10.4.　鉄道シリーズ第5集（イラスト版）
C2331f　82Yen······························─□

東海旅客鉄道・西日本旅客鉄道285系「サンライズエクスプレス」（寝台特急電車）【1998年】

東京駅と高松駅・出雲市駅を結ぶ、上下2段寝台の個室特急電車列車。ビジネス客も含めた需要を狙い、個室寝台主体の新型車両として開発。上段の寝台からは寝ながらにして夜空の星を楽しめ、夜明けには日の出も堪能できる（右上写真参照）。第42回ブルーリボン賞受賞。

C2330i（上）　C2331h（下）　東海旅客鉄道・西日本旅客鉄道285系

2017.10.4.　鉄道シリーズ第5集（通常版）
C2330i　82Yen······························─□
2017.10.4.　鉄道シリーズ第5集（イラスト版）
C2331h　82Yen······························─□

「貫通扉」とは？

車両間を移動する通路を貫通路、貫通路を仕切る扉を貫通扉といい、先頭車に貫通扉がある581系や183系は「貫通形先頭車」と呼ばれる。581系は列車の分割（1つの編成が途中駅で切り離され、それぞれが別の目的地へ向かう）や併合（2系統以上の編成が1つの編成として運行する）対応であり、183系は非常時対応で、地下鉄と同様に列車左右への待避が困難な区間を走るため、前後への脱出口として使用される。貫通扉の有無は、先頭車の外観に大きな影響を与える。

サンライズエクスプレスと日の出。高松行き列車の進行左側個室からは、列車名さながらに、瀬戸内海に昇る"サンライズ"を瀬戸大橋を渡りながら堪能できる。　　　　写真提供：山本厚宏

九州旅客鉄道885系「かもめ」(特急電車)【2000年】

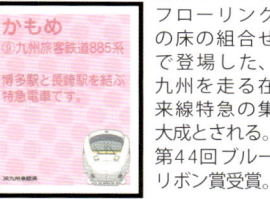

博多駅と長崎駅を結ぶ特急電車。速度向上を目的として開発された振り子式車両(カーブ通過時に車体を傾斜させ通過速度向上と乗り心地の改善を図った車両)。オール革張りシートにフローリングの床の組合せで登場した、九州を走る在来線特急の集大成とされる。第44回ブルーリボン賞受賞。

C2282i(上)　C2283h(下)　九州旅客鉄道885系

2016.10.7.　鉄道シリーズ第4集(通常版)
C2282i　82Yen ･････････････････････････････120□

2016.10.7.　鉄道シリーズ第4集(イラスト版)
C2283h　82Yen ･････････････････････････････120□

東日本旅客鉄道 E259 系「成田エクスプレス」(特急電車)【2009年】

東京と成田空港とを結ぶ「成田エクスプレス」に使用されていた253系の後継車両。ユニバーサルデザインを採用し、快適性とセキュリティーを高めた。第53回ブルーリボン賞を受賞。

C2194h　東日本旅客鉄道E259系

2014.10.10.　鉄道シリーズ第2集
C2194h　82Yen ･････････････････････････････120□

青函トンネルの試運転を担った485系電車
【1987年】

2000.11.22.
20世紀シリーズ第16集
C1742a　80Yen ･････ 120□

C1742a　青函トンネル開通

青函連絡船が結んでいた本州と北海道は、1988年の青函トンネル完成により津軽海峡線でつながることとなった。開通前年の1987年、トンネル内を走った試運転車両が「はつかり」用485系電車。「海峡試運転」のヘッドマークには、廃止される青函連絡船のシルエットが描かれている。

私鉄の電車

※私鉄の電車は各地方ごとに、走行地域および鉄道会社ごとにまとめ、そのなかで運用開始年順に掲載。

▮▮▮▮▮▮▮▮▮▮▮【関東】▮▮▮▮▮▮▮▮▮▮▮

東武鉄道 8000 系　【1963年】

東京・埼玉・千葉・栃木・群馬に鉄道路線を有する関東最大の大手私鉄、東武鉄道の通勤形電車。導入から約20年にわたり、私鉄電車では最多両数となる712両を製造。東武伊勢崎線(現・東武スカイツリーライン)で、東京都足立区に架かる東武荒川橋梁を走る様子が描かれている。

C1741f　テレビドラマ「3年B組金八先生」

2000.10.23.　20世紀シリーズ第15集
C1741f　80Yen ････････････････････････････120□

東武鉄道 100 系「スペーシア」　【1990年】

浅草駅・新宿駅・池袋駅と日光・鬼怒川温泉方面を結ぶ特急電車。「スペーシア」の愛称は一般公募による。東武日光線・鬼怒川線系統の特急と、伊勢崎線(スカイツリーライン)系統の特急などで運行している。第34回ブルーリボン賞受賞。

C2330g(上)　C2331d(下)東武鉄道100系

2017.10.4.　鉄道シリーズ第5集(通常版)
C2330g　82Yen ････････････････････････････ —□

2017.10.4.　鉄道シリーズ第5集(イラスト版)
C2331d　82Yen ････････････････････････････ —□

※東武鉄道50070系については15ジーを参照。

485系試運転列車(左)およびヘッドマーク／写真提供：名取紀之

京成電鉄 AE形（初代）スカイライナー【1973年】

東京と千葉に路線を有する大手私鉄、京成電鉄株式会社が新東京国際空港（現・成田国際空港）へのアクセス列車として開発。AE形はエアポート・エクスプレスを意味しており、公募で「スカイライナー」という愛称が付けられた。第17回ブルーリボン賞受賞。

③京成電鉄AE形（初代）第17回ブルーリボン賞 京成電鉄株式会社が新東京国際空港（現・成田国際空港）へのアクセス列車として開発されました。AE形はエアポートエクスプレスを表し、一般公募で「スカイライナー」という愛称が付けられました。

C2233c（上）C2234e（下）京成電鉄AE形（初代）

2015.10.9. 鉄道シリーズ第3集（通常版）
C2233c　82Yen ·····························120□

2015.10.9. 鉄道シリーズ第3集（イラスト版）
C2234e　82Yen ·····························120□

京成電鉄 AE形（3代）京成スカイライナー【2010年】

初代「京成スカイライナー」が引退した後、AE100形を経て運用された特急形車両。在来線では国内最速となる最高時速160km/hで走行し、上野・日暮里と成田空港を最速36分で結ぶ。第54回ブルーリボン賞受賞。

C2194i　京成電鉄AE形（3代）

2014.10.10. 鉄道シリーズ第2集
C2194i　82Yen ·····························120□

銚子電気鉄道デハ300形　デハ301【1951年】

銚子電気鉄道は、千葉県の銚子駅と外川駅とを結ぶ鉄道会社。デハ301は元・日本国有鉄道モハ115で、鶴見臨港鉄道（現JR鶴見線）からの買収車。2008年末に廃車。

R710d　小さな電車（千葉県銚子市）

2008.5.2. ふるさと心の風景
第1集（夏の風景）
R710d　80Yen ·····························120□

銚子電気鉄道 2000形（クハ2500形）【2010年】

伊予鉄道の800系電車（元は京王帝都電鉄（当時）の2010系電車を整備・改造した車両）を譲り受けて営業運転を開始。切手の車両はライトグリーンだが、2014年の脱線事故後に修理・検査後、昭和40年代の赤とベージュのオリジナル・カラーに復帰した。

R835i　銚子電鉄

2013.6.25. 旅の風景シリーズ第18集（千葉）
R835i　80Yen ·····························120□

京急電鉄 2000形　けいきゅう【1982年】

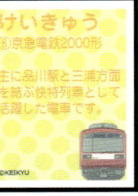

東京から神奈川へ路線を有する大手私鉄、京浜急行電鉄株式会社の快速特急列車で、1982〜1987年にかけて主に品川駅と三浦方面を結ぶ路線で活躍した電車。

長距離旅客のサービス向上を狙って製造され、有料特急に比肩しうる内装となっていた。第26回ブルーリボン賞受賞。

C2282f（上）C2283b（下）京急電鉄2000形

2016.10.7. 鉄道シリーズ第4集（通常版）
C2282f　82Yen ·····························120□

2016.10.7. 鉄道シリーズ第4集（イラスト版）
C2283b　82Yen ·····························120□

小田急電鉄 3000形【1957年】

東京・神奈川を中心とした路線を有する大手私鉄、小田急電鉄株式会社が、新宿〜箱根湯本間の特急専用車両として導入。当時の狭軌世界最高速度を記録した。1958年に制定された第1回ブルーリボン賞を初めて受賞した。

C2155b　小田急電鉄3000形

2013.10.11.
鉄道シリーズ第1集
C2155b　80Yen ·····························120□

小田急電鉄 3100形【1963年】

小田急電鉄が1963年に導入した特急専用車。箱根方面への特急ロマンスカーの輸送力増強のために開発された。同社の特急で初めて前面展望席を設けている。第7回ブルーリボン賞受賞。

C2155h　小田急電鉄3100形

2013.10.11 鉄道シリーズ第1集
C2155h　80Yen ·····························120□

小田急電鉄 60000形　ロマンスカー【2008年】

小田急電鉄が2008年に導入した、座席指定タイプの特急車としては日本初となる、地下鉄道への乗り入れが可能になるよう開発した車両。鮮やかな青色を車体全体に採用。第52回ブルーリボン賞受賞。

C2233i　小田急電鉄60000形

首都圏都市鉄道の利便性が向上

　2013年3月16日、首都圏の民鉄5社による7線の世界にも類例を見ない、広域的な相互直通運転が実現した。首都圏都市鉄道の利便性の向上、首都圏内陸部と沿海部の心理的距離感が縮まり、地域間交流の活性化を貢献したことが評価され、東京地下鉄株式会社、東京急行電鉄株式会社、東武鉄道株式会社、西武鉄道株式会社、横浜高速鉄道株式会社、沿線住民団体の5社1団体に第12回日本鉄道大賞＊が授与された。

① 東武鉄道50070系：東上線系統で運行。東武の車両で初めてアルミニウム合金車体を採用した通勤形電車。
② 西武鉄道6000系：西武池袋線と有楽町線との相互乗り入れ用車両として製造された地下鉄対応車両の通勤形電車。
③ 東京地下鉄10000系：2006年から有楽町線で営業運転開始した、東京地下鉄の通勤形電車。
④ 東京急行電鉄5050系4000番台：東京メトロ副都心線・有楽町線・東武東上線・西武池袋

2014.10.10.　鉄道シリーズ第2集
C2194a　82Yen…………………………120□

C2194a　首都圏民鉄5社7線による広域速達タイプの相互直通運転

への直通運転に対応した通勤形電車。
⑤ 横浜高速鉄道Y500系：横浜高速鉄道みなとみらい線開業および、同線と東横線との相互直通運転開始に伴って製造された通勤形電車。

⑨ 小田急電鉄60000形　第52回ブルーリボン賞

小田急電鉄株式会社が座席指定タイプの特急車両としては、わが国で初めて、地下鉄線への乗り入れが可能になるよう開発した車両で、2008年に導入されました。地下鉄線内でも明るさを感じさせる鮮やかな青色を車体全体に採用しています。

2015.10.9.
鉄道シリーズ第3集（通常版）
C2233i　82Yen……120□

2015.10.9.
鉄道シリーズ第3集（イラスト版）
C2234h　82Yen……120□

C2234h　小田急電鉄60000形

小田急電鉄 7000形　ロマンスカー　【1980年】

　1980年以降、主に新宿駅と箱根湯本駅を結ぶ特急電車として運用された。従来の特急ロマンスカーのイメージを尊重しつつも斬新さを追及したほか、居住性や機能性の向上も図り、"Luxury Super Express"(LSE)の愛称が設定された。第24回ブルーリボン賞を受賞。

C2282d（上）　C2283g（下）小田急電鉄7000形

2016.10.7.　鉄道シリーズ第4集（通常版）
C2282d　82Yen………………………120□

2016.10.7.　鉄道シリーズ第4集（イラスト版）
C2283g　82Yen………………………120□

小田急電鉄 10000形 ロマンスカー HiSE 【1987年】

　1987年〜2012年まで運用されていた特急用車両（ロマンスカー）。小田急開業60周年を記念して登場し、前後の展望席以外の客室を高床化した車両は、特急ロマンスカーのイメージリーダーとされた。愛称「HiSE」の「Hi」は、上級をイメージしたHighにちなむ。第31回ブルーリボン賞受賞。

ロマンスカーHiSE　⑥小田急電鉄10000形　新宿駅と小田原・箱根方面を結ぶ特急電車として活躍しました。

C2330f（上）　C2331b（下）小田急電鉄10000形

2017.10.4.　鉄道シリーズ第5集（通常版）
C2330f　82Yen………………………120□

2017.10.4.　鉄道シリーズ第5集（イラスト版）
C2331b　82Yen………………………120□

10000系HiSE車の先頭側面付近。
photo by Cassiopeia_sweet

＊日本鉄道大賞については、16〜17㌻を参照。

鉄道──旅への誘い

江ノ島電鉄 1000 形 えのでん 【1979年】

江ノ島電鉄株式会社が運営する、藤沢駅と鎌倉駅を結ぶ江ノ島電鉄線のローカル路線電車。通称「えのでん」。1000形は1979年に、48年ぶりの完全新造車として登場。江ノ電沿線のみならず、全国的に人気の高い車両として知られている。第23回ブルーリボン賞を受賞。

C2282c（上）　C2283e（下）江ノ島電鉄1000形

2016.10.7.　鉄道シリーズ第4集（通常版）
C2282c　82Yen ····················120□

2016.10.7.　鉄道シリーズ第4集（イラスト版）
C2283e　82Yen ····················120□

江ノ島電鉄 20 形 【2002年】

2002〜2003年に旧500形の代替と、江ノ電開業100周年を記念してして登場した車両。観光客を意識し、オリエント急行を思わせるデザインを採用した10形「レトロ車両」の流れを汲む外観が特徴。

C2311i　電車

2017.4.14.　My旅切手シリーズ　第2集　いざ鎌倉！
C2311i　82Yen ····················120□

江ノ島電鉄 500 形 (2代) 【2006年】

老朽化の進んだ300形の置き換え用として、2006年に登場した最新形車両。江ノ電では初の電動機制御システム（VVVFインバータ方式）を採用した省エネルギー設計で、環境に配慮している。20形に比べて丸みのあるデザインで、外観は2003年に引退した旧500形のイメージを継承しているが、車内に液晶ディスプレイを装備し、沿線名所の映像も放映したり、江ノ電初の英語放送を併用した車内自動放送が使用されたりしている。

C2310b　電車1

C2310d　電車2　　C2312a　電車と海

2017.4.14.　My旅切手シリーズ第2集　いざ鎌倉！
C2310b　52Yen ····················80□

2017.4.14.　My旅切手シリーズ第2集　いざ鎌倉！
C2310d　52Yen ····················80□

2017.4.14.　My旅切手シリーズ第2集　レターセット専用シート
C2312a　120Yen ····················240□

西武鉄道 5000 系
特急ちちぶ／レッドアロー 【1969年】

東京都北西部から埼玉県南西部に路線を有する大手私鉄・西武鉄道株式会社が、西武秩父線の開通に合わせて開発し、西武初の特急電車「ちちぶ」として営業運転を開始。クリーム色に2本のレッドラインを配した印象的な車体塗装から、「レッドアロー」の愛称で親しまれた。第13回ブルーリボン賞を受賞。

C2194f　西武鉄道5000系

2014.10.10.
鉄道シリーズ第2集
C2194f　82Yen ····················120□

※西武鉄道6000系については15㌻を参照。

【北陸】

北陸鉄道石川線

石川県白山市白山町にあり2009年に廃線となった、北陸鉄道石川線・加賀一の宮駅に停車する電車。図案からは、車両の特定は難しい。

R710j　残暑の街（石川県白山市）

2008.5.2.　ふるさと心の風景
第1集（夏の風景）
R710j　80Yen ····················120□

【東海】

岳南電車 8000 形 【2002年】

静岡県富士市の岳南電車株式会社が運営する、路線総延長9.2キロ、停車駅は10駅のローカル線・岳南線で運行されている通勤形電車。岳南線は、製紙工場・セメント工場・自動車部品工場が建ち並び、富士山をバックに煙突が林立する、国内唯一の工場夜景電車が走る鉄道として注目されつつある。

C2329j　岳南電車

2017.9.29.　日本の夜景シリーズ第4集
C2329j　82Yen ····················一□

「鉄道」が受賞するさまざまな賞について

◆ 応募は自薦の「日本鉄道賞」
　「日本鉄道賞」は、鉄道に対する国民の理解と関心を深め、一層の発展を期することを目的として、2002年から始まった表彰制度。「鉄道の日」に東京・日比谷で開催される「鉄道フェスティバル」の主催者「鉄道の日」実行委員会が創設した。毎年、鉄道関連企業が応募してきたさまざまな取り組みから、選考委員会が賞を決定する仕組みで、都内ホテルでの授賞式では、記念の盾が授与される。
◆ ファン投票の頂点「ブルーリボン賞」
　「ブルーリボン賞」は、鉄道愛好家の全国組織「鉄道友の会」が1958年から創設したもの。2017年で60回を迎えた。こちらは「友の会」の選考委員会が、7〜10の鉄

伊豆急行 2100系 リゾート21 【1985年】

伊豆急行線を経営する伊豆急行株式会社の普通列車で、「リゾート21」の愛称がある。先頭車に展望席が設置され、座席も海側の景色を楽しめる独特の配置にするなど、観光客向けの豪華な設備と左右で異なる車体のカラーリングが特徴。第29回ブルーリボン賞受賞。

C2330d（上）　C2331e（下）伊豆急行2100系

2017.10.4.　鉄道シリーズ第5集（通常版）
C2330d　82Yen···························· —□

2017.10.4.　鉄道シリーズ第5集（イラスト版）
C2331g　82Yen···························· —□

名古屋鉄道（名鉄）谷汲線 モ510形 【1930年】

R516　富有柿

愛知県・岐阜県の大手私鉄、名古屋鉄道株式会社（名鉄）の谷汲線は、岐阜県揖斐郡大野町の黒野駅から同郡谷汲村（現揖斐川町）の谷汲駅までを結んでいたが、2001年に廃止された。図案のモ510形は、乗降用の側扉を引き込む戸袋部分の窓が楕円形状のため（➡部分）、「丸窓電車」の愛称で親しまれた。

2001.9.28.　揖斐の風物
R516　50Yen··········· 80□

▲鉄道友の会が選定するブルーリボン賞とローレル賞の記念プレート。受賞した車両の壁面などに飾られる。

道車両候補を選んで会報に掲載。それを見た全国の正会員・家族会員が投票する方式。50年以上の歴史ある賞は各鉄道会社からも注目され、駅構内などで開催される贈呈式では賞状、盾と記念プレートが贈られ、その栄誉に浴した車両の先頭客車の壁面などに飾られている。

また、鉄道友の会では、技術面や先進性に優れた車両等に送られる「ローレル賞」も創設している（1961年〜）。
◆デザイン界でも

このほかにも、鉄道を表彰する賞としては、イギリス人鉄道技師・ブルネルにちなむ、鉄道関連では唯一となる国際デザインコンペティション「ブルネル賞」がある。また、毎年デザインが優れた物事に贈られる「グッドデザイン賞」に、鉄道車両や駅舎などが選ばれる場合もある。

※資料協力：鉄道友の会

名古屋鉄道 7000系 【1961年】

名古屋鉄道株式会社・名古屋本線の特急系車両として開発された。日本で初めて運転台を2階に設置し、列車最前部からの眺望を乗客に開放した車両で、愛称は「パノラマカー」。第5回ブルーリボン賞受賞。

2013.10.11　鉄道シリーズ第1集
C2155f　80Yen····························120□

名古屋鉄道 6000系 【1976年】

第二次世界大戦後、名古屋鉄道株式会社では初となる本格的な通勤用の電車として登場。導入当初は、扉の数が3つある私鉄の18m級車両で、座席にクロスシート（列車の進行方向または進行方向の逆側を向いている座席）を採用。第20回ブルーリボン賞受賞。

C2233e（上）　C2234i（下）名古屋鉄道6000系

2015.10.9.　鉄道シリーズ第3集（通常版）
C2233e　82Yen····························120□

2015.10.9.　鉄道シリーズ第3集（イラスト版）
C2234i　82Yen····························120□

名古屋鉄道 8800系 パノラマDX 【1984年】

名古屋鉄道（名鉄）が1984〜2005年まで運用した特急用電車。観光特急用の車両として7000系・7500系「パノラマカー」よりも豪華な車内設備とし、日本では初めて最前部の展望席を高床式とした車両で、愛称は「パノラマDX（デラックス）」。第28回ブルーリボン賞を受賞。

C2330c（上）　C2331e（下）名古屋鉄道8800

2017.10.4.　鉄道シリーズ第5集（通常版）
C2330c　82Yen···························· —□

2017.10.4.　鉄道シリーズ第5集（イラスト版）
C2331e　82Yen···························· —□

1枚の中に、9つもの鉄道関連図案が描かれた珍しい切手

2001.1.17.
KOBE2001ひと・まち・みらい
R453　80Yen‥‥‥‥‥‥‥120□

　阪神・淡路大震災から6年を経て、震災支援の感謝の気持ちを込めて、生まれ変わった新しい神戸を披露する「神戸21世紀・復興記念事業」（愛称：「KOBE2001ひと・まち・みらい」）が2001年1月17日〜9月30日まで開催された。開催当日には、ふるさと切手兵庫版が発行され、80円の意匠「輝く夜・21世紀神戸」は、復興が進む神戸の街並みをアピールする意味で、神戸港から眺める神戸の夜景が美しく表現された*。

　この切手には、震災直後に被害を受けた鉄道や関連施設を含む9点の鉄道関連図案が描き込まれている。電車・新都市交通の車両5点、ケーブルカー・ロープウェイ各1点、鉄道道路併用橋が2点。いずれもイラストのため、縮尺や細部はデフォルメされているが、1枚の切手にこれだけの鉄道関連図案が描かれた例は珍しい。

R453　輝く夜・21世紀神戸

① JR神戸線の電車

② 阪急電車（上段／19㌻参照）

③ 阪神電車（下段／19㌻参照）

④ ポートライナー（35㌻参照）　　**⑤** 六甲ライナー

⑥ 六甲ケーブル

⑦ 新神戸ロープウェイ

◀現在は運営が変わり、神戸布引ロープウェイとなった。

⑧ ポートピア大橋（35㌻参照）

⑨ 六甲大橋（35㌻参照）

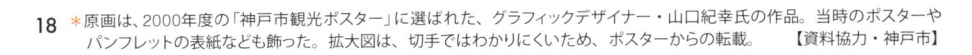

18　*原画は、2000年度の「神戸市観光ポスター」に選ばれた、グラフィックデザイナー・山口紀幸氏の作品。当時のポスターやパンフレットの表紙なども飾った。拡大図は、切手ではわかりにくいため、ポスターからの転載。　【資料協力・神戸市】

南海電気鉄道 50000系 ラピート 【1994年】

近畿地方の大手私鉄・南海電気鉄道によって、関西国際空港開港に伴い、空港アクセス特急電車「ラピート」用に開発された車両。第38回ブルーリボン賞受賞。

2016.10.7.
鉄道シリーズ
第4集（通常版）
C2282g
82Yen……120□

2016.10.7.
鉄道シリーズ
第4集（イラスト版）
C2283d
82Yen……120□

C2282g（上） C2283d（下）南海電気鉄道50000系

阪神電気鉄道 5700系
ジェット・シルバー5700 【2015年】

大阪と神戸を結ぶ大手私鉄・阪神電気鉄道の各駅停車用の通勤形電車。特急や急行の運行を妨げない、高加減速性能*をもつ。第59回ブルーリボン賞受賞。

2017.10.4.
鉄道シリーズ
第5集（通常版）
C2330j
82Yen……… 一□

2017.10.4.
鉄道シリーズ
第5集（イラスト版）
C2331j
82Yen……… 一□

C2330j（上） C2331j（下）阪神電気鉄道5700系

阪急電鉄 6300系 【1975年】

大阪梅田と神戸・宝塚・京都を結ぶ大手私鉄・阪急電鉄株式会社の京都線特急専用車。車体は阪急独自の光沢のあるあずき色（マルーン／栗色とも）、屋根は白色の塗装が特徴。第19回ブルーリボン賞受賞。

2015.10.9.
鉄道シリーズ
第3集（通常版）
C2233d
82Yen……120□

2015.10.9.
鉄道シリーズ
第3集（イラスト版）
C2234g
82Yen……120□

C2233d（上） C2234g（下）阪急電鉄6300系

近畿日本鉄道 10100系 【1959年】

大阪・奈良・京都・三重・愛知にまたがる大手私鉄の近畿日本鉄道株式会社が、上本町（大阪市）〜名古屋間の直通特急用として導入した一部2階建て車両。第3回ブルーリボン賞受賞。

C2155d
近畿日本鉄道10100系

2013.10.11 鉄道シリーズ第1集
C2155d 80Yen……………………120□

近畿日本鉄道 20100系 【1962年】

近畿日本鉄道株式会社が修学旅行用として新造した団体専用車両として導入。すべての車両に2階建ての構造を採用。愛称は「あおぞら」。第6回ブルーリボン賞を受賞。

C2155g
近畿日本鉄道20100系

2013.10.11.
鉄道シリーズ第1集
C2155g 80Yen……120□

近畿日本鉄道 18200系 【1966年】

近畿日本鉄道が導入した、京都から伊勢への直通運転用の特急用車両。1989年以降は、団体専用車両に改造された。第10回ブルーリボン賞を受賞。

C2194c
近畿日本鉄道18200系

2014.10.10.
鉄道シリーズ第2集
C2194c 82Yen………120□

近畿日本鉄道 12400系 サニーカー 【1977年】

近畿日本鉄道株式会社が特急用として開発した車両。座席などの車内設備に、太陽のように明るいイメージとなるように、白とオレンジ系の色調（サニー・トーン）を採用したことから、「サニーカー」という愛称が付けられた。第21回ブルーリボン賞を受賞。

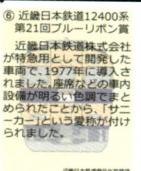

C2233f（上） C2234b（下）近畿日本鉄道12400系

2015.10.9. 鉄道シリーズ第3集（通常版）
C2233f 82Yen……………………120□
2015.10.9. 鉄道シリーズ第3集（イラスト版）
C2234b 82Yen……………………120□

＊高加減速性能：短時間で「急加速」と「急減速」ができる性能。

インフラとしての鉄道
「土木学会創立100周年」の鉄道関連図案

2014.9.1.　土木学会創立100周年
C2184　820Yenシート …………1,600□
a-j　82Yen 単片 ………………120□

　国民福祉の向上と国民経済の発展に必要な公共施設を「インフラストラクチャー」といい、日本ではしばしば「インフラ」と略される。鉄道も旅客輸送・物流を合わせた輸送機関として、さらに駅施設や情報システムなども含め、「鉄道インフラ」として、その一角を構成している。

　2014年発行の「土木学会創立100周年」には、30種類以上の土木の仕事が描かれており、そのなかには鉄道に関連するインフラも描かれている。

▲ 港で貨物船にコンテナを積み込むトラベリングクレーン（42㌻参照）。

駅舎。イラストでは駅ビルになっているように見える。

複線区間の線路を5両の電車が走行。

▲ 大きな川に架かったアーチ橋の鉄道橋。

▲ 3両編成の電車が単線区間を走行し、川と道路をまたぐ架道橋にさしかかる場面。

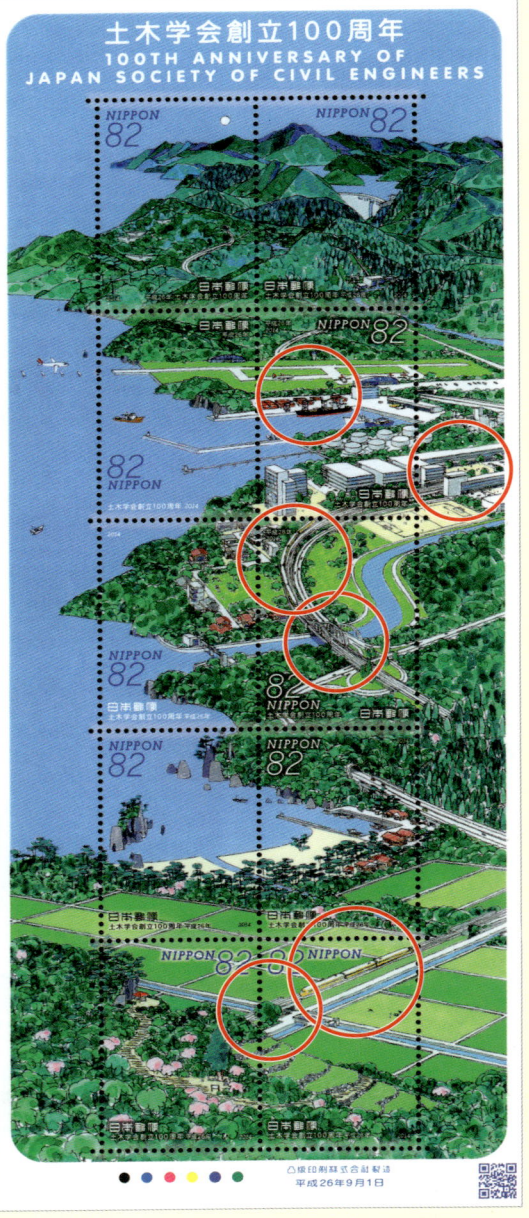

C2184 a-j　くらしと土木／鉄道関連図案…d：トラベリングクレーン、d 右側耳紙：駅舎、d,f：線路（複線区間）、f：電車（5両編成）・鉄道橋、i-j：線路（単線区間）・架道橋、j：電車（3両編成）

近畿日本鉄道　30000系　ビスタカー　【1978年】

大阪、名古屋、京都の各方面から伊勢志摩を結ぶ近畿日本鉄道株式会社の特急電車で、10100系「新ビスタカー」の後継車両として導入。ビスタカーは、近鉄の特急列車に使用される2階建車両を連結している編成の愛称。第22回ブルーリボン賞を受賞。

C2282b（上）　C2283c（下）近畿日本鉄道30000系

2016.10.7.　鉄道シリーズ第4集（通常版）
C2282b　82Yen……………………………120□

2016.10.7.　鉄道シリーズ第4集（イラスト版）
C2283c　82Yen……………………………120□

近畿日本鉄道　50000系　観光特急しまかぜ　【2013年】

近畿日本鉄道株式会社が伊勢神宮の第62回式年遷宮に合わせ、観光特急「しまかぜ」として観光輸送用に特化して開発・製造された。近畿鉄の特急車両の中で最上級のグレードで、2013年から大阪難波・近鉄名古屋〜賢島間で営業運転を始めた。第57回ブルーリボン賞受賞。

C2233j（上）　C2234j（下）近畿日本鉄道50000系

2015.10.9.　鉄道シリーズ第3集（通常版）
C2233j　82Yen……………………………120□

2015.10.9.　鉄道シリーズ第3集（イラスト版）
C2234j　82Yen……………………………120□

【中国】

一畑電気鉄道　デハニ50形　【1928〜1929年】

島根県東部を中心に事業展開している一畑電気鉄道の傘下・一畑電車株式会社のオリジナル車両。保安上の問題から2009年に営業運転を終了した。

R730h　赤い電車（島根県出雲市）

2009.3.2.　ふるさと心の風景第4集（春の風景）
R730h　80Yen……………………120□

ディーゼル機関車

ディーゼルエンジンを動力源とする機関車（客車や貨車を牽引または推進することを目的とした車両）。日本では1932年に国産車第1号を製造。蒸気機関車に代わって、給電設備がない地域での鉄道近代化に大きく貢献した。

※切手になったディーゼル機関車は3種のみ。北から南の順に掲載。

津軽鉄道　ストーブ列車　DD350形＋オハ46系　【DD350形：1957、59年／オハ46系：1954、55年】

青森県津軽地方に鉄道路線を持つ津軽鉄道の旅客用列車。ディーゼル機関車DD350形が、車内に石ダルマストーブを備えた客車オハ46系を牽引する。現在は観光利用がほとんどで、スルメを焼きながら地酒を酌み交わす楽しみが味わえる。

R722a　ストーブ列車（青森県北津軽郡）

2008.11.4.　ふるさと心の風景第3集（冬の風景）
R722a　80Yen……………120□

嵯峨野観光鉄道　DE10形＋SK100形　【1991年】

嵯峨野観光線は、JR西日本の子会社である嵯峨野観光鉄道株式会社が運営する鉄道路線。1989年に廃止された山陰本線嵯峨駅〜馬堀駅間の旧線を、1991年にトロッコ嵯峨駅〜トロッコ亀岡駅を結ぶ、日本初の観光専用鉄道として再生。DE10形はJR西日本から譲渡されたディーゼル機関車（DE10 1104号機を塗装変更）。SK100形は無蓋車の国鉄トキ25000形貨車を改造した客車。

R718h　トロッコ列車

2008.9.1.　旅の風景シリーズ第1集（京都）
R718h　80Yen……………120□

伊予鉄道 坊っちゃん列車 D1形1＋ハ1形【2001年】

R514 坊っちゃん
列車と道後温泉

2001.9.12.
歴史と文化の息吹くまち松山
R514　50Yen………………………80□

もともとは夏目漱石の小説『坊っちゃん』の中に登場した、軽便鉄道時代の伊予鉄道に在籍した蒸気機関車が「坊っちゃん列車」と呼ばれるようになった。2001年より、松山市内で当時の蒸気機関車を模したディーゼル機関車D1形とD2形の復元運行を開始。切手に描かれているのは蒸気機関車甲1形1号機を模したD1形。

▼ディーゼル機関車の
坊っちゃん列車

※坊っちゃん列車資料協力：株式会社伊予鉄グループ

気動車

乗客や貨物を積載する空間を有し、運転に必要な動力源（内燃機関や蒸気機関など）を搭載して自走する車両を指す。現在は、一般的にディーゼルエンジンが用いられていることから、ディーゼル動車とも呼ばれる。

日本国有鉄道（国鉄）および日本旅客鉄道（JR）の気動車

※国鉄およびJRの気動車は、運用開始年順に掲載。

日本国有鉄道キハ81系

C2155e
日本国有鉄道キハ81系

2013.10.11.　鉄道シリーズ第1集
C2155e　80Yen………………………120□

1960年、国鉄初の特急形気動車として、東北・常磐線に導入。最初に投入された列車名にちなみ「はつかり形」とも呼ばれた。ボンネット型の先頭車と、赤とクリーム色の国鉄特急色が特色。第4回ブルーリボン賞受賞。

特急「白鳥」キハ82系　【1961年】

C379
トンネルと特急「白鳥」

1962.6.10.　北陸トンネル開通
C379　10Yen………………………150□

「白鳥」は1961年～2001年まで、大阪～青森間などで運行していた特急列車。使用路線に北陸本線も含まれており、切手は1962年に開通した北陸トンネルを走る「白鳥」を描く。車両は1961年にキハ81系の改良型として製造されたキハ82系。「白鳥形」とも呼ばれた。

坊っちゃん列車、ディーゼルで復活！

松山港（三津）と松山市中心部を結ぶ伊予鉄道は、日本で初めての軽便鉄道（けいべんてつどう：規格が簡便で、安価に建設された鉄道）および中四国地方で初めての鉄道として、1888年に開業。そのとき運行した車両は、ドイツのクラウス社製B形蒸気機関車2両で、「甲1形」と呼ばれた。その後、軽便鉄道時代の最盛期には、最大18両が松山市民の足として活躍していた。

やがて路線の電化に伴い、蒸気機関車は1954年に運行を終了。1977年に地元企業が製作したレプリカの蒸気機関車が、記念イベントなどで運行して好評だったことから、松山の観光シンボルとして、坊っちゃん列車の復元が構想され、数々の難題をクリアして2001年に実現

◀1953年（昭和28）頃の坊っちゃん列車

国鉄美幸線 キハ22形　【1964年】

R738b　ジャガイモの
花（北海道中川郡）

2009.6.23.　ふるさと心の風景　第5集（花の風景）
R738b　80Yen………………………120□

美幸（びこう）線は1964年に開業した21km（4駅）の国鉄線で、宗谷本線・美深（びふか）駅から仁宇布（にうぶ）駅に至る路線だった。その後、興浜北線・北見枝幸駅へ接続する計画だったが、1985年に廃線となる。キハ22形は酷寒地向けの耐寒仕様車として1958年から製造開始した車両で、北海道や東北地方に配置されていた。

国鉄白糠線 キハ27形　【1964年】

白糠（しらぬか）線は1964年に開業した33km（7駅）の国鉄線で、根室本線・白糠駅から北進駅を結んでいた路線。1983年に廃線となる。キハ27形は、国鉄が1961年から北海道向けに設計・製造した、耐寒・耐雪構造が強化された急行形気動車。

R772a-b
白糠線（1）（2）
（白糠郡白糠町）

2010.6.1.　ふるさと心の風景　第7集（北海道の風景）
R772a-b　80Yen単片………………………120□

◀ 甲1形1号機をモデルにしたD1形。運転席正面窓の窓が楕円形、煙突が円筒形、給水筒がなく蒸気溜加減弁が水牛の角型の特徴がある。

◀ 甲5形14号機をモデルにしたD2形。運転席正面窓の窓が円形、煙突が漏斗形、給水筒があり蒸気溜加減弁が鹿の角型の特徴がある。

した。復元したのは、初めて導入された「甲1形1号機」＋客車「ハ1・ハ2」と、同じくクラウス社製の「甲5形14号機」＋客車「ハ31」。

蒸気機関車では市内に煤煙が排出されるため、復元車両はディーゼルエンジンを採用して環境に配慮。煙突からは水蒸気を使用したダミーの煙を、ドラフト音はスピーカーによって鳴らす方式を採用し、汽笛や制動も、蒸気機関車時代のものを再現している。

北海道旅客鉄道 キハ84形・キハ83形【1986年】

フラノエクスプレスは、国鉄およびJR北海道が1986〜2004年まで保有し、ジョイフルトレインと呼ばれた観光・イベント用列車。札幌〜富良野間を運行。車両はキハ80系気動車を改造し、先頭車がキハ84形、中間車がキハ83形。豪華な室内装備と斬新な外観デザインのリゾート列車で、第30回ブルーリボン賞受賞。

C2330e（上） C2331i（下）
北海道旅客鉄道キハ84形・キハ83形

2017.10.4. 鉄道シリーズ第5集（通常版）
C2330e 82Yen ……………………………一□

2017.10.4. 鉄道シリーズ第5集（イラスト版）
C2331i 82Yen ……………………………一□

⋯⋯⋯ "日本人のこころのふる里"を ⋯⋯⋯ 代表するローカル鉄道・飯山線

飯山線は、豊野駅（長野県長野市）〜越後川口駅（新潟県長岡市）に至る鉄道路線。1921年に開業し、千曲川（信濃川）沿いに、のどかな田園風景が連なる風景が楽しめる。切手の場所は飯山市。飯山線の車両はすべて気動車だが、描かれている車両は遠景のイラストであるため、車種の特定は難しい。

R807a-b
遠足（1）（2）
（長野県飯山市）

2011.12.1.
ふるさと心の風景 第10集
（甲信越地方の風景）

R807a-b
80Yen単片 ……………………………120□

私鉄の気動車

※私鉄の気動車は各地方ごとにまとめ、そのなかで運用開始年順に掲載。

▮▮▮▮▮▮▮▮▮▮【関東】▮▮▮▮▮▮▮▮▮▮

鹿島鉄道 キハ714形【1976年】

鹿島鉄道は、かつて茨城県の石岡駅〜鉾田駅を結んでいた27km（17駅）の鹿島鉄道株式会社の路線で、2007年に廃止された。キハ714形は、もとは北海道の夕張鉄道で運行していたキハ251形。夕張鉄道が廃止され、1976年に転入した。鹿島鉄道の廃止後は小美玉市の「鹿島鉄道記念館」で静態保存されている（期日指定公開／通常は非公開）。

R717h 秋一色
（茨城県行方市）

2008.9.1. ふるさと心の風景第2集（秋の風景）
R717h 80Yen ……………………………120□

小湊鐵道 キハ200形【1961年】

小湊（こみなと）鉄道は、千葉県の五井駅〜上総中野駅を結ぶ39km（18駅）の小湊鉄道株式会社の路線。非電化・単線の路線で、首都近郊にありながら今も残るレトロな駅舎や車両などに人気がある。キハ200形は、国鉄のキハ20系を基本としつつ、小湊鐵道の独自色を盛り込む形で設計され、1961年から導入された。

R835e 小湊鐵道

2013.6.25. 旅の風景シリーズ第18集（千葉）
R835e 80Yen ……………………………120□

◀ のどかな風景の中を走る小湊鐵道キハ200形。

いすみ鉄道 いすみ200型 【1988年】

いすみ線は千葉県の大原駅～上総中野駅を結ぶ39km（18駅）のいすみ鉄道株式会社の路線。いすみ200型は軽快気動車（小形軽量の気動車）で、導入時はいすみ100型だったが、座席を改装して200型、床を張替えて200'型へと改番された。現在は新型車両への置き換えが進み、切手にも登場しているいすみ200型206号車が現役最後の1両。塗装は、千葉県の県花・菜の花を表す黄色地に海と山を表すエメラルドグリーンの細い帯と緑色の太い帯とが入っている。

R835h　いすみ鉄道
2013.6.25.
旅の風景シリーズ
第18集（千葉）
R835h
80Yen………120□

【東海】

名古屋鉄道キハ8000系 【1965年】

名古屋鉄道株式会社が、国鉄（当時）の高山本線への直通列車運転を目的に開発した気動車。名鉄神宮前駅～高山駅間準急列車「たかやま」の専用車として導入された。第9回ブルーリボン賞を受賞。

C2194b
名古屋鉄道キハ8000系
2014.10.10.　鉄道シリーズ第2集
C2194b　82Yen………120□

【中国】

井原鉄道井原線 IRT355形気動車 【1999年】

井原（いばら）線は、岡山県の総社駅～清音駅を経て広島県の神辺駅に至る、42km（15駅）の第三セクター鉄道会社・井原鉄道の鉄道路線。井原鉄道IRT355形気動車は、開業当初からの運行で、高性能を狙った車両。形式名の「IRT」は「Ibara Railways Train」の頭文字。数字の355は、この車両の機関出力値の355馬力にちなむ。

R262　鉄道井原線開通
1999.1.11.　鉄道井原線開通
R262　80Yen………120□

客車

客車は、主に旅客を輸送するために用いられる鉄道車両を指し、旅客車（座席車や寝台車）を中心とするが、展望車、食堂車、荷物車なども構造的には共通であり、これらも客車に分類される。

※客車は、運用開始年順に掲載。

日本国有鉄道14系 （14形寝台車） 【1971年】

国鉄が開発した寝台列車用の客車。客車の冷暖房用などのサービス電源を、床下のディーゼル発電機でまかなう「分散電源方式」を採用。第15回ブルーリボン賞受賞。

2014.10.10.
鉄道シリーズ第2集
C2194g　日本国有鉄道14系14形
C2194g　82Yen………120□

日本国有鉄道14系700番台 サロンエクスプレス東京 【1983年】

サロンエクスプレス東京は、国鉄が1983年に改造製作した団体臨時列車用の欧風客車で、ジョイフルトレインと呼ばれる車両の先駆けとして注目された。1987年の民営化でJR東日本に引き継がれ、2008年まで使用された。第27回ブルーリボン賞を受賞。

C2330b（上）　C2331c（下）
日本国有鉄道14系700番台

2017.10.4.　鉄道シリーズ第5集（通常版）
C2330b　82Yen………—□
2017.10.4.　鉄道シリーズ第5集（イラスト版）
C2331c　82Yen………—□

バスをベースに造られた、レトロな小型気動車

2010.12.1.
ふるさと心の風景　第8集（東北地方の風景）
R782g-h
80Yen単片
………120□

R782g-h
レールバス(1)(2)（青森県上北郡東北町）

レールバスは、バスなどの自動車の部品や装備を流用して造られた小型の気動車。切手に描かれているのは、青森県の東北本線野辺地駅から七戸に至る21km（11駅）のローカル線・南部縦貫鉄道のレールバス キハ101で、1962年の開業当時から運用されていた車両。南部縦貫鉄道は2002年に廃止されたが、そのレトロでかわいらしい姿のため、鉄道ファンからも人気が高く、現在は愛好会によって旧七戸駅構内で車両が動態保存され、ゴールデンウィークなどのイベント開催時に乗ることができる。

東日本旅客鉄道 E26 系 カシオペア 【1983年】

「北斗星」、「トワイライトエクスプレス」に続く上野〜札幌間を直結する豪華寝台特急列車「カシオペア」。さらなる高水準のサービスを提供する車両として投入されたのが、全客室を2名用A寝台個室とするなど、JR東日本が新規に製造したE26系客車。2000年に第43回ブルーリボン賞受賞。

C2282h（上）　C2283f（下）東日本旅客鉄道E26系

2016.10.7.　鉄道シリーズ第4集（通常版）
C2282h　82Yen ·····················120□

2016.10.7.　鉄道シリーズ第4集（イラスト版）
C2283f　82Yen ·····················120□

郵便車

日本の鉄道郵便は、鉄道がまだ品川〜横浜を仮開業していた1872年（明治5）5月から実験的に行われていた。主導したのは駅逓頭の前島密で、鉄道頭の井上勝に郵便物を車両に積んで運べるよう要請。欧米先進国ではすでに鉄道輸送が行われており、日本でも早く導入したいと考えていたと考えられる。正式に制度化したのは同年6月13日。当初は車両の片隅に行嚢を積むだけだったが、やがて車内で仕分けをするための専用車両も登場し、1971年までは国内の郵便輸送の主役であった。しかし、だんだん他の移送手段にシェアを奪われ、1984年に取扱便を休止、1986年に鉄道輸送の幕を閉じた。

ユ3700形鉄道郵便車（Y型下等緩急郵便合造車）

鉄道開業当時（1872年）の鉄道郵便車。前の座席に乗客が座り、後部に郵便物を積み込む郵便合造車（1両の車内に複数の設備を備えている車両）が用いられた。

C1178　ユ3700形鉄道郵便車

1987.3.26.　さようなら鉄道郵便
C1179　60Yen ·····················100□

ユ3700形鉄道郵便車は、下等の座席とブレーキ装置が付いた車両（緩急車）で、かつ郵便物の搭載スペースを設けた合造車。

郵政博物館所蔵

·· 港湾で活躍するコンテナ車 ··

日本切手にコンテナ車そのものを題材とした図案はないが、荷下ろしされた鉄道用のコンテナを描いているのが、下の「秋田市ポートタワーから望む秋田港」。奥羽本線貨物支線の終点・秋田港駅から、臨海地区に秋田臨海鉄道線は、JR貨物や秋田県などが出資する秋田臨海鉄道株式会社が運営する貨物路線で、切手右中央付近には、引き込み線付近に積載された貨物用のコンテナを見ることができる。

▲港の近くに積載された大量のコンテナ

C2243d
秋田市ポートタワーから望む秋田港

2015.11.27.
日本の夜景シリーズ第1集
C2243d　82Yen ·····················120□

明治期の郵便合造車

「郵便現業絵巻」*の、鉄道郵便車を題材にした場面が図案となっている。絵巻が制作されたのは1893年で、鉄道開業から20年以上経ったこの頃は、鉄道郵便の取扱い量が増えたことで、郵便合造車も増加した。絵巻に描かれている車両はユ3700形と類似した郵便合造車。なお、1889年には、逓信省専用の最初の全室郵便車も製造されている。

C1179　郵便現業絵巻

1987.3.26.
さようなら鉄道郵便
C1178　60Yen ··········100□

▲「郵便現業絵巻 第七図」鉄道郵便車郵便物の積込みと車内区分の作業（右上の楕円部分）の様子。　郵政博物館所蔵

昭和期の鉄道郵便車

郵便創業100年を記念して実施された、一般公募による日本初の児童画切手。郵便車内で仕分け作業をする局員を描いたもので、車種は不明。しかし、この1971年をピークに、飛行機や高速路網の発達で鉄道郵便の需要は減少していく。

C586　鉄道郵便

1971.4.20.　郵便創業100年
C586　15Yen ··············40□

＊「郵便現業絵巻」は、明治期の郵便局窓口の様子や郵便局内外での作業風景を描いた絵巻で、1893年にアメリカの「コロンブス世界博覧会」に出品するために制作されたもの。作者は日本画家の久保田米僊（くぼた べいせん）。

新幹線

新幹線は高速運行に特化した車両と専用軌道によって、従来の鉄道（100km/h程度）の倍の200km/h以上という格段の速度で走行できる、日本で開発された高速鉄道。1964年（昭和39）10月1日に東京駅～新大阪駅間に開業した東海道新幹線に始まり、山陽・東北・上越の各新幹線、ミニ新幹線の山形・秋田、近年では北海道・北陸・九州（鹿児島ルート）の3路線も開業し、新幹線網の拡大は半世紀にわたって継続している。2018年現在も、北海道・北陸・中央・九州（長崎ルート）の各新幹線が建設中。

※新幹線は運用開始年順に掲載。

新幹線 0系　【1964年】

国鉄が東海道新幹線開業用に開発した、初代の営業用新幹線電車であり、世界初の高速鉄道車両。1986年まで、38次にわたって改良を重ねつつ総計3,216両が製造された。世界ではじめて200km/hを超える営業運転を達成し、航空機に範をとった丸みを帯びた先頭形状と、青と白に塗り分けられた流線形の外観で、初期の

新幹線のイメージを確立した。東海道・山陽新幹線（「ひかり」または「こだま」）用として44年にわたって運用されたが、2008年に営業運転を終了した。第8回ブルーリボン賞受賞。

C421　新幹線0系特急電車
1964.10.1.　東海道新幹線開通
C421　10Yen ··60□

**1972.3.15.
鉄道100年**
C605
20Yen ······· 40□

**1996.8.27.
戦後50年メモリアルシリーズ第3集**
C1548
80Yen······ 150□

C605　山陽新幹線「ひかり」
C1548　新幹線（東海道新幹線0系）と高速道路

←C2155i
日本国有鉄道0系

←C1738h　東海道新幹線開通、広重「小田原」

2000.7.21　20世紀シリーズ第12集
C1738h　80Yen ·································120□
2013.10.11.　鉄道シリーズ第1集
C2155i　80Yen··································120□

0系のルーツ！？ 試験用1000形

一見0系のように見えるが、描かれているのは東海道新幹線の開業前の1962年、試験目的の試作車として製造された新幹線1000形電車。テスト区間のモデル線で、256km/hを記録した速度試験をはじめとする各種の試験で活躍した。切手上部の赤いプレートは、1000形電車が最高速度256km/hを達成した記念に作られたもの。0系とは細かく見ると、先頭の丸いカバーの下が白いままだったり、窓横のラインが運転席の窓下まで届いていないなど相違点は多い。

C1921c　新幹線
2006.2.1.　アニメ・ヒーロー・ヒロイン・シリーズ第7集
C1921c　80Yen単片
······················· 120□
［同図案▶C1922e］

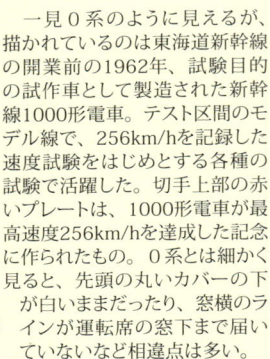

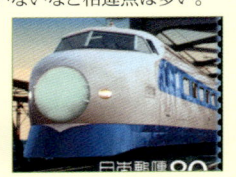

C2189a　東海道・山陽新幹線0系

**2014.10.1.
新幹線鉄道開業50周年**
C2189a

2015.10.9.　鉄道シリーズ第3集（通常版） C2233a
2015.10.9.　鉄道シリーズ第3集（イラスト版） C2234a
※ 画像およびデータは27㌻参照。

新幹線 200系　【1982年】

1982年の東北新幹線（「やまびこ」または「あおば」）および上越新幹線（「あさひ」または「とき」）の開業に合わせて、688両が製造された後、民営化後の1991年に2階建て車両12両が追加された。E2系以降の新型車両の増備により、2013年で営業運転を終了。造形デザインや基本的なサイズ等は0系ベースだが、細部に違いがある。海辺を走る0系の青に対し、山あいを走る200系は新緑の緑を採用。また、北国を走るため、耐雪・耐寒性を向上させた（31㌻参照）。

C927（左）　C936（右）　新幹線200系電車
1982.6.23.　東北新幹線開通
C927　60Yen ··································100□
1982.11.15.　上越新幹線開通
C936　60Yen ··································100□

新幹線鉄道開業50周年（10面シート）

0系（C2189a ➡26ｼ゙）

N700A系（C2189c ➡30ｼ゙）

N700系（C2189e ➡30ｼ゙）

新800系（C2189g ➡29ｼ゙）

E5系（C2189i ➡30ｼ゙）

100系（C2189b ➡28ｼ゙）

300系（C2189b ➡28ｼ゙）

700系（C2189d ➡29ｼ゙）

ドクターイエロー T4編成（C2189d ➡29ｼ゙）

700系「ひかりレールスター」（C2189f ➡29ｼ゙）

500系（C2189f ➡28ｼ゙）

E2系（C2189h ➡28ｼ゙）

400系（C2189h ➡28ｼ゙）

E1系（C2189j ➡28ｼ゙）

E6系（C2189j ➡30ｼ゙）

2014.10.1.
新幹線鉄道開業50周年
C2189　820Yenシート
　　　　　　　　　　　　1,600□
　a‐j　82Yen単片
　　　　　　　　　　　　120□

　新幹線鉄道が開業して50周年を迎えることを記念しての発行。
　　　　＊　　　　＊　　　　＊
C2189a／シート余白：東海道・山陽新幹線0系
C2189b：東海道・山陽新幹線100系と東海道・山陽新幹線300系
C2189c：東海道・山陽新幹線N700A系
C2189d：東海道・山陽新幹線700系とドクターイエローT4編成

C2189e：山陽・九州新幹線N700系
C2189f：山陽新幹線700系「ひかりレールスター」と山陽新幹線500系
C2189g：九州新幹線新800系
C2189h：東北新幹線E2系と山形新幹線400系
C2189i：東北新幹線E5系
C2189j：上越新幹線E1系と秋田新幹線E6系

※車両の解説は➡の各ページを参照。

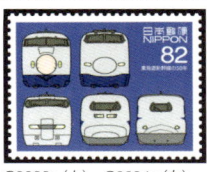

C2233a（上）　C2234a（右）
東海道新幹線の50年

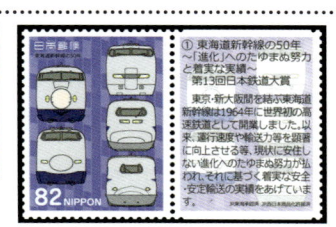

鉄道シリーズ第3集
「東海道新幹線の50年」

2015.10.9.　鉄道シリーズ
第3集（通常版）
C2233a　82Yen ……………120□
2015.10.9.　鉄道シリーズ
第3集（イラスト版）
C2234a　82Yen ……………120□

①**0系電車** ➡26ｼ゙
②**100系電車** ➡28ｼ゙
③**300系電車** ➡28ｼ゙
④**700系電車** ➡29ｼ゙
⑤**N700系電車** ➡29ｼ゙

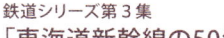

　東京・新大阪間を結ぶ東海道新幹線は1964年に世界初の高速鉄道として開業。以来、運行速度や輸送力等を顕著に向上させる等、現状に安住しない進化へのたゆまぬ努力が払われ、それに基づく着実な安全・安定輸送の実績をあげている。第13回日本鉄道大賞受賞。

※車両の解説は➡の各ページを参照。

新幹線 100 系　【1985年】

東海道・山陽新幹線の第2世代営業用新幹線。「流線型」のフロントマスクは、騒音と空気抵抗の低減を図る設計。ライトの配置も0系の縦2灯から横2灯に変更して、横に細長い形に変えた。また、2階建て車両を新幹線として初めて組み込み、座席数が増加し、サービス向上につながった。2012年に運用終了。

▲ 0系（上）との比較。窓部分の青帯の下に細線（子持ち罫）を追加。

C2189b 東海道・山陽新幹線100系（上）と同300系（下）

2014.10.1. 新幹線鉄道開業50周年　C2189b
※ 画像およびデータは100系（上）および27ﾍ゙ 参照。
2015.10.9.　鉄道シリーズ第3集（通常版）C2233a
2015.10.9.　鉄道シリーズ第3集（イラスト版）C2234a
※ 画像およびデータは27ﾍ゙ 参照。

新幹線 300 系　【1992年】

東海道・山陽新幹線の第3世代の営業用新幹線。初めて時速270kmで走行を行う「のぞみ」用車両としてデビュー。東京駅〜新大阪駅間を、「ひかり」より19分速い2時間30分で結んだ。1993年からは東京駅〜博多駅間を、「グランドひかり」より43分速い5時間4分で結んだ。2012年に運用終了。

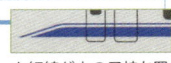

▲ 細線が上の子持ち罫。先端処理は下さがり。

新幹線 400 系　【1992年】

新幹線と在来線と直通運転する、新幹線直行特急用の新幹線電車。山形新幹線の開業時に「つばさ」として登場。新幹線区間と在来線区間を乗り換えなしで結ぶことを実現した車両で、新幹線規格の線路を新規に建設することなく、既存の在来線を改軌し、両区間に対応した設備を備えた。車両は従来の新幹線より幅が狭く、ミニ新幹線とも呼ばれる。2010年に運用終了。

C2189h 山形新幹線400系（上段）

2014.10.1. 新幹線鉄道開業50周年　C2189h
※ データは27ﾍ゙ 参照。

新幹線 E1 系　【1994年】

東北・上越新幹線利用の通勤者の増加に対応し、1列車当たりの座席数を増やすため、オール2階建ての新幹線電車として営業運転を開始。車両限界ぎりぎりまで大きくした鋼鉄製の車両は「Max」という愛称で親しまれた。2012年に運用終了。

C2189j 上越新幹線E1系（上段）

2014.10.1. 新幹線鉄道開業50周年　C2189j
※ データは27ﾍ゙ 参照。

新幹線 500 系　【1997年】

300系の5年後、東海道・山陽新幹線の東京駅〜新大阪駅・博多駅間で「のぞみ」として運転を開始。航空機に対する競争力強化の一環として、より一層の高速化を目指し、山陽新幹線で時速300kmでの営業運転を実現。高速性に主眼を置き、空気力学に基づいた15mにも及ぶロングノーズの先頭車両が特徴的。新幹線のみならず、世界の高速鉄道で最高峰の車両デザインとして知られる。2010年にN700系が営業運転を開始したため、現在は山陽新幹線の「こだま」に転用されている。第41回ブルーリボン賞受賞。

C2233g（上）　C2234d（下）　西日本旅客鉄道500系

2015.10.9.　鉄道シリーズ第3集（通常版）
C2233g　82Yen………………………………120□
2015.10.9.　鉄道シリーズ第3集（イラスト版）
C2234d　82Yen………………………………120□

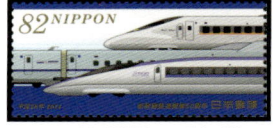

2014.10.1.
新幹線鉄道開業
50周年　C2189f
※ データは27ﾍ゙ 参照。

C2189f 山陽新幹線500系（下段）

新幹線 E2 系　【1997年】

秋田新幹線「こまち」を併結する東北新幹線「やまびこ」として、また、長野新幹線（当時／後の北陸新幹線）「あさま」として登場。JR東日本の新幹線標準型車両として製造・増備された。振動の少ない快適な乗り心地を実現。2017年現在は、東北新幹線「やまびこ」「なすの」「はやて」と、上越新幹線「とき」「たにがわ」で運用。車両側面の帯の色は路線で異なり、東北新幹線がつつじピンク（C2189h）、長野新幹線は深紅レッド（C2206b）。

C2189h 東北新幹線E2系（上段）

2014.10.1. 新幹線鉄道開業50周年　C2189h
※ データは27ﾍ゙ 参照。

▶ つつじピンク

2015.3.13.　北陸新幹線（長野・金沢間）開業
C2206b　82Yen………120□

C2206b 東日本旅客鉄道E2系（中段）

▶ 深紅レッド

鉄道─旅への誘い

新幹線 700系 【1999年】

300系の後継車として開発された、東海道・山陽新幹線の第4世代の営業用新幹線。最高速度は285km/hで、500系の300km/hには及ばないが、車内の居住性や乗り心地の改善を図り、快適性や環境への適合性なども高いレベルで実現。微気圧波を抑えつつ、空力安定性も考慮して開発された、「カモノハシ」に似た形状の「エアロストリーム」形の先頭車両が特徴的。

▲細線が下の子持ち罫。先端処理は上あがり。

C2189d 東海道・山陽新幹線700系（上段）

2014.10.1. 新幹線鉄道開業50周年　C2189d
2015.10.9.　鉄道シリーズ第3集（通常版）C2233a
2015.10.9.　鉄道シリーズ第3集（イラスト版）C2234a
※ データは27㌻参照。

700系「ひかりレールスター」【2000年】

「ひかりレールスター」は、JR西日本が山陽新幹線の新大阪駅〜博多駅間で運行する「ひかり」の一種の車両および列車愛称。1988年から運行した0系の「ウエストひかり」の後を受け、当時最新の700系を投入した。従来の「ひかり」や「のぞみ」とは別の扱いを受け、車内設備がグレードアップされている。窓の下のサニーイエローのライン（➡部分）が特徴。

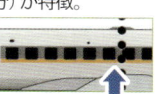

C2189f 山陽新幹線700系「ひかりレールスター」（上段）

2014.10.1. 新幹線鉄道開業50周年　C2189f
※ データは27㌻参照。

「新幹線のお医者さん」ドクターイエロー

　ドクターイエローは、東海道・山陽新幹線の電気軌道総合試験車の愛称。線路のゆがみ具合や架線の状態、信号電流の状況などを検測しながら走行し、軌道や設備の検査を行う。運行は10日に1回程度で、走行時刻も非公開のため、「幸せを運ぶ黄色の新幹線」や「見ると幸せになれる」などのジンクスがある。切手に描かれた現在のドクターイエローは3代目で、車両形式は923形。2001年に従来運行されていた922形の10番台（T2）と20番台（T3）編成に代

わり、700系をベースに開発され、270km/hでの検測が可能なT4編成が導入された。

C2189d ドクターイエローT4編成（下段）

2014.10.1. 新幹線鉄道開業50周年　C2189d
※ データは27㌻参照。

新幹線 800系（0番台）【2004年】

2004年に新八代駅〜鹿児島中央駅間で部分開業した九州新幹線の初代車両として登場。基本的な構造は700系と変わらないが、先頭車両の形状や内装表面、座席、機器配置などが変更されている。内装は「和」を基本コンセプトとする独自の意匠が施されている。

R610 九州新幹線「つばめ」と桜島（九州新幹線開業）

2004.3.12. 九州新幹線開業　鹿児島
R610　50Yen………………………………………80□

新幹線 N700系（東海道・山陽新幹線）【2007年】

700系を土台に、さらなる高速性と快適性・環境性能向上を目指し、JR東海とJR西日本が共同開発した東海道・山陽新幹線用の第5世代車両。先頭部は流体力学的に最適なエアロ・ダブルウィング形を採用。第51回ブルーリボン賞受賞。

C2233h（上）
C2234f（下）
東海旅客鉄道・西日本旅客鉄道N700系

2015.10.9.　鉄道シリーズ第3集（通常版）
C2233h　82Yen………………………………………120□
2015.10.9.　鉄道シリーズ第3集（イラスト版）
C2234f　82Yen………………………………………120□

2015.10.9.　鉄道シリーズ第3集（通常版）C2233a
2015.10.9.　鉄道シリーズ第3集（イラスト版）C2234a
※ データは27㌻参照。

新幹線 新800系（1000、2000番台）【2009年】

九州新幹線の部分開業から5年後に増備された車両。より乗り心地を良くするために座席を改良したほか、車内の妻壁（つまかべ）に金箔を使用したほか、九州の素材や工芸をふんだんに取り入れ、各号車ごとにオリジナリティあふれる内装・設備でデザインされている。

C2189g 九州新幹線新800系

2014.10.1. 新幹線鉄道開業50周年　C2189g
※ データは27㌻参照。

新幹線 E5系 【2011年】

東北新幹線において、最高速度320km/h運転を行うために開発された車両で、E2系の実質的な後継車両。運転開始と同時に新設された東北新幹線の「はやぶさ」専用で運用され、2013年からは「はやて」「やまびこ」「なすの」など、東北新幹線系統の他の種別にも投入されている。第55回ブルーリボン賞を受賞。

C2155j
東日本旅客鉄道E5系

2013.10.11. 鉄道シリーズ第1集
C2155j 80Yen ……………………………120□

2014.10.1.
新幹線鉄道開業50周年
C2189i
※ データは27㌻参照。

C2189i
東北新幹線E5系

新幹線 N700系 （山陽・九州新幹線） 【2011年】

2011年の九州新幹線全線開業・山陽新幹線との相互直通運転開始に合わせて誕生した、九州新幹線の第2世代の営業用車両。N700系車両をベースに8両化し、九州新幹線区間の急勾配に対応するために全電動車化した。塗装や内装も、日本の美を表現した車両となっている。

C2189e 山陽・九州新幹線N700系

2014.10.1. 新幹線鉄道開業50周年 C2189e
※ データは27㌻参照。

新幹線 N700A系 【2013年】

N700系の改良型として開発された車両で、「A」はAdvanced（アドバンスド＝進化した）の頭文字。東海道・山陽新幹線に導入された。日本の新幹線として初めて「車体傾斜システム」を導入したN700系の機能に加えて、定速走行装置や中央締結ブレーキディスクを兼ね備え、安全性・信頼性・快適性・環境性をさらに向上させた。

C2189c 東海道・山陽新幹線N700A系

2014.10.1. 新幹線鉄道開業50周年 C2189c
※ データは27㌻参照。

2018.3.2.
My旅切手シリーズ第3集（富士山）
C2353b 62Yen ………………………… ─□

C2353b
新幹線と富士山

▲N700A系。先頭車最後尾にN700A系のロゴ。

新幹線 E6系 【2013年】

秋田新幹線の第2世代車両として、東北新幹線区間で運転を行うために開発された。東北新幹線の次世代車両E5系と併結し、最高速度320km/hの営業運転を実現できるよう改良された、新在直通運転用（ミニ新幹線用）新幹線電車。東京～秋田間で営業運転を開始。「スーパーこまち」の列車名で営業運転に投入された。

C2189j 秋田新幹線E6系

2014.10.1. 新幹線鉄道開業50周年 C2189j
※ データは27㌻参照。

新幹線 E7系・W7系 【2014年】

北陸新幹線（長野・金沢間）開業にむけて、JR東日本とJR西日本が共同開発した新型新幹線車両。JR東日本に所属する車両をE7系、JR西日本に所属する車両をW7系と呼ぶ。最高速度は、E2系と同じ260 km/h。E5系に引き続き、グリーン車より上級クラスのグランクラスを導入している。北陸新幹線の開業（長野・金沢間）は2015年3月だが、1年前の2014年3月から、E7系を東京～長野間を運行する「あさま」へ先行導入した。

C2206 北陸新幹線（長野・金沢間）開業

※鉄道車両を題材にした切手は上段の3種（C2206aと2206bは2枚ずつ収められている）とシート地（W7系とE2系）。下段は始点・終点の駅舎と沿線の観光地。左から金沢駅（鼓門・もてなしドーム／石川県）、立山連峰（富山県）、高田公園（新潟県）、善光寺（長野県）、東京駅丸の内駅舎（東京都）。

C2206a
西日本旅客鉄道W7系

C2206b
西日本旅客鉄道W7系（上）
東日本旅客鉄道E2系（中）
東日本旅客鉄道E7系（下）

C2206c
東日本旅客鉄道E7系

2015.3.13.
北陸新幹線（長野・金沢間）開業
C2206 820Yenシート
……………1,600□
a-h 82Yen単片
……………120□

北陸新幹線金沢開業は、沿線自治体と鉄道事業者の緊密なパートナーシップにより、地域の個性に富んだ施設の整備と、地元力に溢れたソフト施策を顕著に充実させた。また、北陸新幹線沿線としての魅力をもとに、新たな観光ルートの形成など大きな影響を与えたことから、第14回日本鉄道大賞を受賞した。

C2282a（上）沿線自治体との緊密なパートナーシップによる北陸新幹線金沢開業
C2283a（下）東日本旅客鉄道E7系、西日本旅客鉄道W7系

2016.10.7.　鉄道シリーズ第4集（通常版）
C2282a　82Yen··············120□

2016.10.7.　鉄道シリーズ第4集（イラスト版）
C2283a　82Yen··············120□

雪に強い! 寒冷地仕様の新幹線

　寒い地方を走行する新幹線は、開発に当たってさまざまな工夫が施されている。東北・上越新幹線用に登場した200系は、最初の寒冷地仕様の新幹線。積雪のある寒い地域で、高速鉄道がいかに故障せず安全に走行できるかに重点をおいて開発された。効率的な除雪板や、氷や折れた氷柱を巻き込んだときに床下機器を保護するための二重床（ボディーマウント構造）、軽量化のため車体をアルミ合金にするなど、寒冷地向けの耐雪・耐寒対策が施された。その後も、400系、E2〜7系、W7系、H5系の北国を走る新幹線は、さらに進んだ寒冷地対策技術が反映されている。

北海道側の青函トンネル口

　2018年7月13日発行「北海道150年」の「北海道新幹線開業」は、H5系がモチーフ（下）。トンネル上部に、本州側ではまだ取り付けられていないはずの白い緩衝工（トンネル微気圧波緩和のために設ける筒）があることから、場所は北海道側の出入口（正確には、青函トンネルとシェルターでつながった第一湯の里トンネル出口）と推察される。北海道出口側の知内町には青函トンネル記念撮影台があり、写真は角度的にここから望遠撮影したものと分かる。

　木に緑がなく、高架橋の橋桁が見える。2月までは撮影台は閉鎖され、4月になると道南は徐々に緑が出てくるので、撮影時期は3月頃。開業時には緩衝工はなかったので、最近の撮影と考えられる。

新幹線H5系【2016年】

　北海道新幹線（新青森・新函館北斗間）が開業されることを記念しての発行。H5系は東北新幹線への直通運転を考慮し、10両編成の車両構成や各種設備、320km/hで走行する性能などの基本仕様は、E5系がベースとなっている。ただし、北海道新幹線区間の営業最高速度は260km/h。車体の色構成もE5系をベースとしているが、H5系はライラックやルピナス、ラベンダーを想起させる紫色「彩香（さいか）パープル」が帯の色として採用されている。なお、「H」はJR Hokkaidoの頭文字。

2016.3.25.　北海道新幹線（新青森・新函館北斗間）開業
C2252　820Yenシート··············1,600□
a-j　82Yen単片··············120□

C2252　北海道新幹線（新青森・新函館北斗間）開業

※H5系をメインの題材にした切手2種（C2252aと2252e）と、沿線の観光地の下部にH5系を配した8種。C2252a,eを除き、上段左から：青森港の夜景、弘前城、龍飛崎（以上・青森県）、下段左から：松前城、薬師山芝桜、トラピスト修道院の並木道、函館山からの夜景、大沼国定公園（以上・北海道）。

磁気浮上式鉄道

磁力を利用し、車体を軌道から浮上させて推進する鉄道を指す。近未来の鉄道として、世界で開発が進められ、日本では鉄道総合技術研究所とJR東海により、磁気浮上式リニアモーターカー「超電導リニア」の開発が進められている。かつては宮崎、現在は山梨に実験線があり、超電導リニアによる中央新幹線（東京～名古屋間で2027年の先行開業、さらに東京～大阪間で2045年の全線開業）実現を目指して開発が進められている。

超電導リニア MLU002 【1987年】

C1180　リニアモーターカー
1987.4.1.
新鉄道事業体制発足
C1180　60Yen …………100□

1987年3月に導入された最新の実験車両。両端を流線形状とした車両で、クリーム色のボディに赤とオレンジの2ストライプで塗装されていた。国鉄時代最後の実験車として貴重な存在だったが、1991年に実験走行中の誤作動により出火・焼失した。

超電導リニアＬ０系 【2013年】

R843a　富士山と山梨
リニア実験線とぶどう
2013.11.15.
地方自治法施行60周年記念シリーズ　山梨県
R843a　80Yen …………………120□

2027年に予定されている、中央新幹線開業時の営業用仕様として製作された車両。山梨リニア実験線でさまざまな試験走行を行い、開発が進められている。2015年には603km/hで走行し、鉄道における世界最高速度記録を更新した。JR東海では走行試験スケジュールの一部を活用し、超電導リニアの体験乗車を実施している。

路面電車

主に都市内およびその近郊の道路上に敷設された鉄道で、比較的短距離の旅客輸送手段として利用される。道路上の安全地帯や歩道から車両に乗降する、停留場の間隔が短いなどの特徴がある交通機関。

馬車鉄道 【1882年】

C593　東京鉄道馬車図
1971.10.6.
国際文通週間
C593　50Yen …………130□

馬車鉄道とは、馬が線路の上を走る車を引く鉄道。19世紀にイギリスで誕生し、普通の馬車より乗り心地がよく輸送力も大きい。東京馬車鉄道は、日本初の馬車鉄道会社で1882年6月に新橋～日本橋間で開業。10月には日本橋～上野～浅草～日本橋間が環状線化された。

● 東京・下町をめぐった馬車鉄道 ………

郵政博物館所蔵

切手の原画は、歌川国芳の門人・芳邨（よしむら）の錦絵。画題は「東京鉄道馬車図 浅草寺景」で、トリミングされた左部分には浅草寺の五重塔や宝蔵門、本堂などが描かれている。なお、鉄道馬車の料金は、現在のタクシー運賃と同じくらいの感覚だった。

「愛・地球博」の２つのリニア

　2005年に開催された日本国際博覧会「愛・地球博」寄付金付き記念切手（2004.3.25発行）は、全国で販売される「全国版」1種のほか、東海支社（当時）と通信販売のみで取り扱う「パビリオン版」9種が発行された（収められている切手2種は同図案）。そのうちの2種には、シート地にリニアモーターカーが描かれている。
　JR東海 超電導リニア館のシートには、屋外展示された超電導リニア「MLX01-1」の先頭車が描かれている。また、三菱未来館のシートには、「万博の動くパビリオン」として開業したHSST方式による日本初の磁気浮上式鉄道（リニアモーターカー）・東部丘陵線「リニモ」が描かれている。「リニモ」は万博終了後も、常設実用路線として運行を続けている。

▲C1942／パビリオン版「ＪＲ東海」（上）と「三菱未来館」（右）

東京市電気局 1 形電車　【1903年】

1903年、東京馬車鉄道（32^ᵃ参照）の電化により、東京で初の路面電車が品川〜新橋間で運行開始。"チンチン"という発車合図から「チンチン電車」の愛称で親しまれた。東京市電気局 1 形電車は、路面電車用としては東京で最初の電車で、ダブルルーフにオープンデッキを持つ木造四輪単車という、当時の典型的なスタイル。

C1727e
チンチン電車

1999.8.23.　20世紀シリーズ第1集
C1727e　80Yen…………………………120□

花電車（都電）　【1947年】

造花や生花、電飾などをふんだんに使った装飾を施して運行された電車。日露戦争時の戦果を祝う花電車が好評だったことから、昭和初期頃まで祝い事があるたびに花電車（当時は装飾電車といった）が運行された。1947年5月の「日本国憲法施行記念式典」で、東京都と憲法普及会は共同で花電車の運転を行った。

C1736c
日本国憲法施行

2000.5.23.　20世紀シリーズ第10集
C1736c　80Yen…………………………120□

▲ 新憲法施行の記念祝賀行事は、全国各地で催された。東京・銀座では、施行翌日に女優や楽団を乗せた花電車5両が走り、見物客で賑わった。（写真提供：朝日新聞）

土佐電気鉄道 7 形電車（2代）　【1984年】

高知の街を十字に走るとさでん交通株式会社（高知県）の路面電車は、現存する路面電車としては日本最古の歴史を誇り、軌道全長も日本一の長さ（25.3km）。図案に描かれた車両は、開業翌年の1905年に製造された7形を1984年に復元した車両で、「維新号」の愛称が付けられている。

R770c
はりまや橋と路面電車

2010.5.14. 地方自治法施行60周年記念シリーズ　高知県
R770c　80Yen ……………………………120□

富山ライトレール TLR0600 形　【2006年】

富山県富山市で富山港線をJR西日本から引き継いだ、第三セクターの富山ライトレール株式会社が運営する富山港線を運行する路面電車（ライトレール）車両。同社開業の2006年より営業運転を開始した。愛称は「ポートラム」。ライトレールとは都市計画や既存交通との連携、乗客の利便性などを踏まえて開発・運営されている次世代型路面電車。第50回ブルーリボン賞を受賞。

**2016.10.7.
鉄道シリーズ
第4集（通常版）**
C2282j
82Yen……120□

**2016.10.7.
鉄道シリーズ
第4集（イラスト版）**
C2283j
82Yen……120□

C2282j（上）　C2283j（下）　富山ライトレールTLR0600形

地下鉄

地下鉄道（略して地下鉄）は、路線の大部分が地下空間に存在する鉄道。地下を走行するため、車窓を楽しむ観光には向かないが、市街地が密集している大都市の中心部などでも定時運行が可能であり、踏切事故などの交通事故の危険性も地上の鉄道路線に比べて低く、主に都市高速鉄道として建設される。また、気象災害による影響も受けにくい。

東京地下鉄道 1000 形　【1927年】

C769　創業当時の地下鉄

1977.12.6.　地下鉄50年
C769　50Yen …………100□

現在の東京地下鉄・銀座線の前身である東京地下鉄道が、上野〜浅草間（2.2km）の開業に合わせて製造した通勤形電車。地下鉄（地下軌道用）として日本で初めて設計された。地下鉄博物館所蔵の1001号車は、東洋初の地下鉄として走行した車両であり、その後約40年間、一貫して地下鉄で活躍したことなどを踏まえ、鉄道用電気車両では初めて国の重要文化財として指定された。なお、この地下鉄銀座線は、ブエノスアイレス地下鉄をモデルとしている。

C1731b-c
東京地下鉄開業
(1) (2)

**2000.1.21.
20世紀シリーズ
第5集**
C1731b-c
50Yen単片
………80□

東京地下鉄 1000系　【2012年】

東京地下鉄（東京メトロ）銀座線用の通勤形電車。1927年に開業した東洋初の地下鉄車両1000形（33㌻参照）を彷彿させる外観に、環境負担を低減する永久磁石同期モータなど、先駆的な技術を取り入れている。地下鉄車両としては初めて、第56回ブルーリボン賞受賞。

C2194j　東京地下鉄1000系
2014.10.10.
鉄道シリーズ第2集
C2194j　82Yen……120□

東京地下鉄 10000系　【2006年】

2014.10.10. 鉄道シリーズ第3集　C2194a
※ 画像およびデータは15㌻参照。

神戸市営地下鉄 1000形　【1977年】

神戸市営地下鉄の西神・山手線用として登場した神戸市交通局の通勤形電車。切手発行時の最新型車両で、当初から冷房装置を搭載している。これは同年登場の名古屋市営地下鉄3000形と並び、日本の地下鉄車両では初の事例。

C770　1977年当時の地下鉄
1977.12.6.　地下鉄50年
C770　50Yen………100□

モノレール

単軌鉄道とも言い、1本のレールよって進路を誘導されて走る交通機関。レールに車両をまたがらせる跨座（こざ）式と懸垂させる懸垂式がある。第2次大戦後の都市交通難などから注目され、都市内輸送、観光地、遊園地での輸送などに普及した。

多摩都市モノレール 1000系　【1998年】

第三セクター・多摩都市モノレール株式会社が運営する多摩都市モノレール線の跨座式車両。東京都の東大和市と多摩市（多摩センター駅〜上北台駅）を結び、最高22メートルの高さから、大都会のビルの谷間や富士山などの絶景が楽しめる人気路線を走行する。

R261　多摩都市
モノレール
1998.11.26.　多摩都市モノレール
R261　80Yen……………120□

沖縄都市モノレール 1000形　【2003年】

第三セクター・沖縄都市モノレール株式会社が運営する沖縄都市モノレール線（愛称「ゆいレール」）の跨座式車両。沖縄県那覇市の那覇空港駅と首里駅を結ぶ、沖縄県内で現存している唯一の鉄道路線を走行する。

R598（左）
モノレールと首里城
R599（右）
モノレールと那覇空港
2003.8.8.
沖縄都市モノレール
R598-9
50Yen単片……80□

R726i-j　国際通りのシーサーとゆいレール　　C2114i　ゆいレール
2009.1.23.　旅の風景シリーズ第3集（沖縄）
R726i-j　80Yen単片…………………120□
2012.5.15.　沖縄復帰40周年
C2114i　80Yen…………………120□

新交通システム

日本独自の名称で、自動運転を指向した都市公共交通機関を指す。決まった定義はないが、日本で普及が進んだ「自動案内軌条式旅客輸送システム（AGT＝Autmated Guideway Transit）」の呼称として用いられている。

ゆりかもめ 東京臨海新交通7000系　【1995年】

株式会社ゆりかもめが運営する東京臨海新交通臨海線（愛称「ゆりかもめ」または「新交通ゆりかもめ」）のAGT車両。新橋駅〜有明駅間の開業に併せて導入され、2016年に運用を終了した。

R225　テレコムセンター
1997.10.1.　東京の新名所
R225　80Yen…………120□

G86b　ハローキティ
ぞう

……ケーブルカー、ロープウェイ、ジェットコースターも…鉄道？

日本でケーブルカーやモノレールを敷設する場合、多少の例外を除いて鉄道事業法の許可や軌道法の特許を申請する監督官庁は国土交通省鉄道局となっている。そのため、これらも広義の鉄道に含まれている。遊園地のローラーコースター（ジェットコースター）も、レール上を車輪によって走行する車両であることや、監督官庁が国土交通省であることから、鉄道の一種として考えられている。

2014.6.23.
夏のグリーティング52円
G86b　52Yen………100□

鉄道―旅への誘い

ポートライナー　神戸新交通2000型　【2006年】

第三セクター・神戸新交通株式会社が運営する、神戸新交通ポートアイランド線（ポートライナー）のAGT車両。神戸空港駅まで延伸開業した際に営業運転を開始した。

C2169e　六甲山

2014.5.1.　日本の山岳シリーズ第4集
C2169e　82Yen……………………………120□

2001.1.17.　KOBE2001ひと・まち・みらい　R453
※ 画像およびデータは18㌻参照。

ケーブルカー・登山電車

ケーブルカーは、山岳の急斜面などを鋼索（ケーブル）が繋がれた車両を巻上機等で巻き上げて運転する鉄道。また、登山電車については「箱根登山鉄道」1種のみしか切手になっていないため、併せて掲載する。

高尾山ケーブルカー　【1927年】

高尾登山電鉄株式会社が運営するケーブルカー。切手では車両は見えないが、中央部の森の割れ目に線路とポールがあり、この付近がケーブルカーとしては日本一の急勾配となっている。

C2183e　高尾山

2014.8.11.　日本の山岳シリーズ　第5集
C2183e　82Yen……………………………120□

箱根登山鉄道 1000 形　ベルニナ号　【1981年】

箱根登山鉄道の旅客用電車。1935年以来、約45年ぶりとなる新型車両として登場し、姉妹鉄道提携を結んでいるスイスのレーティッシュ鉄道ベルニナ線にちなんで「ベルニナ号」という愛称が設定された。全長15mの制御電動車・2両編成で、全て先頭車だったが、2004年に冷房改造が行われてからは、3両編成として運用されている。第25回ブルーリボン賞を受賞。

2016.10.7.　鉄道シリーズ第4集（通常版）
C2282e　82Yen……120□

2016.10.7.　鉄道シリーズ第4集（イラスト版）
C2283i　82Yen……120□

C2282e（上）C2283i（下）箱根登山鉄道1000形

ロープウェイ（索道(さくどう)）

空中に渡したロープに吊り下げた輸送用機器に人や貨物を乗せ、輸送を行う交通機関。ロープウェイのほか、ゴンドラリフトやスキー場などのリフトも含まれる。

鋸山ロープウェイ　【1962年】

鋸山（のこぎりやま）ロープウェーは、鋸山ロープウェー株式会社が運営する千葉県富津市にある索道。鋸の歯のような険しい稜線が有名な鋸山の麓と山頂を結ぶ観光路線。

R835d　鋸山ロープウェー　鋸山の麓と山頂を結ぶ観光路線。

2013.6.25.　旅の風景シリーズ第18集（千葉）
R835d　80Yen……………120□

立山ロープウェイ　【2006年】

立山黒部貫光株式会社が運営する、大観峰駅〜黒部平駅間を結ぶ索道。立山黒部アルペンルートを構成する交通機関の一つ。途中に支柱が1本もない、日本最長のワンスパン方式を採用している。

2013.4.16.　旅の風景シリーズ第17集（富山）
R829j　80Yen……………120□

R829j　大観峰

期間限定・博覧会場内の交通機関

　多くのパビリオンが並び立つ広大な博覧会では、会場内に開催期間中のみ利用される交通機関が架設されることがある。1989年に開催された「'89 海と島の博覧会・ひろしま」では、敷地内に人工の海と7つの半島が作られ、その海上をロープウェー「スカイキャビン」が結んだ。また、2001年開催の「山口きらら博」では、初の冷房付きパルスゴンドラ「きらゴン」が、湾状の人工海浜を横断する形で架設されたが、いずれも会期終了後に解体された。

▲スカイキャビン

R6-7　瀬戸内海の海と島

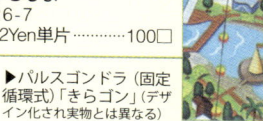

1989.7.7.　'89海と島の博覧会・ひろしま
R6-7
62Yen単片…………100□

▶パルスゴンドラ（固定循環式）「きらゴン」（デザイン化され実物とは異なる）

2001.5.25.　山口きらら博
R482　80Yen……………120□

R482　山口きららバンド

駅 舎

鉄道駅は鉄道を構成する施設の一つ。列車への旅客の乗降、貨物の積降に使用する場所で、駅舎、プラットホーム、線路などから構成される。駅舎は切符売り場、改札口、事務室、待合室、売店などを備えた施設。

北浜駅【北海道網走市・1924年開業】

ＪＲ北海道・釧網(せんもう)本線の駅。現在は無人駅だが、オホーツク海の流氷も見られる海岸まで20mのロケーションは、映画やドラマのロケ地として知られる。

R722c　海辺の駅（北海道網走市）

2008.11.4.　ふるさと心の風景
第3集（冬の風景）
R722c　80Yen …………………120□

▲駅のホームの向かいには、オホーツク海が広がる。

函館駅【北海道函館市・1902年開業】

ＪＲ北海道・函館本線の起点駅。現在の駅舎は開業時から5代目のもので、2003年から使用を開始。1駅隣の五稜郭駅から分岐する道南いさりび鉄道線の列車がすべて当駅発着で運転され、事実上2路線の列車が利用する。

C2058c-d
函館港夜景1

プラットホーム

2009.6.2.　日本開港150周年　函館
C2058c-d　80Yen単片………………………120□

西千曳駅【青森県上北郡東北町・1968年開業】
にしちびき

南部縦貫鉄道の駅で、1997年に路線休止で休業、2002年の廃止で廃駅となった。廃止直前は、単式ホームに巨大な待合室がある無人駅だった。

2010.12.1.
ふるさと心の風景
第8集（東北地方の風景）
R782g-h
80Yen単片
………120□

36　R782g-h　レールバス(1)(2)（青森県上北郡東北町）

さいたま新都心駅【埼玉県さいたま市・2000年開業】

ＪＲ東日本・東北本線の駅で、さいたま新都心の街開きに先立ち、その約1ヵ月前に開業した。プラットホームの両側が線路に接した島式ホームの地上駅で、橋上駅舎を有している。

←駅舎

↑プラットホーム
R401-2
さいたま新都心駅

2000.5.1.　さいたま新都心
R401・R402　50Yen単片 ……………………80□

鎌倉高校前駅【神奈川県鎌倉市・1903年開業】

C2310d　電車2

2017.4.14.
My旅切手第2集
いざ鎌倉！
C2310d　52Yen
………80□

江ノ島電鉄の駅で、開業当時の駅名は日坂駅。1953年に鎌倉高校前駅に改称した。無人駅だが、朝は通学対策のため、派遣された駅員が改札をしている。ホームから前面いっぱいに、湘南の海が広がっている駅として有名。切手左奥に見えるのは江ノ島。ドラマやＣＭ、アニメ番組の舞台にもなっている。

極楽寺駅【神奈川県鎌倉市・1904年開業】

C2311j　駅

2017.4.14.
My旅切手第2集 いざ鎌倉！　C2311j　82Yen………120□

江ノ島電鉄の駅で、単線のためホームはひとつのみ。日中は駅係員が配置されている。駅名にもある極楽寺や紫陽花で有名な成就院の最寄り駅。駅舎は古い木造形式で、ドラマのロケ地やアニメ番組の舞台にもなっている。

片瀬江ノ島駅【神奈川県藤沢市・1929年開業】

R873　神奈川　江ノ島と湘南海岸

小田急電鉄江ノ島線の終着駅。江の島地区の駅では唯一東京方面（新宿方面）への直通列車がある。竜宮城を模したユニークな駅舎だが、2018年現在、そのデザインを踏襲しつつ改良工事中。2020年に完成予定。

2016.6.7.　地方自治法施行60周年
47面シート　神奈川
R873　神奈川　82Yen………120□

※切手は拡大しても見にくいため、拡大図はR817シート地より。

┄┄┄┄┄ 旧駅舎を描いた切手 ┄┄┄┄┄
■旧新橋駅（6ゲ参照）
1975.6.10 SLシリーズ第5集 150形蒸気機関車　C679
■旧札幌駅（7ゲ参照）
1975.6.10 SLシリーズ第5集 7100形蒸気機関車　C678

金沢駅【石川県金沢市・1898年開業】

C2206d　金沢駅（鼓門・もてなしドーム）（石川県）

2015.3.13.　北陸新幹線（長野・金沢間）開業
C2206d　82Yen……………………120□

JR西日本・北陸新幹線と北陸本線、IRいしかわ鉄道の駅。1990年に旅客駅が高架化し、現在の4代目駅舎がオープンした。また、北陸新幹線延伸にともなう整備事業により、2005年に巨大な総ガラス製の「もてなしドーム」と木製の「鼓門」が東口正面に完成した。

加賀一の宮駅【石川県白山市・1927年開業／2009年廃駅】

R710j　残暑の街（石川県白山市）

2008.5.2.　ふるさと心の風景第1集（夏の風景）
R710j　80Yen……………120□

北陸鉄道石川線の駅で、1987年以前は金沢〜名古屋間を結ぶ金名線の終着駅でもあった。駅舎は1927年の竣工で、白山神社総本社の門前駅であることから、唐破風の車寄せが付く入母屋造りの瓦屋根や木製の駅名看板など、純和風で風格の漂う造りが特徴。廃駅後は取り壊す予定だったが、この駅舎を惜しむ地域住民から反対運動が起こり、そのまま置かれることとなった。

谷汲駅（たにぐみ）【岐阜県揖斐郡谷汲村・1926年開業／2001年廃駅】

R515　谷汲踊り
2001.9.28.　揖斐の風物　R515　50Yen……………80□

名古屋鉄道谷汲線の駅で、路線の終着駅として開業。1996年に「谷汲村昆虫館」（現・谷汲昆虫館）を併設して建てた駅舎は廃駅後も残され、モ750形755号車、モ510形514号車が静態保存されているほか、駅舎の旧待合室が谷汲線資料の展示場所になっている。

……地下鉄ホームを描いた切手……

■ 浅草駅（33ﾍﾟ参照）　2000.1.21. 20世紀シリーズ第5集　東京地下鉄開業　C1731b-c
■ 東京地下鉄道1000形（33ﾍﾟ参照）
1977.12.6. 地下鉄50年　C769
■ 神戸市営地下鉄1000形（34ﾍﾟ参照）
1977.12.6. 地下鉄50年　1977年当時の地下鉄　C770

切手でたどる「東京駅」の3つの姿

　東京都千代田区にある、日本を代表するターミナル駅。建築家の辰野金吾が設計し、1914年に完成した赤レンガと鉄筋造り・3階建ての豪壮華麗な洋式建築は、当時の東京名所のひとつでもあった。関東大震災でも大きな被害はなく、満州帝国皇帝・溥儀やチャップリンなどの外国要人の来日時には、東京の表玄関として機能した（切手①参照）。

　＊

　しかし、太平洋戦争末期の1945年に東京大空襲で罹災。焼夷弾が着弾したため大火災となり、レンガ造の壁やコンクリート製の床など構造体は残ったが、鉄骨造の屋根は焼け落ち、内装も大半が失われてしまう。終戦後に修復工事が行われたが、安全性への配慮などから、完全に元通りの姿にはならなかった。当初は、早期に本格的な建て直しをすることを想定していたが、当時の修復工事関係者の不断の努力により、できるだけ日本の中央駅として恥ずかしくないデザインによる修復をした、という逸話が伝えられている（切手②参照）。

　＊

　その後、長らく先延ばしされてきた建て替え計画は、創建当初の形態に復原する方針がまとめられた。復原工事は、2012年10月1日に完成し、約70年ぶりに大正時代の名建築が復活した（切手③参照）。

① 1914年（大正3）開業当時の東京駅

C1729a-b
東京名所　東京停車場之図（1）（2）

1999.10.22.
20世紀シリーズ第3集
C1729a-b
80Yen単片
……………120□

② 戦後に修復工事された東京駅

R19　東京駅

R523
東京ミレナリオと東京駅

1989.11.1.　東京駅　R19　62Yen……………100□
2001.12.3.　東京ミレナリオ　R523　80Yen………120□

③ 現在の東京駅（復原後）

C2155a　東京駅丸の内駅舎　　C2206h　東京駅丸の内駅舎
2013.10.11.　鉄道シリーズ第1集
C2155a　80Yen……………………120□
2015.3.13.　北陸新幹線（長野・金沢間）開業
C2206h　82Yen……………………120□

国の重文・煉瓦造り建築　の変電所

丸山変電所 【群馬県】

R449　丸山変電所
2000.12.15.
横川─軽井沢間の
旧鉄道施設
R449　50Yen
‥‥‥‥‥‥80□

中山（仙）道線（碓氷線とも。後の信越本線）が幹線鉄道で初めて電化されたことに伴い、1912年（明治45）に建設された、純煉瓦造りの変電所。当時の鉄道・電気の最先端技術が導入され、碓氷峠を通過する電気機関車の心臓部の役割を果たしていた。

1963年（昭和38）のアプト式廃止後は放棄され、建物も荒廃していたが、1993年に「碓氷峠鉄道施設」のひとつとして、国の重要文化財に指定された（41㌻参照）。その後、修復工事も行われ、現在はほぼ建築当初の外観に戻されている。

関西空港駅
【大阪府泉南郡・1994年開業】

大阪の空の玄関口・関西国際空港の鉄道ターミナル駅。南海電気鉄道・空港線と、JR西日本・関西空港線が乗り入れ、ともに当駅が終着駅。切手のオレンジ色の線が、大阪湾に架かる関西国際空港連絡橋（スカイゲートブリッジＲ→40㌻参照）のたもと部分から駅までの鉄道路線および自動車道路で、◀部分の空港建物内に駅がある。

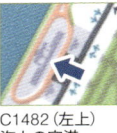

1994.9.2.
関西国際空港開港
C1482・C1484
80Yen単片‥‥120□

C1482（左上）
海上の空港、
C1484（右）
海上の空港と
上空のジェット機

駅・プラットホーム （イメージ）

国鉄（当時）による旅行誘致企画・「『いい日旅立ち』キャンペーン」のキャンペーン曲「いい日旅立ち」のイメージを想起させる、黒井健（イラストレーター）のイラスト。紅葉の山を背景に、しあわせを探しに旅立つ女性がプラットホームで電車を待つ情景が描かれている。駅のモデル等は不明。

C1607　いい日旅立ち

1997.10.24.　わたしの愛唱歌シリーズ第1集
C1607　50Yen‥‥‥‥‥‥‥‥‥‥‥‥‥100□

2014.9.1.　土木学会創立100周年　C2184（耳紙部分）
※ 画像およびデータは20㌻参照。

線　路

日本における鉄道線路の定義は、JISによれば、レール・枕木・道床などが含まれる軌道、路盤、橋梁などの構造物を含めたものを指すものとされている。車両とともに描かれた線路の切手は、それぞれの車両ごとに掲載したページに譲り、ここでは線路単体を風景・地図等に描かれたたものに限り、北から南の順に掲載する。

JR東日本・京葉線の線路 【千葉県・幕張新都心】

R873　千葉 幕張新都心
2016.6.7.　地方自治法
施行60周年 47面シート
千葉県
R873　千葉　82Yen
‥‥‥‥‥‥‥‥‥120□

幕張新都心は、千葉県千葉市美浜区と習志野市に跨る東京湾に面した地域。1970年代後半の東京湾埋め立てによって開発された新都心で、JR東日本・京葉線の海浜幕張駅を中心とした商業地区や、幕張メッセ、野球場などで構成されている。

▲ ⬇ の高架の部分が京葉線。

神戸新交通・ポートライナーの高架軌道
【神戸市中央区・神戸ポートアイランド博覧会】

C878　ポートアイランドと
博覧会マーク
1981.3.20.　神戸ポートアイランド博覧会
C878　60Yen‥‥‥‥‥‥‥‥‥‥‥‥‥100□

世界初の自動無人運転方式として開業したポートライナーは、開業と同年に開催された神戸ポートアイランド博覧会の会期中、観客輸送を行った。切手中央を横切る細く白い線で、高架軌道をデザイン的に表現。

JR西日本・宇野線の線路 【岡山県・児島湾】

C287　干拓地の地図とトラクター
1959.2.1.　児島湾締切堤防竣工
C287　10Yen‥‥‥‥‥‥‥‥‥‥‥50□

1959年の児島湾締切堤防工を受けて発行された切手。児島湾の左右を囲むよう点線が、JR西日本・宇野線（愛称：宇野みなと線）の線路を示している。

JR西日本・山陽本線の線路
【広島県尾道市・しまなみ海道】

1999.4.26.　しまなみ海道
R294　80Yen‥‥‥‥‥‥‥‥‥120□

R294　尾道大橋・新尾道大橋

国道317号の尾道大橋（奥）としまなみ海道を構成する新尾道大橋（手前）の本州側のたもとを走る山陽本線の線路。海側を併走するのは国道２号線。

‥‥‥‥そのほかの線路を描いた切手‥‥‥‥

■ 複線区間・単線区間のイラスト（20☞参照）
2014.9.1 土木学会創立100周年　C2184d,e,i-j

トンネル

鉄道路線のために、人工的に山や海底などを掘削して作られた土木構造物。換気が困難な長大トンネルや、特に列車運転頻度の高い線区のトンネルは、蒸気機関車が一般的な時代においても、早くから電化されている。日本切手には、自動車用のトンネルはあっても、鉄道トンネルを描いたものは圧倒的に少ない※。

JR御殿場線のトンネル

JR東海・御殿場線の単線鉄道トンネル。図案の東名酒匂川橋の左手下部に、谷峨〜駿河小山駅間の線路とトンネル口が描かれている。

C533　酒匂川橋
1969.5.26.　東名高速道路完成
C533　15Yen‥‥‥‥‥‥‥‥‥50□

北陸トンネル

C379
トンネルと特急「白鳥」

福井県の敦賀市と南条郡南越前町にまたがる複線鉄道トンネル内部を描く。JR西日本・北陸本線の敦賀〜南今庄駅間、木ノ芽峠の直下に位置する。複線電化、スピードアップ、コンクリート床、蛍光灯照明の明るいトンネルは、折からの高度成長期と相まって大きな話題となった。

1962.6.10.　北陸トンネル開通
C379　10Yen‥‥‥‥150□

※この切手は、特急「白鳥」にあるはずの乗務員用ドアとはしご段がない、トンネル内のケーブルの種類・本数・位置が実際と異なる、コンクリート床に固定されているはずのレールが普通の枕木、横の壁にあるはずの蛍光灯が天井にある…など、エラーの多い切手として名を残すことになった

鉄道橋

鉄道を渡すための橋梁。列車荷重が大きいため、道路橋と比較すると、桁高を大きくしたり部材厚を厚くするなどの強度や、ねじれたり力が加わったときにも変形しづらい剛性が必要となる。

只見線鉄道専用橋　[福島県]

福島県会津若松市・会津若松駅から新潟県魚沼市・小出駅までを結ぶ、JR東日本の只見線は、絶景の秘境路線として知られ、山間部にいくつもの鉄道橋がかかる。切手は滝谷〜会津桧原間の鉄道橋。

C675　C11形蒸気機関車
1975.4.3.　SLシリーズ第3集
C675　20Yen‥‥‥‥‥‥‥60□

※このほか、「青函トンネル開通」を題材とした切手の背景に、地図のトンネルやトンネルの出口が描かれている（10☞参照）。

レインボーブリッジ　[東京都]

 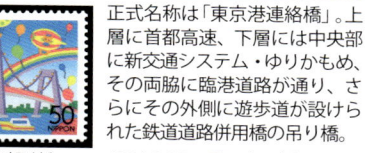

正式名称は「東京港連絡橋」。上層に首都高速、下層には中央部に新交通システム・ゆりかもめ、その両脇に臨港道路が通り、さらにその外側に遊歩道が設けられた鉄道道路併用橋の吊り橋。

R143　夢の架け橋
（レインボーブリッジ）

1994.3.23.　夢の架け橋
R143　50Yen‥‥‥‥‥‥‥80□

R226（左）
レインボーブリッジ

R442（右）
東京の夜景

▼芝浦側のアプローチ・ループ橋の部分も描かれている。

1997.10.1.　東京の新名所
R226　80Yen‥‥‥‥‥‥‥120□

2000.11.15.　東京グリーティング
R442　80＋20Yen‥‥‥‥‥‥150□

R872a（左）
東京タワーとレインボーブリッジとユリカモメ

C2288a（右）
レインボーブリッジ

2016.6.7.　地方自治法施行60周年　東京
R872a　82Yen‥‥‥‥‥‥‥150□

2016.10.14.　日本の夜景シリーズ第2集
C2288a　82Yen‥‥‥‥‥‥‥120□

東武鉄道専用橋（隅田川橋梁）　[東京都]

東武鉄道伊勢崎線が浅草駅まで延長するため、隅田川に架けた鉄道橋で、別名・花川戸鉄道橋。景観を考慮し、高いトラス橋にせず架線柱に曲線のデザインが取り入れられた。

R838d　隅田川

2013.8.28.
第68回国民体育大会（東京）
R838d　80Yen‥‥‥‥‥‥‥120□

東武鉄道専用橋（東武荒川橋梁）　[東京都]

東武伊勢崎線（現・東武スカイツリーライン）が荒川に架けた鉄道橋。
2000.10.23.　20世紀シリーズ第15集
C1741f　80Yen‥‥‥‥‥‥‥120□

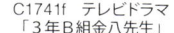

C1741f　テレビドラマ
「3年B組金八先生」

スカイゲートブリッジR　【大阪府】

正式名称は「関西国際空港連絡橋」で、橋長3,750mにおよぶ世界最長のトラス橋（三角形を基本とする構造の橋）。上層に6車線の道路、下層にはJR関西空港線と南海空港線がを共用している鉄道道路併用橋。「関西空港開港」のオレンジ色のラインが、スカイゲートブリッジR＊のたもとから関西国際空港島内に伸びる路線を示す。

C1482（上）海上の空港、C1484（下）海上の空港と上空のジェット機

1994.9.2.　関西国際空港開港
C1482-4　80Yen単片…………120□

C2319a
スカイゲートブリッジR

2017.6.9.
日本の夜景シリーズ第3集
C2319a
82Yen
……120□

＊「スカイゲートブリッジR」のRは"Road"、"Railway" "Rinku"の他、"Rainbow" "Relationship" "Remember"などを表す。

瀬田川橋梁　【滋賀県】

P210　石山寺観月亭からの琵琶湖と比叡の山やま

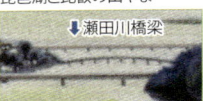

↓瀬田川橋梁

琵琶湖から流れる瀬田川に架かる東海道本線の鉄道橋。切手は手前から瀬田唐橋、瀬田川大橋（いずれも道路橋）で、その奥に瀬田川橋梁が架かる。切手が発行された1961年当時は、現在瀬田唐橋の手前にある名神高速道路の瀬田大橋、東海道新幹線の瀬田川橋梁は、まだ架かっていなかった。

1961.4.25.　国定公園　琵琶湖　P210　10Yen………80□

ポートピア大橋　【兵庫県】

C2169e　六甲山
2014.5.1.
日本の山岳シリーズ第4集
C2169e　82Yen………120□

新港第四突堤と人工島のポートアイランド間に架かる神戸新交通ポートアイランド線専用の鉄道橋。6m横に神戸大橋（自動車・歩行者用）が隣接するが、この2つは別々の建造物（下図参照）。

左が神戸大橋、右がポートピア大橋

瀬戸大橋　【岡山県　香川県】

本州（岡山県倉敷市）と四国（香川県坂出市）を結ぶ10の橋の総称であり、本州四国連絡橋のひとつ。瀬戸内海の5つの島の間に架かる6つの橋梁と、それらを結ぶ高架橋により構成された鉄道道路併用橋。上部に瀬戸中央自動車道、下部にJR四国・本四備讃線（愛称：瀬戸大橋線）が通る2層構造。下部は在来線に加え、四国新幹線の線路も敷設できるようになっているが、まだ新幹線開通の具体的な目処は立っていない。

10の橋を合わせた合計の長さ（13.1km）は、鉄道道路併用橋としては世界最長で、「世界一長い鉄道道路併用橋」としてギネスブックにも認定されている。橋梁は吊り橋・斜張橋・トラス橋の3種類を併設。

C1218-21　瀬戸大橋（4種連刷）

左：香川県側からの瀬戸大橋（南備讃瀬戸大橋）

右：岡山県側からの瀬戸大橋（下津井瀬戸大橋〈トラス吊橋〉・櫃石島（ひついしじま）高架橋・櫃石島橋〈斜張橋〉）

1988.4.8.　瀬戸大橋開通記念
C1218-21　60Yen単片………………100□
　　　　　4種連刷または4種田型…440□

R258　瀬戸大橋
1998.11.9.
瀬戸大橋
R258
80Yen……120□

▲開通10年を記念したふるさと切手（香川版）。香川県側からの瀬戸大橋を描く。手前は瀬戸大橋最南端で、瀬戸大橋最長（約3km）の番の州（ばんのす）高架橋から、南備讃瀬戸大橋、北備讃瀬戸大橋を描く。

R676c　モモの花と瀬戸大橋・岡山
2006.5.1.
中国5県の花
R676c　50Yen……80□

◀岡山県側からの瀬戸大橋。下津井瀬戸大橋など。

瀬戸大橋の10の橋について

瀬戸大橋を構成する各橋は以下の通り。

1) 下津井瀬戸大橋	吊り橋	（岡山・香川）
2) 櫃石島高架橋	高架橋	（香川）
3) 櫃石島橋	斜張橋	（香川）
4) 岩黒島高架橋	高架橋	（香川）
5) 岩黒島橋	斜張橋	（香川）
6) 与島橋	トラス橋	（香川）
7) 与島高架橋	高架橋	（香川）
8) 北備讃瀬戸大橋	吊り橋	（香川）
9) 南備讃瀬戸大橋	吊り橋	（香川）
10) 番の州高架橋	高架橋	（香川）

四国に新幹線が走る日はいつ…？

大鳴門橋【兵庫県　徳島県】

大鳴門橋は兵庫県の淡路島と徳島県の鳴門市を結ぶ吊り橋で、1985年に開通した。橋は上下2層式で、上部は神戸淡路鳴門自動車道、下部は将来的に四国新幹線を通すことが出来る鉄道道路併用橋として建設された。

しかし、四国新幹線は長らく計画されているものの、いまだ実現の目処は立っておらず、上部の自動車道のみが運用されている（下部は一部が観潮スペースとして使用されている）。

R779g-i　大鳴門橋（g,h）、鳴門の渦潮（i）
2010.10.1.
旅の風景第10集　瀬戸内海　瀬戸内海を渡る道　その3
R779g-i　80Yen単片……………………………120□

R857a　鳴門の渦潮と阿波おどりとすだちの花
2015.6.2.
地方自治法施行60周年　徳島県
R857a　82Yen……150□

小田川橋梁【岡山県】

岡山県井原市西江原町の小田川に架かる井原線の鉄道専用橋。井原駅～早雲の里荏原駅間に位置する。川岸には、水面に映る橋と車両が撮影できるスポットもある。

R262　鉄道井原線開通
1999.1.11.　鉄道井原線開通
R262　80Yen………………120□

大ヶ池橋梁【岡山県】

岡山県備前市の大ヶ池は、平安時代からある灌漑用のため池。東西に長い池の中央に架かる橋梁は、山陽新幹線の鉄道専用橋。南岸を赤穂線と国道2号が併走している。

C605　山陽新幹線「ひかり」
1972.3.15.　鉄道100年
C605　20Yen………………40□

めがね橋【群馬県】

R448（左）
めがね橋

R837c（右）
碓氷第三橋梁
（めがね橋）

2000.12.15.　横川ー軽井沢間の旧鉄道施設
R448　50Yen……………………80□

2013.7.12.　地方自治法施行60周年　群馬県
R837c　80Yen……………………120□

群馬県安中市にある鉄道橋の遺構。正式名称は碓氷第三橋梁。碓氷川に架かる煉瓦造りの4連アーチ橋で、国鉄信越本線横川駅－軽井沢駅間のアプト式鉄道時代（1893～1963）に使用されていた。1993年に「碓氷峠鉄道施設」として、丸山変電所（38頁参照）などとともに重要文化財に指定された。

第一津和野鉄橋【島根県】

島根県津和野町の中心を流れる津和野川に架かる、山口線の鉄道専用橋。手前に描かれているのは津和野大橋（自動車・歩行者用）。SLやまぐち号の撮影ポイントとして知られる。

R362　津和野川、津和野大橋、蒸気機関車
1999.10.13.　萩・津和野
R362　80Yen………………120□

……昔、併用橋／今、鉄道専用橋！……

愛知県犬山市と岐阜県各務原市との間を流れる木曽川に架かる犬山橋は、切手発行時の1968年は、名鉄犬山線の鉄道線路（複線）と県道春日井各務原線（旧・国道41号）が併走する三連トラス橋の鉄道道路併用橋だった。しかし、2000年にこの橋の下流側に、新たな桁橋の道路橋（愛称：ツインブリッジ）が竣工し、もともとあった鉄道道路併用橋は鉄道専用橋となった。

P232　犬山城と木曽川

1968.7.20.　国定公園　飛騨木曽川
P232　15Yen…………50□

▶ 左が切手にもあるトラス橋、右が新しい道路橋。

大淀川橋梁【宮崎県】

宮崎市中心部を流れる大淀川に架かる、日豊本線の鉄橋。1915年に開通したプレートガーター橋（鈑桁橋）で、太い橋脚に鋼板などを組み合わせたプレート（板）19連を渡した日豊本線最長の鉄橋。

C671　C57形蒸気機関車
1974.11.26. SLシリーズ第1集
C671　20Yen………………60□

その他の鉄道橋を描いた切手

■ 鉄橋と架道橋（20㌻参照）
2014.9.1.　土木学会創立100周年　C2184f, i-j

■ 賢島橋【三重県】近鉄志摩線
2016.4.26.　伊勢志摩サミット
C2260b　82Yen…………120□

賢島東岸と本土を結ぶ
賢島のシルエット。

鉄道連絡船

鉄道会社が運行する航路や船のこと。狭義には、船内にレールを設置し、乗客や荷物を載せた車両ごと輸送する船（船舶車載客船・車両渡船）を指す。

摩周丸（2代目）【北海道・函館市】

摩周丸の名をもつ青函連絡船は2隻あり、初代は1948年の就航。2代目摩周丸は、高速自動化船として登場した津軽丸型連絡船の5番目の船で、初代終航の翌1965年に就航。現在は旧函館桟橋で、青函連絡船記念館として連絡船の歴史や資料などを展示している。

C2058c
函館港
夜景1

C2058g
八幡坂と
函館港
夜景

C2058i
旧桟橋と
函館港
夜景

2009.6.2.　日本開港150周年　函館
C2058c,g,i　80Yen単片…………120□

C2252i
函館山からの夜景
（北海道）

C2243c
はこだて冬
フェスティバル

2015.11.27.　日本の夜景シリーズ　第1集
C2243c　82Yen…………120□
2016.3.25.　北海道新幹線（新青森・新函館北斗間）開業
C2252i　82Yen…………120□

八甲田丸【青森県・青森市】

C2252b
青森駅の夜景（青森県）

2016.3.25.　北海道新幹線
（新青森・新函館北斗間）開業
C2252b　82Yen……120□

1964年に就航した八甲田丸は、歴代55隻のなかで、現役期間が23年7ヵ月と1番長かった船。青函連絡船の最終航行船も務めた。現在は青函連絡船メモリアルシップとして旧青森桟橋に係留され、1階の車両甲板（世界的にも珍しい鉄道車両を輸送するためのスペース）で郵便車両などを展示。

トラベリングクレーン

門型（橋脚型）の大型クレーンで、橋型クレーンともいう。レール上を移動可能な構造を持つことから、鉄道の一分野として採録。重要な港湾のコンテナ船埠頭のほとんどに設置され、コンテナの積み卸しを行う。

C883　コンテナ船と
クレーンにマーク

1981.5.25.　第12回国際
港湾協会総会記念
C883　60Yen………100□

C2319f
日本平から
望む清水港
と富士山

2017.6.9.
日本の夜景シリーズ　第3集
C2319f　82Yen…………120□

▶湾岸に
林立する
クレーン

2014.9.1.　土木学会創立100周年　C2184d
※ 画像およびデータは20㌻参照。

シンボル

鉄道を象徴する意匠および、企業ロゴマークを描いた2種を掲載。車両のボディ等に描かれたヘッドマークや企業名（JRなど）は、それぞれの切手を参照。

鉄道のイメージ（車輪と翼）

「小判切手」5銭には、郵便輸送のスピードを象徴する"羽根のある鉄道車輪"、いわゆる「羽根車」が描かれた。このほか6〜12銭の四隅には、「プロペラ」、「スクリュー」、「ムチと蹄鉄」、「気球」と、それぞれに当時の文明開化を象徴する図案が描かれた。

68　小判切手
1876.6.23.　旧小判切手5銭
68　5Sen…………16,000□
1883.1.1.　U小判切手5銭（同図案／刷色：青）
80　5Sen…………9,000□

東京メトロのロゴマーク【東京地下鉄株式会社】

R873　東京　東京マラソン

2007年に始まった東京マラソンのオフィシャルサポーターである東京地下鉄株式会社（東京メトロ）。マラソンスタート地点に、サポート企業のロゴマークが入った看板があり、東京メトロのマークも見える。

2016.6.7.　地方自治法施行60周年　47面シート　東京都
R873　東京　82Yen…………120□

※切手は拡大しても見にくいため、拡大図はR872シート地より。

鉄道─旅への誘い

祭り・イベントめぐり

第2部

82 日本郵便 NIPPON
TOKUSHIMA県

徳島県
平成28年・2016

毎年8月12〜15日開催 徳島市の「阿波踊り」(59ページ掲載)

[当項目の採録] 各地の祭り・イベントを元日から大晦日までの歳時記順に採録。ただし、梅・桜等の花まつり関連はまとめて掲載。

睦月（むつき・1月）

正月や小正月の風習は家庭でも地域でも多種あり、大小様々な行事が各地で催される。歳の初めに、大漁・豊年・商売繁盛・無病息災などを祈るものが多い。郵趣家にとっては、各地中央局での元旦配達出発式が必見。特に日本橋局の出発式はマスコミ報道される風物詩。

十日戎

遊佐のアマハゲ 【山形】1月1・3・6日

遊佐町では3集落で実施。なまはげと同系統の行事が、名称も様々に東北や北陸などに分布。ケンダン（蓑）を纏い面を被って各戸を回り、「ホーホー」と奇声を上げる。

R750g　山形県飽海郡
2009.10.8.　ふるさと心の風景
第6集（祭の風景）
R750g　80Yen…………… 120□

早池峰神楽 【岩手】1月2・3日ほか

花巻市大迫町。500年の伝統を誇り、大償（おおつぐない）と岳（たけ）の神楽座が伝わる。演目は多種あり、1月の舞初めなど年に数回公演。1976年、重要無形民俗文化財の第1号。2009年、ユネスコ無形文化遺産。

R806c
2011.11.15.　地方自治法施行60周年　岩手県
R806c　80Yen…………… 120□

十日戎 【大阪】1月9〜11日

大阪市・今宮戎神社。大勢の商人らが「えべっさん」に参拝し、福笹を買う。盛装した芸妓らが艶やかな練り込みを行う宝恵籠（ほえかご）。十日戎は関西各地にあり、西宮神社の福男選びも有名。和歌山の十日戎で売られる「のし飴」は独特。

R750f　大阪市浪速区
2009.10.8.　ふるさと心の風景
第6集（祭の風景）
R750f　80Yen…………… 120□

白木野人形送り 【岩手】1月19日

西和賀町・白木野地区。人々が公民館に集まり、分担して1体の藁人形を作る。藁人形が担がれ、ホラ貝を先頭に行列が雪道を進む。地域の境にある樹木に人形を結びつけ、疫病侵入防止と無病息災を祈る。別名厄払いまつり。

2009.10.8.　ふるさと心の風景
第6集（祭の風景）
R750d　岩手県和賀郡　R750d　80Yen…………… 120□

※侍姿の人形の股間から、巨大な陽物が突き出す（右）。子孫繁栄や疫病退散を願う象徴であろう。制作中、ふざけて脚や陽物のパーツを握ってチャンバラする光景も。小さな行事だが、まことに微笑ましい。

大江幸若舞 【福岡】1月20日

みやま市・大江天満宮。五穀豊穣を祈って勇壮に舞を奉納。所作も装束も凛々しい。幸若舞は日本最古の舞楽とされ、中世の武士に広まり、大江へは江戸中期に伝わった。演目は「安宅」「高館」など9種。

R454
2001.1.19.　大江幸若舞
R454　80Yen…………… 120□

若草山山焼き 【奈良】1月第4土曜

奈良市・若草山。芝生の新芽促進や山火事防止が本来の目的とされるが、重要な観光行事。奈良盆地の夜は冷えるが、多数のカメラマンが陣取る。雨などで湿って焼け残ったら、後日に「焼き直し」。

2017.9.29.　日本の夜景　第4集
C2329c　82Yen…………… 一□
C2329c　興福寺五重塔と若草山山焼きと花火

R201（左）
R873奈良（右）

1996.11.15.　若草山山焼き
R201　50Yen…………… 80□
2016.6.7.　地方自治法施行60周年　47面シート
R873奈良　82Yen…………… 120□

如月（きさらぎ・2月）

北海道や東北・北陸などでは、雪は日常生活を脅かす邪魔物だが、その雪や氷を逆に活用した冬イベントが続々と誕生した。昼はもちろん楽しめるが、夜も各種の灯りや花火に彩られる。

長崎ランタンフェスティバル 【長崎】旧暦1月1〜15日

長崎市。中華街の春節（旧正月）行事をベースにして1994年に大規模化。無数のランタンが街中に飾られ、各会場には大小の人形が立ち、幻想的な夜となる。龍踊や中国獅子舞なども披露。

2012.9.11.
旅の風景　第16集（長崎）
R819e
R819e　80Yen……………… 120□

小樽雪あかりの路 【北海道】2月3日頃〜12日頃

小樽市。さっぽろ雪まつりと同じ頃、小樽運河や手宮線跡などに多数の蝋燭の灯りが揺れる。大勢のボランティアに支えられた行事。夕暮れ時、線路跡は銀河鉄道に、運河は光の道に変わる。

R784cd

2011.2.1.　旅の風景　第11集（北海道）
R784cd　各80Yen…………………… 120□

さっぽろ雪まつり 【北海道】2月5日頃〜11日頃

札幌市・大通公園など。1950年、大通公園での小行事が、次第に拡大して冬の一大イベントに発展。「野戦築城訓練」として自衛隊が制作する巨大な雪像が見事。出店が多く、食べ歩きも楽しい。

2011.2.1.
旅の風景　第11集（北海道）
R784a
R784a　80Yen…………… 120□

■さっぽろ雪まつりにちなむ発行　　R266-69（55%）

1999.2.5.　雪世界
R266-67　各80Yen………………………… 120□
R268-69　各50Yen…………………………… 80□

※期間は1週間だが、設営に約1ヵ月。陸自隊員らによる制作風景も見もの、また撤収風景も見もの。出店も多数あるが、安くて美味い、高いのに不味いなど、当たり外れがある。毎回、プレハブの「さっぽろ雪まつり臨時出張所」が出て、「雪ミク」のフレーム切手などを販売。また小型印も使用。

横手のかまくら 【秋田】2月15日・16日

横手市。子ども行事から観光イベントになり、市内数ヵ所にかまくらが登場。観光客も中に入り、水神様の前で甘酒や餅などを頂く。近郊の民家苑では、古民家を背景にした撮影会も（R808e切手図案）。

R517（左）
R808e（右）

2001.10.1.　かまくら
R517　80Yen………………………………… 120□
2012.1.13.　地方自治法施行60周年　秋田県
R808e　80Yen………………………………… 120□

谷汲踊 【岐阜】2月18日ほか

揖斐川町（旧谷汲村）。太鼓を抱え、飾りを背負って踊る太鼓踊が美濃各地に伝わる。谷汲踊は年3回。2月18日は華厳寺で豊年祈願して奉納。鳳凰の羽根を象った「しない」が、流麗に揺れる。

R515

2001.9.28.　揖斐の風物
R515　50Yen………………………… 80□

谷汲踊

十日町雪まつり 【新潟】2月中旬の金・土・日曜

十日町市。雪に打ち克ち冬の生活を明るく楽しくしようと昭和25年開始。歌手らを招き、雪・着物による「雪上カーニバル」は絢爛豪華。花火がフィナーレを飾る。

R272（左）
R741e（右）

1999.2.12.　十日町雪まつり
R272　80Yen………………………………120□
2009.7.8.　地方自治法施行60周年　新潟県
R741e　80Yen………………………………120□

※R272は第32回の雪像ステージと花火。「雪で造った世界一の建造物」としてギネスブックに掲載。巨大なステージ上に並ぶ多数の人は、画像処理で消されている。

熱海梅園梅まつり 【神奈川】1月上旬～3月上旬

熱海市。1.4万坪に59品種・計472本の梅が植えられ、早咲き→中咲き→遅咲きと、長く花を楽しめる。熱海芸妓連の演芸会、落語などを開催。園内には中山晋平記念館（別荘）もある。

2000.11.29.
新世紀 伊豆めぐり
R443　熱海梅園　50Yen ················80□

太宰府天満宮 梅祭り 【福岡】2月上旬～3月中旬

太宰府市。本殿前の神木「飛梅」をはじめ約200品種・計6000本の梅が順次咲き、東風吹けば匂いが境内を満たす。2月25日は天神（菅原道真）の命日で梅花祭。3月第1日曜日には曲水の宴。

R665a　ウメと　2005.6.1.　九州の花と風景
太宰府天満宮　R665a　50Yen ·············80□

水戸の梅まつり 【茨城】2月中旬～3月末

水戸市・偕楽園など。偕楽園には約100品種3000本の梅。品種が多く、早咲・中咲・遅咲と数週間にわたり観梅できる。野点や雛流しなどのイベントも沢山。園内で縮緬問屋のご隠居に巡り合えるかも。

C453 偕楽園　R455　梅と好文亭（春）　R873茨城　偕楽園

1966.2.25.　名園シリーズ
C453　10Yen ·······················50□

2001.2.1.　偕楽園
R455　50Yen ·······················80□

2016.6.7.　地方自治法施行60周年　47面シート
R873茨城　82Yen ·················120□

■梅まつり関連の切手の一部を以下に挙げる。
・小田原梅まつり【神奈川】2月初旬～3月 ······R437
・湯島天神梅まつり【東京】2月上旬～3月上旬R686d
・吉野梅まつり【大分】2月中旬～3月初旬···R665g他
・吉野梅郷梅まつり【東京】3月 ············R601

◀湯島天満宮（湯島天神）の白梅。下方の石段は女坂。143㌻参照

祭り・イベントめぐり

なかやま雪月火 【福島】2月中旬の土曜

下郷町・なかやま花の郷公園。約80人の小集落の地域活性化行事が、次第に拡大・充実。2000個余（西暦年と同数）のミニかまくらの中に蝋燭が灯り、派手な演出などはなく、厳かな夜景を見せる。

C2243h
2015.11.27.　日本の夜景　第1集
C2243h　82Yen ·················120□

弥生（やよい・3月）

東大寺二月堂の修二会の時期はまだ寒いが、終わると次第に暖かくなり、5月にかけて桜前線が日本列島を北上していく。日本各地で、そしてワシントンD.C.でも桜まつり（C2111, C2210）。お祭りシリーズなど、切手に採用されるのは大きな祭りが多いが、小さな集落の小さな祭りも少なからず登場している。一方で、修二会など有名なのに切手未採用の行事がある。

さんしんの日 【沖縄】3月4日

読谷村（よみたんそん）文化センター。琉球の古典音楽・民謡・舞踊が流派を超えて集まり芸を披露。また、自宅の三線（さんしん）を持参した観客と共に「かぎやで風」を演奏。三線の祖とされる「赤犬子（あかいんこ）」の宮に音楽と舞を奉納。

1998.3.4.　さんしん
R235　R235　80Yen ·················120□

卯月（うづき・4月）

4月は春祭りの最盛期、多種多様なお祭り・行事が各地で開催される。レンゲやナノハナ、そして各種のサクラが祭りに色を添える。スタンプショウなど、切手趣味週間にちなむイベントも幾つか。

諏訪大社御柱祭 【長野】6年毎の4～6月

諏訪市と下諏訪町。諏訪大社は上社（本宮・前宮）と下社（春宮・秋宮）の4宮で構成され（144㌻参照）、各社殿の四隅に巨大な丸太柱が立つ（計16本）。6年毎、樅を伐採して坂や川を越えて運び、柱を立て替える。

R767c　R767d　R767e
上社 川越し　里曳き 長持　下社 木落し

2010.4.1.　ふるさとの祭　第4集
R767c-e　各50Yen ·················80□

※木落し・川越し・曳き建てなどが見どころ。毎回のようにどこかで事故が起こるが、祭りは粛々と進む。里曳きでは、騎馬行列・花笠踊り・長持ち奴などが華を添える。

おひながゆ 【群馬】4月3日

上野村大字乙父（おっち）。一月遅れの桃の節句に、子どもたちが神流（かんな）川の河原で遊ぶ。石を丸く並べて積み上げた「お城」に、当日、炬燵や雛人形を運び込む。焚いた粥を食べ、トランプ等で楽しく過ごす。

2009.10.8.　ふるさと心の風景
第6集（祭の風景）

R750j　群馬県多野郡　R750j　80Yen ……………… 120□

田の神祭り（田の神戻し）【鹿児島】4月10日

薩摩川内市藺牟田（いむた）地区。薩摩各地で田の神（タノカンサァ）の石像が畔道に佇む。新婚家庭が1年持回りで石像を預かる風習もある。切手図案の「田の神戻し」では、預かっていた石像を絵具で化粧し直し、集落を巡り、次の家へ受け渡す。

2009.10.8.　ふるさと心の風景
第6集（祭の風景）

R750b
鹿児島県薩摩川内市　R750b　80Yen …………… 120□

ヤシの実対面式 【愛知】4月上旬の土曜

田原市・伊良湖岬の日出（ひい）園地。旧暦5月4日、遠き島「石垣島」沖の黒潮へ、プレートを付けたヤシの実を100個ほど放流。九州や本州に漂着した実を拾った人が招待され、翌年4月に歌碑の前で式典を行う。

C869（左）
「椰子の実」

780a（右）
金鯱とカキツバタと渥美半島

1981.2.9..　日本の歌シリーズ　第8集
C869　60Yen ………………………………………… 100□
2010.10.4.　地方自治法施行60周年　愛知県
R780a　80Yen ………………………………………… 120□

のんぼり洗い 【愛知】1〜4月頃

岩倉市・五条川。1月下旬からの風物詩。鯉幟の模様の輪郭（白抜き部）に糊を載せ、染色後に川で糊を落とす作業。川面に並ぶ原色の鯉と青空、桜の対比が美しい。岩倉桜まつり（4月上旬）で実演。

R750c　愛知県岩倉市

2009.10.8.　ふるさと心の風景
第6集（祭の風景）
R750c　80Yen ………………… 120□

※岩倉桜祭りのイベントとして、のんぼり洗いが体験できる。幟店の人が簡単に説明したあと、素人の観光客だけが川に残され、20分間ほどカメラマンの餌食になる。刷毛でこすると面白いように糊が落ち、その小塊を食べようと鯉が集まる。

春の高山祭 【岐阜】4月14・15日

高山市・日枝神社。高山祭は春の山王祭と秋の八幡祭の総称。春は屋台12台、うち3台がカラクリを奉納。数百名の行列が芸能を披露しつつ町内を巡る。桜を背景に中橋（なかばし）を渡る屋台はインスタ映えする。

C403　　　　　　R85　　　　　　R748a

1964.4.15.
お祭りシリーズ
C403　10Yen ………… 50□
1990.10.9.
心のふるさと飛騨
R85　62Yen …………… 120□
［同図案▶R170、R761a］
2009.10.1.
ふるさとの祭　第3集
R748a　50Yen ………… 80□

高山祭のカラクリ

もちがせ流しびな 【鳥取】旧暦3月3日

用瀬町・千代川（せんだいがわ）。男女一対の紙雛を桟俵（さんだわら）に載せ、桃・椿・菜花を添える。大勢のカメラマンが待ち受ける中、着物姿の母娘が川辺に座り、災厄を託して雛を流して1年間の無病息災を願う。

R490（左）
R750i（右）
鳥取県鳥取市

2001.6.1.　ふるさと鳥取
R490　50Yen ………………………………………… 80□
2009.10.8.　ふるさと心の風景　第6集（祭の風景）
R750i　80Yen ………………………………………… 120□

※沢山の雛が流れて川や海を汚すのだなあ…と思いきや、少し下流に網を張り、受け止めて回収。雛流しが終わったあと、他の古い人形と一緒に岸辺で炊き上げる。

牛深ハイヤ祭 【熊本】4月後半の金・土・日曜

天草市。牛深ハイヤ節は江戸後期に誕生し、日本各地にハイヤ系民謡が伝わる。祭の中核は数千人のハイヤ総踊りと、ハイヤ大橋の下を抜けて牛深港へ駆け入る漁船団のパレード。いずれも壮観。

R181
1996.4.1.　牛深ハイヤ祭
R181　80Yen ………………… 120□

日本一早い桜まつり【沖縄】1月

本島北部。沖縄の寒緋桜（緋寒桜）は、その品種と気候のため、1月に開花する。八重岳桜の森公園、今帰仁グスク桜まつり、名護さくら祭りなどの名所があるが、内地のような花見会はあまり行われない。

C1805c　ヒカンザクラと　　　　　　R729g
今帰仁城跡　八重岳から望む伊江島　　今帰仁城跡

2002.12.20.　第2次世界遺産　第10集（琉球王国）
C1805c　80Yen ··120□

2002.8.23.　沖縄の花
R561　50Yen ···80□

2009.2.2.　旅の風景　第4集（沖縄）
R729g　80Yen ··120□

西都花まつり　　【宮崎】3月下旬～4月上旬

西都市・西都原古墳群。青空の下、緑の古墳に満開の桜並木、菜の花が広がる。様々なステージショーと夜桜も。秋の西都古墳まつりは、たいまつ行列と炎の祭典。下水流臼太鼓踊（61ヾ゙）も奉納。

R623　ヤマザクラ　　　2004.4.23　国土緑化
西都原古墳、尾鈴山　R623　50Yen ··················80□

吉野山の桜まつり　　【奈良】3月下旬～4月下旬

吉野町・吉野山。桜の名所は多数あるが吉野山こそ日本一。蔵王権現の神木として古来から植え続けられた3万本の白山桜が、下千本・中千本・上千本・奥千本と順に咲き長く楽しめる。紅葉も綺麗。雪景色も美しいが寒い。

C330　ヤマザクラ　P131　吉野山の桜　R116　吉野の春

1961.4.28.　花シリーズ　ヤマザクラ
C330　10Yen ···250□

1970.4.30.　吉野熊野国立公園
P131　7Yen ···40□

1991.10.25.　奈良と太平記
R116　62Yen ··············100□[同図案▶R178、R733]

円山公園のライトアップ　【京都】3月下旬～4月中旬

京都市・円山公園。公園中央の「祇園の夜桜」は大きな枝垂桜で、ライトアップされ、篝火も焚かれる。切手図案は静寂な幻想的情景に感じるが、実際は夜桜の名所として大勢の花見客で賑わい、喧しい。

C1048-49　横山大観「夜桜」　　　　　　R432
　　　　　　　　　　　　　　　　　　円山公園（春）

1985.6.1.　国際放送50年
C1048-49　各60Yen ···100□

2000.10.20.　京の四季
R432　80Yen ··120□

河津桜まつり【静岡】2月上旬～3月上旬

河津町。昭和30年頃に町内で原木が見つかり、堤防などに植栽。早咲きの桜でまだ肌寒い2月に開花。桜自体も見事だが、川や空の青、土手の緑、菜の花の黄、コントラストが美しい。

R673a（左）メジロと河津桜
R673b（右）河津桜

2006.2.1.
河津桜
R673ab
各50Yen·····80□

富士・河口湖さくら祭り【山梨】4月中旬

富士河口湖町・河口湖北岸。富士と桜の組合せは誰が撮影しても美しい。でも、富士さんは気ままで、よく雲にお隠れになる。桜の時期も気まぐれだが、花吹雪は見事。

P46　河口湖からの富士（春）

2014.2.6.
日本・スイス国交樹立150周年
C2163b　80Yen ···120□

C2163b　富士山と桜

1949.7.15.
富士箱根国立公園（第2次）
P46　8Yen ··500□

1999.7.1.　富士五湖
R323　80Yen ···120□

R323　河口湖

祭り・イベントめぐり

淡墨桜 【岐阜】4月上旬〜中旬

うすずみざくら

本巣市・根尾谷。江戸彼岸の巨木。宇野千代が雑誌「太陽」に紹介して有名になり、保護も活発化。ふるさと創生資金で掘り当てた「うすずみ温泉」のロビーには大きな日本画（切手原画）。

R277

1999.3.16. 淡墨桜
R277 80Yen ············ 120□

三春桜まつり 【福島】4月

三春町。三春滝桜は樹齢1000年余という紅枝垂桜の巨木。四方へ大きく枝を伸ばし、流れ落ちる滝のよう。近くのデコ屋敷は郷土玩具制作者の集落で、三春駒などが切手に採用された。

R394 (左)
R870c (右)
ともに
三春滝桜

2000.4.3.
東北の桜
R394 80Yen ············ 120□

2016.5.11. 地方自治法施行60周年 福島県
R870c 82Yen ············ 150□

おおがわら桜まつり 【宮城】4月上旬〜中旬

大河原町。一目千本桜は、白石川の堤防の桜並木。青空と残雪の蔵王連峰を背景に咲き誇る桜が川面に映える。屋形船や夜桜も楽しめ、プレハブの郵便局出張所ではフレーム切手などを販売。

C2134f 蔵王連峰
R395 一目千本桜

2013.2.22. 日本の山岳シリーズ 第2集
C2134f 80Yen ············ 120□

2000.4.3. 東北の桜
R395 80Yen ············ 120□

久保桜 さくらまつり 【山形】4月中旬〜末

長井市立伊佐沢。エドヒガンの巨木で、枝を支える約60本の柱も絵になる。幕末、乞食が樹洞の中で焚火して大枝2本を枯らした。以後、残った枝を支えるなど保護が続けられる。

R397 2000.4.3. 東北の桜
久保桜 R397 80Yen ············ 120□

角館の桜まつり 【秋田】4月下旬〜5月上旬

かくのだて

仙北市角館町。江戸初期に植栽が始まった武家屋敷通りのシダレザクラと、昭和9年に皇太子御生誕を記念して植えられた桧木内川堤のソメイヨシノ。それぞれ約400本が咲き誇る。

R396 桧木内川と桜

R808c
角館の
武家屋敷

2000.4.3. 東北の桜
R396 80Yen ············ 120□

2012.1.13. 地方自治法施行60周年 秋田
R808c 80Yen ············ 120□

函館五稜郭公園桜まつり 【北海道】4月下旬〜5月中旬

函館市・五稜郭公園。公園を散策しても綺麗だが、五稜郭タワーから見下ろすと、巨大な桜色の星形が現れる。そして北海道といえばジンギスカン、そう！道産子なら花よりマトン。

C2255a 五稜郭タワーからの眺望
2016.4.8. 日本の城 第6集
C2255a 82Yen ············ 120□

■城と桜まつりが描かれた切手は72㌻以下を参照。
- 松江城お城まつり【島根】3月下旬〜4月中旬 ········ R464
- 小倉城桜まつり【福岡】3月下旬 ·················· R858b
- 上田城千本桜まつり【長野】4月中旬 ·············· C2255c
- 津山さくらまつり【岡山】4月1日〜15日 ·········· R841e
- 大和郡山お城まつり【奈良】3月初旬〜4月上旬 ····· R696a
- 高遠さくら祭り【長野】4月初旬〜中旬 ············ R389
- 高田城百万人観桜会【新潟】4月上旬〜下旬 ······· C2206f他
- 弘前さくらまつり【青森】4月下旬〜5月上旬 ··· C2209a他

一番桜（今帰仁城）
円山公園のライトアップ

チシマザクラ（旧根室測候所の標本木）

起し太鼓 【岐阜】4月19・20日

飛騨市古川・気多 (けた) 若宮神社。古川祭は例祭。静かな神輿行列と屋台行列、ダイナミックな起し太鼓。半裸の若者達が、櫓に大太鼓を載せて叩きながら巡行。その櫓に小太鼓 (付け太鼓) が突入する。

R236
1998.3.19. 起し太鼓
R236 80Yen…………………120□

起し太鼓

麒麟獅子 【鳥取】4月21日 (宇倍神社祭礼)

鳥取市など。麒麟を象った頭を被って舞う二人立ちの獅子舞。因幡地方各地 (約150) に伝わり、神社の例祭で豊作祈願に奉納される。猩々 (しょうじょう) に先導された麒麟獅子が、笛や太鼓に合わせて厳かに舞う。

R799c
2011.8.15. 地方自治法施行60周年 鳥取県
R799c 80Yen…………………120□

※麒麟ビールの発起人の一人は倉吉市出身で、社名などは麒麟獅子に因むらしい。切手図案は代表的な宇倍神社の麒麟獅子で、春の例祭などで氏子らが奉納する。「三方舞」を本格的に舞うと50分かかるが、奉納などでは短縮版を舞う。

早春賦まつり 【長野】4月29日

安曇野市・早春賦公園。穂高川の堤防にある早春賦歌碑。北アルプスを背景に、地元小学生やコーラス部らによる合唱、最後に参加者や見物客が全員で歌う早春賦大合唱。農産物・お菓子の販売も。

C1624 (左)
「早春賦」：原画を平山郁夫に依頼したので薬師寺！
R391 (右)
早春賦の里・安曇野：地元の人々が怒り、1年後にリベンジ発行。

1999.3.16. わたしの愛唱歌シリーズ 第9集
C1624 80Yen…………………150□
2000.3.23. 早春賦の里・安曇野
R391 80Yen…………………120□

長崎帆船まつり 【長崎】4月下旬の木〜日曜

長崎市。2000年の日蘭交流400周年を記念して始まる。国内外の大型帆船が数隻集合。操帆訓練や船内公開など多数のイベントあり。夜は帆船のライトアップや花火が楽しめる。

2012.9.11. 旅の風景 第16集 (長崎)
R819j
R819j 80Yen…………………120□

C2060cd
長崎港夜景
2009.6.2. 日本開港150周年 (長崎)
C2060cd 各80Yen…………………120□

一筆啓上賞 顕彰式 【福井】4月〜5月

坂井市丸岡町。丸岡城に「一筆啓上 火の用心 お仙泣かすな 馬肥やせ」の碑。町興しと手紙文化復権を目指し、郵政省後援で1993年に日本一短い手紙コンクールが始まる。顕賞式では様々な催しあり。

2006.4.3. 一筆啓上
R674a 80Yen…………………120□
R674a
[同図案 ▶R709]

皐月 (さつき・5月)

新緑のゴールデンウィーク、休みが続く上に気候も良く、多数の行事が開催される。藤・菖蒲・バラやチューリップが彩りを添える。この時期に限らず、お祭りには純粋な観光イベントもあるが、多くは信仰行事の一環である。華やかな行事の裏で行われる厳粛な神事や、家々を巡る軒付なども見どころ。

博多どんたく 【福岡】5月3〜4日

博多市。松囃子の起源は800年以上前。戦後に発達し、3万人余が参加する行事に。博多松囃子を先頭に、どんたく隊のパレードがシャモジを打ち鳴らしつつ街を練り歩く。

R788ab
通りもん

R788cd
博多松ばやし

2011.4.4.　ふるさとの祭　第6集（博多どんたく）
R788a-d　各50Yen ……………………………… 80□

那覇ハーリー　【沖縄】5月3～5日

那覇市・那覇新港。本来は旧暦5月4日に沖縄各地で開催。糸満などは旧暦だが、那覇では新暦。職域やPTAでチームを組み、1回3艘で競漕。最終日、信仰的な御願（うがん）バーリーと本バーリーを行う。

R127
1992.8.17.　那覇ハーリー
R127　62Yen ……………………………… 100□

※本バーリーは3地区の競漕で、図案は上から那覇・久米・泊のハーリー船を描く。原画作者・安次富長昭は泊の生まれなので、泊の船が画面を突き出てトップ。また、印面中央の右端、波模様に紛れて「cho」の文字が見える（長昭の長・矢印部）。

那覇ハーリー

賀茂競馬　【京都】5月5日
かもくらべうま

京都市・上賀茂神社。競馬発祥の地とされ、祭神＝賀茂皇大神は競馬の守護神。20人の乗尻（のりじり＝騎手）は古風な競馬装束で菖蒲を腰にまく。左方・右方に分かれ2騎1組で競う。勝った乗尻は賞品の白絹を鞭で受け取る。

C1860-61　賀茂競馬図屏風
2002.4.19.　切手趣味週間（2002年）
C1860-61　各80Yen ……………………………… 120□

浜松まつり　【静岡】5月3～5日

浜松市。昼は砂丘で170余町が参加する凧揚げ合戦。初子の健やかな成長を願って地域で祝う。夜は中心街で80台超の御殿屋台が巡行。「おいちょおいちょ」の掛声で行列が摺足で進む。

2001.5.1.
浜松まつり
R473-74
各80Yen …… 120□

R473　ご殿屋台　R474　凧揚げ合戦

仁淀川 紙のこいのぼり　【高知】5月3～5日
によどがわ

いの町。土佐和紙発祥の地。町興しとして1995年に始まり、次第に盛り上がる。仕掛人が試行錯誤の末に不織布の鯉を開発した。数百もの鯉幟が、清流に浮かび泳ぐように動く。

2010.5.14.
地方自治法施行60周年　高知県
R770d　80Yen ……………………… 120□

長良川の鵜飼　【岐阜】5月11日～10月15日

岐阜市。1300年の歴史。古風な装束の鵜匠（宮内庁式部職）が手縄で巧みに12羽の鵜を操る。鵜飼見物の船から眺めると、鵜匠の技と篝火の美しさに魅せられつつ、人生の悲哀も感じる。

368

R588

R773a

1953.9.15.　第2次動物国宝図案切手100円
368　100Yen ……………………………… 5,000□
2003.5.1.　長良川の鵜飼と岐阜城
R588　50Yen ……………………………… 80□
2010.6.18.　地方自治法施行60周年　岐阜県
R773a　50Yen ……………………………… 120□

葵祭　【京都】5月15日

京都市・賀茂神社の例祭。勅使・検非違使・斎王代ら平安風俗を再現した500名余・馬36頭・牛車2台・輿1台の約1kmの行列が進む。朝、御所を出て下社へ、儀式の後さらに上社へ向かう。

R590
2003.5.1.　京の催事
R590　50Yen ……………………………… 80□

祭り・イベントめぐり

51

神田祭 【東京】5月中旬

千代田区・神田明神。多数あった山車は空襲等で焼失、現在は御輿が中心。神幸祭（5月15日に近い土曜）の朝、神事のあと木遣が歌われ、豪華な3基の鳳輦（ほうれん）を付けた神輿が出発し、神田・平将門首塚・日本橋・秋葉原などを1日かけて巡る

2008.8.1.　ふるさとの祭　第1集
R716cd　各50Yen……………………80□

神田祭

浅草三社祭

浅草三社祭 【東京】5月第3週の金・土・日曜

台東区浅草神社（三社様）の夏の例大祭。最終日早朝の宮出は熱気に溢れ、江戸っ子の血が騒ぐ。各祭神を載せた3基の大神輿が、1万人超の担ぎ手とともに出発、町内を巡行する。

R376　2000.1.12.　21世紀に伝えたい東京の風物
　　　R376　50Yen……………………80□

※「神輿乗り」は神霊を汚す行為だが、その筋の人たちもからみ、神輿にのる人が後を絶たなかった。2006年、神輿に大勢が乗り、担ぎ棒が折れた。2007年、神社側は「神輿乗りがあれば、来年の宮出しは中止」と強く通達。それでも数人が神輿に乗ったため、宮出しが中止になる。毎年、数百人の警官が動員され、特に宮出しは厳戒。22世紀にも伝えたい東京の風物だ。

仙台青葉まつり 【宮城】5月第3日曜とその前の金・土曜

仙台市。政宗を祀る青葉神社の例祭（政宗の命日）。宵祭では「すずめ踊りコンテスト」。本祭では神輿渡御、武者行列、11基の山鉾巡行、そしてすずめ踊りの大流し。火縄銃演武も迫力あり。

R477　すずめ踊りと山鉾
2001.5.18.　仙台開府四百年
　　　R477　80Yen……………………120□

※慶長8年、青葉城築城の祝宴で即興的に踊られたのが「すずめ踊り」の起源とされる。軽快なテンポの踊りが雀に似ており、また伊達の家紋が「竹に雀」なので、こう呼ばれたらしい。現在のすずめ踊りは、囃子に合わせていれば踊り方は自由。独創的に楽しく踊る。扇子などの持ち物も自由。

日田・三隈川の鵜飼 【大分】5月20日～10月末

日田市。日田温泉の旅館が出す屋形舟に乗り、四季折々に川遊びが楽しめる。特に鵜飼の時期が人気で、三隈川（みくまがわ）に浮かぶ幾十艘もの屋形舟の間をぬって鵜飼い舟が移動、間近に鵜が見える。

1959.9.25.　耶馬日田英彦山国定公園
P205　　P205　10Yen……………200□

大盆栽まつり 【埼玉】5月3～5日

さいたま市北区盆栽町・大宮盆栽村。愛好家が訪れる盆栽の祭典。市民盆栽展、盆栽・盆器・山野草の即売会なども開催。関東大震災後、盆栽業者が東京から移住。盆栽村を形成。昭和15年には行政上も盆栽町となる。

2002.4.26.　大宮盆栽村
R539　さんざし　　R539　80Yen……………………120□

※世界盆栽大会の切手（C1248）に描かれた五葉松は、盆栽村の業者の所有品。ふるさと切手（R539）に描かれたサンザシは蓋青園の所蔵だったが、現在は個人蔵。R539が発行された2002年は、盆栽村開村80周年にあたる。

水無月（みなづき・6月）

日本の祭礼や年中行事の多くは農業に関連しており、五穀豊穣・収穫感謝・雨乞など農耕の祭事に由来する。6月は田植えの季節で、豊作祈願の祭りも多い。

白根大凧合戦 【新潟】6月第1木曜から5日間

新潟市南区・中ノ口川。川を挟み東（白根）と西（西白根）で競う。白根は凧を低く挙げ、西白根側は上方から凧を降ろし、網を絡ませる。双方の凧が川に落ちると綱を引きあい、相手の綱を切った方が勝ち。

R314-15

1999.6.1.　白根大凧合戦
R314-15　各80Yen……………120□

花見山公園【福島】4月上旬～中旬

福島市。大正末、養蚕農家が副業に花を育て、後に自宅前の山にも梅・桃・桜などを植える。昭和34年に一般開放。秋山庄太郎の写真で有名に。丸太小屋風の出張所「花と緑の郵便局」が出る。

R873d福島　花見山公園から見た景色

2016.6.7.　地方自治施行60周年　47面シート
R873福島　82Yen……………………………150□

※切手図案は花見山公園ではなく、花見山の中腹から西方を望む。花見山は個人農家の所有の小山だが、周辺にも花卉農家が多く、全体として壮大な桃源郷になる。

となみチューリップフェア【富山県】4月下旬～5月上旬

砺波市・砺波チューリップ公園。昭和27年に始まった花の大イベント。高さ22mのチューリップタワーから見下ろす大花壇など、12haの会場に多種のチューリップ300万本が順々に咲き誇る。

R398（左）チューリップ
R399（右）立山連峰

2000.4.28.　チューリップと立山
R398　80Yen……………………120□[同図案▶R689]
R399　50Yen………………………………………80□

かみゆうべつチューリップフェア【北海道】5月1日～6月上旬

湧別町・上湧別チューリップ公園。1975年、旧屯田兵訓練場に植付け、次第に拡大、町興しのシンボルに。1987年にフェア初開催。雄大な花景色を作りあげた。

R536　チューリップと風車小屋

2002.4.25.　北の彩り
R536　80Yen……………………………120□

いいやま菜の花まつり【長野】5月3～5日

飯山市・菜の花公園。朧月夜音楽祭やパレードなど様々なイベント。唱歌「おぼろ月夜」の作詞者・高野辰之の故郷近く、千曲川一帯は菜の花畑が広がる。晩年を過ごした野沢温泉村には歌碑と記念館がある。

C840（左）「おぼろ月夜」
R736b（右）菜の花畑

1980.4.28.　日本の歌シリーズ　第5集
C840　50Yen……………………………………80□
2009.5.14.　地方自治法施行60周年　長野県
R736b　80Yen……………………………120□

水郷潮来あやめ祭り【茨城】5月下旬～6月下旬

潮来市・水郷潮来あやめ園。江戸時代の潮来は利根川水運で繁栄。運河が縦横に伸び、櫓舟（ろぶね）は農作業など日常の交通手段。昭和30年代まで見られた櫓舟に乗っての嫁入りも祭で再現。お嫁さんは本物。

R595　筑波山と水郷潮来のアヤメ
R835b　水郷佐原水生植物園

2003.5.20.　筑波山と水郷潮来のあやめ
R595　80Yen……………………………120□

2013.6.25.　旅の風景　第18集（千葉）
R835b　80Yen……………………………120□

※同時期、2km南西にある香取市営の植物園・水郷佐原あやめパーク（R835b）でもあやめ祭りを開催。天気が良ければ、潮来駅でレンタサイクルを借り、欲張って2つとも巡ろう。R663国土緑化（筑波山と霞ヶ浦とアヤメ）も関連切手。

大賀ハスまつり【千葉】6月中旬～下旬

千葉市・千葉公園。年によるがピーク時には300～700輪が咲く。音楽演奏や農産物販売など各種イベントで賑やか。24時間開園なので近くに泊まり、静かな早朝から開花を見つめたい。

R328

1999.7.16.　大賀ハス
R328　80Yen………………………120□

■この時期の花まつり切手の一部を以下に挙げる。
・越前海岸水仙まつり【福井】12月中旬～1月中旬……C327他
・長瀞ロウバイまつり【埼玉】1月中旬～2月中旬……C2134h
・ハウステンボス・チューリップ祭
　　　　　　　　　　　　2月中旬～4月中旬……R665e
・笛吹市桃源郷春祭り【山梨】3月下旬～4月中旬……R738j他
・さくら草まつり【埼玉】4月中旬……R33他
・ゴーヤーまつり【沖縄】4月中旬……R661
・富士芝桜まつり【山梨】4月中旬～5月下旬……C2211h
・大根島ぼたん祭【島根】4月下旬～5月中旬……C331他
・ひがしもこと芝桜まつり【北海道】
　　　　　　　　　　　5月初旬～6月初旬……R793ij
・りんご花まつり【青森】5月初旬～中旬……R573他
・さっぽろライラックまつり【北海道】
　　　　　　　　　　　5月初旬～6月初旬……R98他
・バラまつり【茨城】5月中旬～6月下旬……R639他
・佐渡カンゾウ祭り【新潟】6月……R543
・見帰りの滝あじさいまつり【佐賀】6月……R679c
・河口湖ハーブフェスティバル【山梨】
　　　　　　　　　　　6月中旬～7月初旬……R690d

金沢百万石まつり 【石川】 6月上旬の金・土・日曜

金沢市。前田利家公の金沢入城を偲んで開催。加賀百万石の伝統を誇る、豪華絢爛なイベントで、メインは5時間にわたる百万石行列。例年、利家公やお松の方として俳優をゲストに迎える。

R494

1994年 2001.6.4.　加賀百万石物語
R494　80Yen ························· 120□

壬生の花田植 【広島】 6月第1日曜

北広島町。田の神に豊年を願う田植の風習。華麗に飾られた十数頭の花牛が道を進み、田に入って代掻（しろか）きを行う。太鼓・鉦・笛などで囃し、絣に菅笠の早乙女たちが並び、田植唄を歌いながら苗をさす。

R136（左）
R834b（右）

1993.6.4.　壬生の花田植
R136　62Yen ························· 100□
2013.6.14.　地方自治法施行60周年　広島県
R834b　80Yen ······················ 120□

チャグチャグ馬コ 【岩手】 6月第2土曜

滝沢市〜盛岡市。農耕馬の健康を願う行事。房や装束で飾られた約100頭の馬が、晴着の子供を乗せ、紅白の手綱で引かれる。農村の蒼前（そうぜん）神社から中心市街の盛岡八幡宮まで13km、チャグチャグと鈴を鳴らして進む。

1998.4.24.
チャグチャグ馬コと岩手山
R240　80Yen ························· 120□

文月（ふづき・7月）

1〜2日で日程を終える祭が多い。一方で、様々な付帯行事を伴い、ピークの本宮を迎え、さらに「後の祭り」を行う盛大な祭もある。また、有効な薬品がなく上下水道が不十分だった時代、疫病予防や病気平癒を神仏に願う、あるいは怨霊を鎮めるという、素朴な気持ちから始まった祭も多い。

博多祇園山笠 【福岡】 7月1〜15日

福岡市・櫛田神社。7月の博多は山笠一色。15日早朝、大太鼓の合図で一番山笠が境内に入り、「博多祝い唄」を合唱して街へ。七番山まで入っては出ていき、「おっしょい」の掛声とともに街を疾駆。

R327

1999.7.1.　博多祇園山笠
R327　80Yen ························· 120□

R716gh

2008.8.1.
ふるさとの祭
第1集
R716gh
各50Yen ······· 80□

祇園祭 【京都】 7月17〜24日

京都市・八坂神社。7月の京都は山鉾一色。くじ取りや神輿洗い等の儀式。11日頃から山鉾を組立て、毎夜祇園囃子を奏でる。宵山では家々が緞通や屏風の華麗さを競う。17日の前祭と24日の後祭に山鉾巡行。

C404（左）

R591（右）

1964.7.15.　お祭りシリーズ
C404　10Yen ······················ 50□
2003.5.1.　京の催事
R591　50Yen ······················ 80□

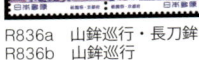 

R836a　山鉾巡行・長刀鉾　　R836c　神輿渡御
R836b　山鉾巡行　　　　　　R836d　八坂神社西楼門と神輿渡御
（50%）

2013.7.1.　ふるさとの祭　第10集（祇園祭）
R836a-d　各50Yen ················· 80□

※869年、当時の疫病（または地震？）を素戔嗚尊の祟りと考え、勅命により御霊会を修した。これが祇園祭の始まりという。八坂神社の祇園祭は、形式・囃子・山鉾など様々な面で各地の祭礼に大きく影響した。

葵祭

祇園祭

時代祭

京都三大祭りから

入谷朝顔市【東京】7月6〜8日

台東区・真源寺（入谷鬼子母神）。東京にも多彩な行事が継承されている。朝顔市では、真源寺境内を中心に、言問通り一帯に数十の朝顔店と約百の露店が並ぶ。朝顔も綺麗だが、鉢を求める浴衣姿の女性もフォトジェニック。

2002.6.28.　東京の市
R551　入谷朝顔市と真源寺　　R551　80Yen………120□

ほおずき市【東京】7月9・10日

台東区・浅草寺。この縁日に浅草観音へ1日参詣すると四万六千日（しまんろくせんにち≒126年）分の功徳があるという。境内には鬼灯の屋台が100ほど並び、大勢が参拝する。いなせな売り声と風鈴の音が風情を増す。

2002.6.28.　東京の市
R552　ほおずき市と浅草雷門　R552　80Yen………120□

湘南ひらつか七夕まつり【神奈川】7月上旬

平塚市・JR平塚駅北口商店街など。仙台七夕を参考に戦後復興の一環で始まる。スポーツ選手やキャラクターも意匠に取り入れた、大小3000本ほどの七夕飾りが

並び、電飾で夜も楽しめる。織姫コンテスト等もある。

R413（左）
竹飾り

R414（右）
親子と竹飾り

2000.6.2.　湘南ひらつか七夕まつり
R413-14　各50Yen………………………………80□

能登キリコ祭り【石川】主に7〜10月

能登半島各地100ヶ所以上で行われ、疫病退散を願う。いずれも切籠（キリコ）や奉燈（ほうとう）と呼ばれる高さ十数mの巨大な灯籠が登場。夜、数基が練り歩く光景は、巨人の光の舞のよう。

R316

1999.6.11.　能登キリコ祭り
R316　80Yen………………………120□

綱ひき（チナヒチ）【沖縄】主に旧暦6〜8月

那覇・与那原・糸満等の観光化した大綱引きから、集落の素朴な綱引きまで、県内各地に100以上ある。豊作祈願や雨乞に娯楽も兼ね、太鼓・指笛・爆竹ではやしながら綱を引く。

R153
与那原の大綱曳き

1994.8.1.　綱ひき・沖縄郵政120年
R153　50Yen………………………80□

※沖縄の綱引きでは、ギネスブックにも載った那覇大綱挽（10月）が有名。しかし、ふるさと切手（R153）も沖縄切手（#188）も、描かれたのは与那原（よなばる）大綱曳。他の綱引きとは綱の形が違うので区別できる。

郡上おどり【岐阜】7月中旬〜9月上旬

郡上市。市内各所で順に行われる33夜の盆踊。最高潮の徹夜踊りは8月13〜16日。踊りは「かわさき」「春駒」など10種。誰でも気軽に参加できる。浴衣と下駄で、難しいことは考えず、さあ踊ろう。

R557　　　　R743ab　郡上おどり　かわさき
2002.7.1.　郡上おどり
R557　50Yen………………………………80□
2009.8.10.　ふるさとの祭　第2集
R743ab　各50Yen…………………………80□

那智の火祭【和歌山】7月14日

那智勝浦町・熊野那智大社。大社に祀られた神々が飛瀧神社へ年に一度の里帰り。那智滝を表す高さ6mの扇神輿12体に遷して渡御。50kg余の大松明12本が出迎え、その火で扇神輿を清めつつ乱舞。

2006.6.23.　第3次世界遺産
第1集（紀伊山地）
C2004e　　　C2004e　80Yen………120□

天神祭【大阪】7月24・25日

大阪市・天満宮。6月下旬から1ヵ月間に様々な行事があり、24日宵宮と25日本宮に続く。本宮の夜の船渡御（ふなとぎょ）では、神輿を乗せた船をはじめ多数の船が大川を行き交い、奉納花火があがる。

R816ab
船渡御と花火

2012.6.15.　ふるさとの祭　第8集
R816ab　各50Yen………………………………80□

天神祭

日田祇園祭 【大分】7月20日過ぎの土・日曜

日田市・豆田八阪神社など。防災・除疫・安泰を祈念する祭礼。メインは絢爛豪華な山鉾9基と神輿行列の巡行。

夜は多数の提灯で飾られた晩山（ばんやま）が集合し、巡行。祇園囃子の独特な音色に魅了される。

R248（左）　R822d（右）

1998.7.1.　日田祇園
R248　50Yen ······················80☐
2012.11.15.　地方自治法施行60周年　大分県
R822d　80Yen ····················120☐

隅田川花火大会 【東京】7月最終土曜

隅田川沿岸。江戸中期の両国川開きを起源とし、2万発超の花火があがる関東随一の花火大会。物凄い人出で警備が厳しい。立ち止まらないよう誘導され、のんびり見物できない。写真撮影も困難。

R319　　R320　　　　R812j

1999.7.1.　隅田川花火大会
R319-20　各80Yen···120☐[同図案▶R320A小型シート]
2012.4.23.　旅の風景　第15集（東京）
R812j　80Yen ····················120☐

※1732年、凶作とコレラで多数の死者が出たため、徳川吉宗は慰霊の川施餓鬼を実施。翌年も両国の川開きで水神祭を実施。そこで花火が打上げられ、鍵屋が担当。玉屋は鍵屋番頭の暖簾分け（一代で廃業）。現在は鍵屋をはじめ計10社が技を競う。

相馬野馬追 【福島】7月末の土・日・月曜

南相馬市。お行列では甲冑・太刀・旗指物の騎馬武者数百名が勇壮に進む。甲冑競馬では騎馬武者が砂埃を舞い上げて疾駆。神旗争奪戦では、打ち上げられて降ってくる神旗めがけて騎馬武者が突進。

C405　　　　　R309

1965.7.16.　お祭りシリーズ
C405　10Yen ······················50☐
1999.5.14.　仙台七夕まつり・相馬野馬追
R309　80Yen ····················120☐

※2011年の東日本大震災では、馬が流されるなど甚大な被害を受けた。メルトダウンで避難を余儀なくされた人も。同年の祭は小規模ながら開催。そして翌年には従来とほぼ同規模に復活した。人々のパワーは凄い。

八戸三社大祭 【青森】7月31日〜8月4日

八戸市。民話や歌舞伎の場面を人形で再現した壮麗な山車27台が登場。電飾はもちろん、飾りモノが動いたり白煙を吐く仕掛けを持つ。祭りの後は解体され、毎年異なった題材で作り直される。

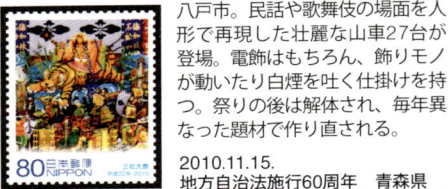

R781c

2010.11.15.
地方自治法施行60周年　青森県
R781c　80Yen ····················120☐

尾張津島天王祭 【愛知】7月第4土曜（宵祭）・日曜（朝祭）

津島市・愛西市。天王川に浮かぶ5艘の巻藁（まきわら）船（津島五車）。半球状に並ぶ提灯がともされ、宵祭が始まり、笛を奏でつつ悠々と進む。朝祭では、能人形を飾る車楽舟に模様替え。市江車を先頭に6艘が進む。

C2182f　広重「六十余州名所図会尾張津嶋天王祭り」

2014.8.1.　浮世絵シリーズ　第3集
C2182f　82Yen ···················120☐

管弦祭 【広島】旧暦6月17日

廿日市市宮島町・厳島神社。平清盛は、平安京の「管絃の遊び」を厳島の神事に導入。管絃船は和船3艘を並べて中央に神輿を置き、管絃を奏す。曳航されて大鳥居などを巡る。管弦祭に先立つ市立祭では舞楽を奉納。

C1797f（左）
舞楽面

C2144h（右）
広重「六十余州名所図会安芸 厳島祭礼之図」

2001.3.23.　第2次世界遺産シリーズ第2集（厳島神社）
C1797f　80Yen ··················120☐
2013.8.1.
浮世絵シリーズ　第2集
C2144h　80Yen ··········120☐
2013.6.14.　地方自治法施行60周年　広島県
R834a　80Yen ············120☐

R834a　厳島神社と舞楽ともみじ

相馬野馬追の神旗争奪戦

‥‥‥ 日本の祭りを描く外国切手 ‥‥‥

豊浜鯛まつり 【愛知】 7月下旬の土・日曜

カタール切手に描かれた愛知県南知多町大字豊浜の鯛まつり。豊漁・安全祈願の祭りであり、骨組に木綿を巻いた長さ10〜18mの赤鯛が数匹登場する。「ヤートコセー」の掛声で担がれ町内を練り歩く。ぶつけあったり、海に入ったり、黒く塗り替えられたりと見所が沢山。

カタール1970年発行、大阪万博記念切手。

葉月 (はづき・8月)

青森ねぶた、仙台七夕、秋田竿燈、山形花笠の4大夏祭が、夏の東北観光の目玉イベント。これらは日程が重なっており、「東北四大（あるいは三大／二大）夏祭」などと称する高価なパッケージツアーが売れている。「盛岡さんさ踊り」（切手はないが盛岡中央局のポストに人形が載っている・70㌻）を加えて東北五大祭りとも。日本各地に、七夕やお盆にちなむ行事が数多くある。

長岡の大花火 【新潟】 8月1〜3日

長岡市。2日と3日は華やかな花火大会。旧市街の8割が焼け1486名が死んだ昭和20年8月1日の長岡空襲、その復興祭が起源の1つ。空襲開始の1日夜10時30分、慰霊の花火3発が上がる。

R508　　　　R509　　　　R741c

2001.7.23.　長岡の大花火
R508-9　各50Yen ‥‥‥‥‥‥‥‥‥‥‥‥‥‥ 80□

2009.7.8.　地方自治法施行60周年　新潟県
R741c　80Yen ‥‥‥‥‥‥‥‥‥‥‥‥‥‥‥ 120□

弘前ねぷた 【青森】 8月1〜7日

弘前市。三国志や水滸伝などが題材の大小約80台の山車。勇壮な鏡絵（前面）と幽玄な見送り（後面）の対照的な「扇ねぷた」や、豪華絢爛な人形型の「組ねぷた」が、囃子にのせて城下町を練り歩く。

2010.11.15.　地方自治法施行60周年　青森県
R781a　80Yen ‥‥‥ 120□

R781a

※切手図案は、青森ねぶたと弘前ねぷた（矢印部）。五所川原の立佞武多も有名。「ねぶた」や「ねぷた」と呼ばれる祭りは県内30余の市町村にあり、規模も雰囲気もかなり異なる。

青森ねぶた 【青森】 8月2〜7日

青森市。伝説・歴史の人物や神仏などを象った大型ねぶた20余が進む。「ラッセラー」の掛声で乱舞する跳人（ハネト）たち。付けた鈴がシャンシャン鳴る。昼と夜、海上運行と様々な形で見せる

R191　　　　　　　　　　　　　　　R681a

1996.7.23.　青森ねぶた祭
R191　80Yen ‥‥‥‥‥‥‥‥‥‥‥‥‥‥ 120□

2006.7.3.　東北の祭り
R681a　80Yen ‥‥‥‥‥‥‥‥‥‥‥‥‥‥ 120□

(50%)

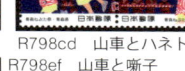

R798ab　山車　　　　　R798cd　山車とハネト
　　　　　　　　　　　　R798ef　山車と噺子

2011.8.2.
ふるさとの祭
第7集
R798a-f　各50Yen ‥‥‥ 80□

秋田竿燈まつり 【秋田】 8月3〜6日

秋田市。9段の横竹に計46個の提灯、高さ12m・重さ50kgの竿燈が多数並ぶ。一人で手・額・肩・腰などで支え、平衡を取り、竿をしならせつつ流麗に操る。昼間の竿燈妙技も見逃せない。

R218　　　　　R627　　　　　　　　　R681b

1997.7.7.　竿燈まつり
R218　80Yen ‥‥‥‥‥‥‥‥‥‥‥‥‥‥ 120□

2004.6.1.　秋田市建都400年
R627　50Yen ‥‥‥‥‥‥‥‥‥‥ 80□

2006.7.3.　東北の祭り
R681b　80Yen ‥‥‥‥‥‥‥‥‥‥ 120□

2016.6.7.
地方自治法施行60周年　47面シート
R873秋田　82Yen ‥‥‥‥‥‥ 120□

R873秋田

山形花笠まつり 【山形】 8月5〜7日

山形市。華やかな蔵王大権現の山車を先頭に、あでやかな衣装と紅花で飾った菅笠を持ち、花笠音頭にあわせてメインストリートを群舞が進む。「ヤッショ、マカショ」の掛声と花笠太鼓が響く。

R873山形

2016.6.7. 地方自治法施行60周年 47面シート
R873山形 82Yen……………………120□

R245（左）
R681c（右）

1998.6.5. 花笠まつり
R245 50Yen……………………80□
2006.7.3. 東北の祭り
R681c 80Yen……………………120□

山口七夕ちょうちんまつり 【山口】 8月6・7日

山口市。竹竿1本に約40個の紅提灯。電球やLEDではなく手作業で蝋燭に火が灯され、10万個が赤い光のトンネルを作る。大きな提灯山笠と、提灯御輿3基が練り歩く。高さ15mの提灯ツリーも。

R124

1992.7.7. 山口七夕ちょうちんまつり
R124 62Yen……………………100□

仙台七夕まつり 【宮城】 8月6〜8日

仙台市。仙台駅や商店街などに大小3000本もの笹飾りが並び、豪華さを競う。各種のステージイベントあり。

瑞鳳殿や仙台城跡での夜イベントも。夜のパレードが見ものだったが、震災の年に廃止。

R681d

1999.5.14. 仙台七夕まつり・相馬野馬追
R308 80Yen……………………120□

R308

2006.7.3. 東北の祭り
R681d 80Yen……………………120□

R716ab

2008.8.1. ふるさとの祭 第1集
R716ab 各50Yen……………………80□

R756g（左）
R832c（右）

2010.1.29. 旅の風景 第7集（宮城）
R756g 80Yen……………………120□
2013.5.15. 地方自治法施行60周年 宮城県
R832c 80Yen……………………120□

新潟まつり 【山形】 8月上旬の金・土・日曜

新潟市。住吉祭・商工祭・川開き・開港記念祭の4つが合体、昭和30年に始まる。金曜は萬代橋などを通る大民謡流し、土曜は住吉行列や水みこし渡御、日曜は花火大会など多彩な催しが楽しめる。

R873新潟

2016.6.7. 地方自治法施行60周年 47面シート
R873新潟 82Yen……………………120□

なら燈花会 【奈良】 8月前半の10日間

奈良市・奈良公園一帯。時がまったりと流れる古都奈良。真夏の夜、浮雲園地、浅茅ヶ原、春日野園地、東大寺鏡池、春日大社参道、浮見堂などが約2万本の蝋燭で照らされる。昼間とは全く別の世界。

R759c 浮見堂となら燈花会

2010.2.8. 地方自治法施行60周年 奈良県
R759c 80Yen……………………120□

青森ねぶた

秋田竿燈まつり

山形花笠まつり

仙台七夕まつり

阿波踊り 【徳島】8月12〜15日

徳島市。夕方、街に囃子が響き、「よしこの」のリズムに観光客の心も弾む。有料演舞場（4ヵ所）での演舞が見ものだが、市内の随所で間近に踊りを見物できる（無料）。昼間のステージ演舞もある

C1249-50
北野恒富
「阿波踊」

1989.4.18.
切手趣味週間
（1989年）
C1249-50
各62Yen‥ 100□

R152

R422　女踊り

1994.8.1.　阿波踊り
R152　50Yen ································· 80□

2000.7.31.　阿波踊り
R422　80Yen ······························· 120□

R716ef

2008.8.1.
ふるさとの祭
第1集
R716ef
各50Yen ········ 80□

R873徳島

R857a　鳴門の渦潮と阿波
おどりとすだちの花

2015.6.2.　地方自治法施行60周年　徳島県
R857a　82Yen ·······························150□

2016.6.7.　地方自治法施行60周年　47面シート
R873徳島　82Yen ··························120□

※華やかなお祭りには陰もあり、観光客には見えない様々な確執が潜んでいることがある。2018年、市の提訴により、徳島市観光協会が破産。協会は徳島新聞社と阿波踊りを共催してきたが、累積赤字が4億円を超え、協会と市が運営方法を巡って対立していた。

柳井金魚ちょうちん祭り 【山口】8月13日 (本祭)

柳井市。柳井の民芸品から着想した夏の行事。お盆の帰省者や観光客を約4000個（うち6割は点灯）の提灯で迎える。本祭では金魚ねぶたが荒々しく練り歩く。金魚ちょうちん踊も必見。

R855b　白壁の町並みと金魚ちょうちん

2015.5.12.　地方自治法施行60周年　山口県
R855b　82Yen ·······························150□

因幡の傘踊り 【鳥取】8月14日頃

鳥取県・各地。雨乞が起源。短冊と百個余の鈴をつけた大傘を持ち勇壮に踊り、傘を回すとシャンシャン鳴る。鳥取市は1965年から傘踊りを導入して「しゃんしゃん祭り」を開催、傘や踊り方を改良した。

R195

P211
鳥取砂丘と因幡の傘踊り

1961.8.15.　山陰海岸国定公園
P211　10Yen ······························· 80□

1996.8.16.　鳥取しゃんしゃん傘踊り
R195　80Yen ······························· 120□

しゃんしゃん傘踊り

セイジ・オザワ松本フェスティバル
【長野】8月上旬〜9月上旬

松本市。旧称サイトウ・キネン・フェスティバル松本。音楽教育者・齋藤秀雄の没後10年（1984年）、小澤征爾が呼びかけて同門が集いコンサート。現在も改称して続く。

C1740f（左）
指揮者・小澤
征爾の活躍

R196（右）
指揮者と
オーケストラ

2000.9.22.　20世紀シリーズ　第14集
C1740f　80Yen ····························120□

1996.8.22.　サイトウ・キネン・フェスティバル松本
R196　80Yen ······························· 120□

諏訪湖祭湖上花火大会 【長野】8月15日

諏訪市・諏訪湖。スターマインや10号玉など計4万発が次々と打ち上がる。諏訪盆地の中央部に位置しており、花火の破裂音が山々にこだまする。全長2kmの大ナイアガラ瀑布が大会の最後を飾る。

C2319g
2017.6.9. 日本の夜景 第3集
C2319g 82Yen ………… 120□

深川八幡祭 【東京】8月15日頃

江東区・富岡八幡宮。3年に1度の本祭では八幡宮の御鳳輦（ごほうれん）が渡御し、これに大小120余基の町神輿が参加。大神輿54基が勢揃いし、水を掛けられながら渡御する光景には圧倒される。惨事があっても祭事は続く。

神輿と
R744a（左）水掛け
R744b（右）富岡八幡宮
2009.8.10.
ふるさとの祭
第2集
R744ab
各50Yen ……… 80□

山鹿灯籠まつり 【熊本】8月15・16日

山鹿市・山鹿小学校など。奉納灯籠、花火大会、たいまつ行列などイベントが沢山。夜、よへほ節の調べで、頭に灯籠を載せた浴衣姿の女性が優雅に踊る「千人灯籠踊り」が圧巻。灯の輪が幾重にも重なる。

C2196g 山鹿灯籠
2014.10.24. 第2次伝統工芸品 第3集
C2196g 82Yen ………… 120□

五山送り火 【京都】8月16日

京都市。夜8時、如意ヶ嶽の「大文字」、松ヶ崎西山・東山の「妙・法」、西賀茂船山の「船形」、大北山の「左大文字」、嵯峨曼荼羅山の「鳥居形」が順次点火され、京の夏の夜空に浮かび上がる。

R592（左）
R873京都（右）
大文字に
東寺五重塔
2003.5.1. 京の催事
R592 50Yen ………… 80□
2016.6.7. 地方自治法施行60周年 47面シート
R873京都 82Yen ………… 120□

※五山送り火（R592）や若草山山焼き（R201・44ｼ）は行事をイメージした絵であり、実際の景色ではない。

熊野大花火 【三重】8月17日

熊野市・七里御浜海岸。初盆の花火が起源で、現在も供養の灯籠焼きなどの行事が残る。最後は、国立公園切手にも描かれた「鬼ヶ城」の大仕掛け。岩場に数十の花火玉を置くが、こんな場所で爆発させてもええん？

R850d 獅子岩と熊野大花火
2014.6.19. 地方自治法施行60周年 三重県
R850d 82Yen ………… 150□

エイサー 【沖縄】旧暦7月13～15日頃

沖縄県各地。集落のエイサーの一団が各戸を回って踊る。また、沖縄全島エイサーまつりがスゴイ。王朝時代に浄土宗と共に本土から伝来した盆踊が、独自に進化。戦後、本島中部でさらに変貌した。

R167
1995.8.1. エイサー
R167 80Yen ………… 120□

R716ij
2008.8.1.
ふるさとの祭
第1集
R716ij
各50Yen ……… 80□

本場鶴崎踊大会 【大分】旧盆過ぎの土・日曜

大分市・鶴崎公園グラウンド。多数の団体が参加。工夫を凝らした衣裳の踊り手たちが、紅白の縞模様のテントを張った櫓の周りに並ぶ。優雅な「猿丸太夫」、軽快な「左衛門」の曲にのり、多重の輪になって踊る。

1992.7.1. 鶴崎踊
R123 R123 62Yen ……… 100□

····· 五山送り火は風景印で収集 ·····

下の例のほか、京都中央局の〈大文字〉をはじめ、京都の多くの現行風景印に五山送り火が描かれている。

〈大文字〉
（京都二条川端）
〈妙〉
（京都北山）
〈法〉
（京都高野東開）

〈船形〉
（京都鷹峯）
〈左大文字〉
（京都御前下立売）
〈鳥居形〉
（京都嵯峨野）

新庄まつり【山形】8月24〜26日

新庄市。灯入（ひいれ）式で宵祭が開幕。歌舞伎や歴史の場面を再現した豪華な山車20基が、囃子と掛声の中で進む。藩士になりきった氏子らの神輿渡御行列。風雅な萩野鹿子踊・仁田山鹿子踊も奉納。

2014.5.14.
地方自治法施行60周年　山形県
R848e
R848e　82Yen……………… 150□

下水流臼太鼓【宮崎】旧暦8月1日

西都市・下水流地区。鉢巻・白襦袢・袴・手甲に脚絆、高さ3.5m・重さ15kgの三色の幟を背負い、胸に太鼓を抱え男達が勇壮かつ軽快に踊る。鉦方4人、太鼓方（踊り手）16人、歌い手4人の24人編成。

R192
1996.8.1.
下水流臼太鼓
R192　80Yen…………120□

※R192の背景はナノハナの咲く西都原古墳群。発行日（平成8年8月1日）は西都市の郵便番号（〒881-xxxx）に因む。下水流臼太鼓は八朔（旧暦8月1日）に奉納される。

大曲の花火（全国花火競技大会）【秋田】8月第4土曜

大仙市・雄物川河川敷運動公園。制作した花火師が自身で打ち上げる競技大会。昼花火、10号玉、創造花火の部門がある。創造花火では毎年テーマが設定され、多彩な花火を組合せてストーリー性のある作品を競う。

R76
1990.7.2.　大曲の花火
R76　62Yen……………100□

いいだ人形劇フェスタ【長野】8月下旬

飯田市。日本最大の人形劇の祭典。国内外、プロやアマ、現代人形劇から伝統的人形芝居まで、様々な人形劇が集合。市内各地で約500の上演。人形劇の幅広さ、奥深さに感動する。

R249-50
1998.7.17.
世界人形劇
フェスティバル飯田
R249-50
各50Yen……… 80□

■フェスタ第1回開催時の発行　　C1231-4（50%）

1988.7.27.　1988世界人形劇フェスティバル
C1231-34　各60Yen…………………………………… 100□

御神事太鼓【石川】8月頃

古麻志比古神社など。かつて旱魃で餓死が相ついだ時、人々は太鼓を乱打して祈願したという。奇怪な面は悪魔除けで、大撥の音は雷を、小撥は雨を表現。太鼓の周りを数人の若者が乱舞し、豪快に打ちこむ。

P241　木の浦海岸と御神事太鼓
1970.8.1.　能登半島国定公園
P241　15Yen……………50□

※切手の御神事太鼓は珠洲市の古麻志比古神社（珠洲御神事太鼓）と思われるが、廃絶した可能性あり。旱魃の終息を願ったのが始まりという（上記）。1967年のNHKドラマ『文五捕物絵図』の「献上御神事太鼓」の回に出演、一時期は有名になった。

R774ab　ワイドスターマイン

R774c　四重芯変化菊　　R774d　昇曲導付 彩花

2010.7.1.
ふるさとの祭　第5集（大曲の花火）
R774a-j　各50Yen…………………… 80□

R774ef　ワイドスターマイン　　R774g　銀千輪　　R774h　四重芯変化菊　R774ij　ワイドスターマイン

長月（ながつき・9月）

9月〜11月には大小・多種多様の秋祭が見られる。多くの祭りは宗教や農作業に起源があるが、その他にも、様々な契機でイベントが誕生する。6月の慰霊の日（沖縄戦終結：R497）、8月の原爆記念日（広島・長崎）、9月の防災の日（関東大震災・C992等）、11月の津波防災の日（世界津波の日）などは、戦争や天災の犠牲者慰霊や平和祈念・防災周知のために始まった。

おわら風の盆

おわら風の盆 【富山】 9月1〜3日

富山市八尾（やつお）町。元来、古い町並の静かな祭りだったが、有名になり過ぎて観光客が激増。割り込んだりストロボを焚きまくるなど、マナーの悪いカメラマンも多数。風情がなくなったとぼやく人も多い。

R221（左）女踊り
R222（右）男踊り

1997.8.20.
おわら風の盆
R221-22
各80Yen……120□

R644　R645　R646　R647　（55%）
2004.8.20.　おわら風の盆 II
R644-47　各50Yen………………80□

R701a 夜明り　R701b 格子戸　R701c 早乙女

R701d 灯明り（左）
R701e 月夜（右）

2007.7.2.
おわら風の盆・舞
R701a-e
各80Yen……120□

林家舞楽 【山形】 9月14日

河北町・谷地八幡宮。秋の例祭で奉納。勇壮な舞楽が間近に見えるので大迫力。宮司の林家が「蘭陵王」など舞楽10曲を一子相伝で継承してきた。慈恩寺（寒河江市）の法会（5月5日）でも奉納。

2014.5.14.　地方自治法施行60周年　山形県
R848d　82Yen………………150□
※切手写真の中の人は第80代当主の林保彦宮司。切手図案の選択段階で知事が林家舞楽を強く推薦。

鶴岡八幡宮流鏑馬 【神奈川】 9月16日

鎌倉市。9月16日は例大祭神事。1187年、源頼朝の流鏑馬奉納が起源という。鎌倉時代の狩装束や江戸時代の軽装束の射手が、馬上から矢を放つ。観客の眼前を馬が駆け抜ける。4月の鎌倉まつり等でも奉納。

R817a
鶴岡八幡宮と流鏑馬

C2311c

2017.4.14.
My旅切手　第2集
いざ鎌倉！
C2311c　82Yen………………120□
2012.7.13.　地方自治法施行60周年　神奈川県
R817a　80Yen………………120□

岸和田だんじり祭 【大阪】 9月「敬老の日」の前日

岸和田市・岸城神社。精緻な彫刻に飾られた優美なだんじりが、かなりの速さで進む。屋根上に乗った大工方（だいくがた）の指令のもと、息を合わせて行う「やりまわし（方向転換）」が醍醐味。家屋損壊は茶飯事で時に死傷者も。

R168

1995.9.4.　岸和田だんじり祭と岸和田城
R168　80Yen………………120□

岸和田だんじり祭

※岸和田市のカレンダーは9月始まり。大阪南部の各地区でだんじりや布団太鼓の祭りがあり、人々が命を懸ける。実際に死傷者も。祭が終われば、また翌年に向けて飲み会を重ねる。

ニッコウキスゲ祭【長野】7月上旬〜中旬

茅野市・車山高原〜諏訪市・霧ヶ峰。出店もイベントもなく花シーズンを祭と称している観光地が少なくないが、ここは出店なんかなくてもニッコウキスゲだけで圧倒され、心はお祭り状態。

R581　ニッコウキスゲと霧ヶ峰
2003.3.5.　信州の花
R581　50Yen ……………… 80□［同図案▶R859c］

なかふらのラベンダーまつり
【北海道】7月上旬〜中旬

中富良野のラベンダーは1952年に栽培が始まり、飛躍的に発展。1970年代に存亡の危機に陥るが、国鉄カレンダーへの採用もあり、富田忠雄らの努力で復活。北海道の代表的景観となる。

R311　ラベンダー
1999.5.25.　北の大地
R311　50Yen ……………………………80□
※シーズン中はJRの臨時駅「ラベンダー畑駅」が営業、「富良野・美瑛ノロッコ号」などの臨時列車が停車する。

ひまわりまつり【北海道】7月中旬〜8月中旬

北竜町・ひまわりの里。23haに150万本という日本一のひまわり畑。世界のひまわり、ひまわり迷路、遊覧車ひまわり号、歌謡ショー、花火大会など盛りだくさん。無料かつ24時間開放。

R537
ひまわりと畑に「北竜」の文字
2002.4.25.　北の彩り
R537　80Yen ………………………… 120□

偕楽園の萩まつり【茨城】9月上旬〜中旬

水戸市・偕楽園など。第9代水戸藩主徳川斉昭が偕楽園を造営、伊達藩に貰った宮城野萩を植えた。宮城野萩が中心で、白萩・山萩・丸葉萩など計750株が咲く。園内で助さん格さんに巡り合えるかも。

R667d　ハギ
2005.6.23.　関東花紀行　II
R667d　50Yen ………………80□

佐久高原コスモスまつり【長野】9月中旬〜中旬

コスモス街道のイベント。国道254号沿い9kmに及ぶフラワーベルトで、1972年に地元老人会が植え始め、今も人々が4万株の手入れを続ける。1977年狩人は「あずさ2号」でデビューし、続く「コスモス街道」もヒット。

R582　コスモスとコスモス街道
2003.3.5.　信州の花
R582　50Yen ………………80□［同図案▶R859d］

※切手図案の右手の小さな森、気になったので数分歩いてみたら…墓地。墓切手収集家（いるのか？）には朗報。

■この時期の花まつり切手の一部を以下に挙げる。
・山形紅花まつり【山形】7月上旬〜中旬 ………………R28他
・明日香村彼岸花まつり【奈良】9月下旬 …………R745cd
・のじぎく祭り【兵庫】11月中旬……………………R50他

明日香村稲渕の棚田　かかしロード

石山寺秋月祭【滋賀】中秋名月の頃

大津市・石山寺。昔、石山寺に参籠した紫式部は、湖面に映える月を眺めつつ源氏物語の構想を練ったという。当日、満月と2000の灯かりが境内を照らす。源氏物語にちなむコンサートなどを開催。

C2319h
2017.6.9.　日本の夜景　第3集
C2319h　82Yen ……………… 120□

P210　石山寺観月亭からの琵琶湖と比叡の山やま
※図案は夜景で、月照に映えて黄色く輝く湖面を描く。

1961.4.25.　琵琶湖国定公園
P210　10Yen ……………80□

こきりこ祭り【富山】9月25・26日

南砺市・上梨白山宮。秋の五箇山に響く笛や鼓。直垂（ひたたれ）、括り袴、綾蘭（あやい）笠の男性が、筱（ささら）を打ち鳴らしながら優雅に舞う。筱は108枚の板を紐で繋げた楽器。両日とも最後は総踊りで、観光客も筱を持って踊れる。

R348
1999.9.14.　合掌造りと「こきりこ踊り」
R348　80Yen ………………………… 120□

祭り・イベントめぐり

こきりこ踊り

神無月（かみなづき・10月）

10月は気候も良く、様々な花も咲き、秋祭りのピーク。古くからの宗教的な祭礼をはじめ、明治時代以降に始まった歴史上の人物にちなむイベント、復興イベント、花のイベントと多彩。現代的なイベントも多い。

二本松の菊人形 【福島】10月中旬〜11月下旬

二本松市・霞ヶ城公園。菊と紅葉が霞ヶ城跡の会場を埋める。盆栽や千輪咲など部門別の品評会。毎年テーマを設定、歴史人物など百余の菊人形が並ぶ。マネキンを流用しているのか、顔がバタ臭い。

R355

1999.10.1.　二本松の菊人形
R355　80Yen························120□

長崎くんち 【長崎】10月7〜9日

長崎市・諏訪神社。龍踊（じゃおどり）、鯨の潮吹、コッコデショ、阿蘭陀万才など、多彩な奉納踊り。観客は「モッテコーイ」や「ふとうまわれ」などとエールを送る。参加59町を一通り見るには7年かかる。

R156　　　　　　　R750a

1994.10.3.
長崎くんち
R156　80Yen·········120□
2009.10.8.　ふるさと心の風景　第6集（祭の風景）
R750a　80Yen·····························120□

R819i（左）
R868b（右）

2012.9.11.　旅の風景　第16集（長崎）
R819i　80Yen·····························120□
2015.11.17.　地方自治法施行60周年　長崎県
R868b　82Yen·····························150□

1956.12.20.　昭和32年用年賀切手
N12　5Yen·····························300□
[同図案▶N12Aお年玉小型シート]

※1776年、長崎くんちに初登場した「鯨の潮吹」。やがて、それを模した張子が作られ始めたが、昭和期に廃絶したが、2012年に再現。動かすとヒレが揺れ動く。潮は鯨のヒゲを使用。

N12　鯨のだんじり

➡長崎くんち・鯨の潮吹
潮吹き担当2名が鯨内部に乗り込み、奉納演技の要所で手押しポンプを操り、水しぶきを数mまで吹き上げる。三日月型の目がキモかわいい。

土浦全国花火競技大会 【茨城】10月第1土曜

土浦市・桜川畔。大正14年、霞ヶ浦海軍航空隊殉職者の慰霊と商店街復興などの目的で始まる。競技花火と余興花火の約2万発。競技はスターマイン、10号玉、創造花火の3部門ある。

R752e

2009.11.4.　地方自治法施行60周年　茨城県
R752e　80Yen·····························120□

名古屋まつり 【愛知】10月上旬の土・日曜

名古屋市。信長・秀吉・家康、濃姫・ねね・千姫など、約600人の郷土英傑行列が、名古屋駅から名古屋城までパレードする。伝統ある山車揃や神楽揃、華やかなフラワーカーなども登場。

名古屋まつりと
R199（左）
テレビ塔
R200（右）
名古屋城

1996.10.1.
名古屋まつりと
三人の武将
R199-200
各80Yen······120□

秋の高山祭 【岐阜】10月9・10日

高山市・櫻山八幡宮。春の山王祭と秋の八幡祭では関係する神社・地域・屋台が異なるが、どちらの高山祭も壮麗で見事。秋は11台の屋台の曳き廻しや、布袋台のからくり奉納などが見どころ。

R87（左）
R748b（右）

1990.10.9.　心のふるさと飛騨
R87　62Yen·········120□[同図案▶R172、R761c]
2009.10.1.　ふるさとの祭　第3集
R748b　50Yen·····························80□

美濃和紙あかりアート展 【岐阜】10月上旬の土・日曜

美濃市。美濃和紙を用いた灯りのオブジェを一般・小中学生の2部門で公募。400点余を「うだつの上がる町並」に屋外展示し、一流アーティストが審査する。光と影が織りなす幽玄の美。

R773d 切手図案の矢印部分がうだつ

2010.6.18.　地方自治法施行60周年　岐阜県
R773d　80Yen…………………………… 120□

増田りんごまつり 【秋田】10月第2日曜

横手市増田町・真人公園。同公園のりんご園は、並木路子主演の映画「そよかぜ」のロケ地。挿入歌「リンゴの唄」に因んだ行事で、「ミスりんごコンテスト」「リンゴの唄コンクール」や特産品販売など。

C1619（左）
C1736a（右）
ともに
「リンゴの歌」

1998.11.24.　わたしの愛唱歌シリーズ　第7集
C1619　50Yen…………………………… 100□

2000.5.23.　20世紀シリーズ　第10集
C1736a　80Yen………………………… 120□

木ノ本の獅子舞 【和歌山】10月中旬の土・日曜

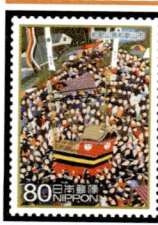

和歌山市・木本八幡宮。秋祭に奉納。2人立ちの雄獅子の獅子舞で、前半は「地上の舞」、後半は「だんじりの舞」。だんじりの上、地上5mに渡した青竹2本に立ち、獅子幕に風はらませて荒々しく舞う。

R750h

2009.10.8.　ふるさと心の風景　第6集（祭の風景）
R750h　80Yen…………………………… 120□

證誠寺狸まつり 【千葉】10月中旬
しょうじょうじ

木更津市。市街地にあるが樹々が茂り、狸が出そうな閑寂な寺。地元小学生が大狸・小狸・和尚に扮し、童謡に合わせて腹鼓を打ちながら踊る。

R18

1898.10.27.　證誠寺の狸ばやし
R18　62Yen ………………………… 100□

時代祭 【京都】10月22日

京都市・平安神宮。1895、平安遷都1100年を記念して桓武天皇を祀る平安神宮創建。同年、平安〜明治の各時代の風俗行列が神幸列に供奉（ぐぶ）する。当初は約500名、現在は華麗な2000名の大行列に。

R593
おび

2003.5.1.　京の催事
R593　50Yen…………………………… 80□

飫肥城下まつり 【宮崎】10月第3土・日曜
おび

日南市飫肥。早馬や四半的など古風な催しに、武者行列や泰平踊などのパレード。泰平踊は、朱紐付きの折編笠、着流し、太刀、印籠など、元禄期の伊達姿で優雅に踊る。祭以外にも公演あり

R356 飫肥城と泰平踊

1999.10.1.　飫肥ロマン
R356　80Yen…………………………… 120□

※日南市泰平踊の保存会には今町組（鶴組）と本町組（亀組）の2流があり、衣装・姿勢・唄が異なる。飫肥城下まつりでは、土曜日に大手門前、日曜日にパレード内で泰平踊が踊られる。西暦の偶数年は土曜日が鶴組、日曜日が亀組（奇数年は逆）。

のべおか天下一薪能 【宮崎】10月上旬の土曜

延岡市・延岡城址。「お調べ」（囃方の調音）が開演の合図。囃方と地謡の演奏が始まり、演者が登場。10月だがセミの鳴声が石垣にこだま。幽玄な雰囲気の中で狂言や能を観賞。2時間があっというま。

R576

2003.2.3.　能楽のまち　延岡
R576　80Yen…………………………… 120□

※1993年、旧藩主内藤家が市に寄贈した能面。うち30点は「天下一」の称号を得た織豊期の能面作家の作品と判明。博物館に展示するだけでは勿体ないと考え、実際に「天下一」の能面を用いて、最高の演者達が薪能を舞うイベントが始まった。

木場の角乗り 【東京】10月下旬の日曜
きば　かくの

江東区・木場公園。木場（旧貯木場）に伝わる民俗芸能。川並（かわなみ＝筏師）は鳶口（とびくち）一つで材木を操り、運搬したり筏を組んだ。その余技として誕生。練習を積んだ保存会員が江東区民まつりで披露。

R79　新東京・東京小包局（開局記念）と木場の角乗り

1990.8.6.　新東京局・東京小包局完成
R79　62Yen…………………………… 100□

木場の角乗り（花駕籠乗り）

なばなの里 水上イルミネーション 【三重】10月下旬～5月初旬

桑名市。水上イルミネーションは日本最大。幅5m×長さ120mの光の大河は、木曽三川の流れを繊細・優美に表現する。滝の流れも加えて躍動的に演出。音楽に合わせ、LEDをコンピューター制御。

C2329d

2017.9.29. 日本の夜景 第4集
C2329d 82Yen……………………一□

※なんと1年のうち半年以上も続くイベント。当初は「ウィンター」イルミネーションだったが、次第に規模が大きくなって期間も伸び、とうとう5月まで。もう初夏だ。

春日井まつり 【愛知】10月20日前後

春日井市。小野道風の故郷とされる「書のまち春日井」で1977年に始まる。書道パフォーマンス大会や雅な道風平安行列などを開催。多数の飲食ブースが並ぶ。

R431 小野道風と「玉泉帖」

2000.10.20. 柳とカエル
R431 80Yen……………………120□

のぼりざるフェスタ 【宮崎】10月下旬

延岡市。郷土玩具「のぼり猿」は年賀切手に採用され延岡のシンボルに。さらに観光イベントも。食べ物や物産販売の他、「わんぱくのぼりざる」では、玩具と同じ衣装をつけてポールを登る。

N23 のぼりざる

1967.12.11. 昭和43年用年賀切手
N23 7Yen……………………40□
［同図案▶N23Aお年玉小型シート］

佐賀インターナショナル・バルーン・フェスタ 【佐賀】10月下旬～11月上旬

佐賀市・嘉瀬川河川敷。未明から準備がはじまる。次第に気球が膨らんで生き物のように起き上がり、朝日を受けながら次々と浮上。観客の心も浮き浮き。バーナーで気球を光らせる夜間係留も美しい。

1989.11.17.
第9回熱気球世界選手権
C1267 62Yen……………………100□

C1267

R440（左）

R783d（右）

2000.11.1. 佐賀インターナショナル・バルーン・フェスタ
R440 80Yen……………………120□
2011.1.14. 地方自治法施行60周年 佐賀県
R783d 80Yen……………………120□

霜月（しもつき・11月）

文化の日（かつては明治節）11月3日に絡む祭や行事が数多いが、大半は日本国憲法公布や明治天皇誕生日とは無関係。郵趣家にとっては、全国切手展JAPEXの開催月。年賀はがき発売記念イベントも重要…かな。12月の年賀引受開始日、1月の配達出発式もお忘れなく。

東京ドイツ村 ウィンターイルミネーション 【千葉】11月1日～4月上旬

袖ケ浦市。千葉なのに、なぜか東京と冠された花と緑のテーマパーク。広大な敷地で様々に楽しめる。夜は全長70mの「虹のトンネル」など、300万個のLEDや電球を使った夢の世界が広がる。5ヵ月余り続くイベント。

C2288i

2016.10.14. 日本の夜景 第2集
C2288i 82Yen……………………120□

おはら祭 【鹿児島】11月2・3日

鹿児島市。戦災復興の記念行事が南九州最大の祭に発展。浴衣姿や法被姿の2万人余が、おはら節・ハンヤ節・渋谷音頭などを練り踊る。イナセな衣装の女性によるおごじょ太鼓が盛り上げる。

R140
1993.9.1. おはら祭
R140 41Yen…70□

おはら祭

小田原城の菊花展 【神奈川】11月3～5日

小田原市・小田原城の秋の風物詩。本丸広場に愛好者や小中学生が丹精込めて育てた約700鉢の菊花を展示。ミニチュアの小田原城を小菊で飾る総合花壇も。

R436
2000.10.27. 小田原城
R436 50Yen……………………80□

唐津くんち【佐賀】11月2〜4日

唐津市・唐津神社。2日夜、一番曳山「赤獅子」が出発、各町の曳山も順次参加して神社前に14台が勢揃いする。3日朝、神輿と共に曳山が進み、御旅所で整列。古い町並の狭い道を突き進む姿に圧倒される。

R174（左）
R783e（右）

1995.10.2. 唐津くんち
R174 80Yen ……………………………… 120□

2011.1.14. 地方自治法施行60周年 佐賀県
R783e 80Yen ……………………………… 120□

唐津くんちの曳山

箱根大名行列【神奈川】11月3日

箱根町・箱根湯本温泉郷。参勤交代を再現した大名・家老・奥女中ら170名の行列。「下に下に」の掛声で、旧東海道の6kmを練り歩く。音楽隊や芸妓の手踊りも加わり総勢450名の大行列。有名人が大名役で参加。

R749ab

2009.10.1.
ふるさとの祭
第3集
R749ab
各50Yen……… 80□

しかおどり
鹿踊【愛媛】11月3日

鬼北（きほく）町・小倉（おぐわ）八幡宮。揃いの衣装の子どもが神社に鹿踊を奉納、その後に各集落を巡る。太鼓を叩き「まわれまわれ水車…」と歌いつつ、5人の男子が鹿に扮装して踊り、女子3人が笛を吹く。昔は男子だけの祭、過疎化で女子も動員。

R750e 愛媛県北宇和郡

2009.10.8. ふるさと心の風景 第6集（祭の風景）
R750e 80Yen ……………………………… 120□

はしぐいいわ
橋杭岩のライトアップ【和歌山】11月3〜5日

串本町。串本から大島へそそり立つ大小40余りの岩柱が850mの列を成す。その直線的な並びが橋の杭を思わせるので橋杭岩と呼ばれる。ライトアップでは昼（公園切手P43）とは異なる姿が楽しめる。

C2329e

2017.9.29. 日本の夜景 第4集
C2329e 82Yen ……………………………… ─□

津浪祭【和歌山】11月5日

広川町。津波犠牲者慰霊と防災祈念の行事。安政地震の津波に際して避難者を誘導したり、堤防を築いた濱口梧陵（初代駅逓頭！）の遺徳をしのぶ。また10月第3土曜には「稲むらの火祭り」を開催。

C2238 「稲むらの火」の逸話に登場する広村堤防

2015.11.5. 津波防災の日制定
C2238 82Yen ……………………………… 150□

C2293bc
稲むらの火

2016.11.4.
世界津波の日制定
C2293bc
各82Yen…120□

酉の市【東京】11月酉の日（年により2回または3回）

台東区・鷲神社など。江戸時代から、開運や商売繁盛の神徳を求めて大勢が訪れる。大小様々な熊手などの縁起物を売る露店が参道に並ぶ。11月最初の酉の日が「一の酉」で、「二の酉」「三の酉」と続く。

R776e 広重「名所江戸百景 浅草田甫 酉の町詣」

2010.8.2. 江戸名所と粋の浮世絵 第4集
R776e 80Yen ……………………………… 120□

神宮外苑いちょう祭り【東京】11月中旬〜12月初旬

青山通りから聖徳記念絵画館へと、イチョウの木々が四列に連なる。四季折々に美しいが、やはり黄葉の頃がベスト。都心の秋の風物詩となり、180万人が訪れる。

R377 神宮外苑

2000.1.12. 21世紀に伝えたい東京の風物
R377 50Yen ……………………………… 80□

67

R700c　神宮外苑とキンモクセイ

2007.7.2.　東京の名所と花
R700c　80Yen ……………………… 120□

神宮外苑のイチョウ並木
（奥は聖徳記念絵画館）

高千穂の夜神楽【宮崎】11月中旬～2月上旬

高千穂町。町内20の集落が奉納、各集落で日や内容が異なる。公民館等を神楽宿として氏神様を招き、徹夜で多種の神楽を演じる。高千穂神社では観光用の短縮版「高千穂神楽」を年中公演する。

R818a　宮崎県庁本館と高千穂の夜神楽

2012.8.15.　地方自治法施行60周年　宮崎県
R818a　80Yen …………………………………… 120□

農林水産祭・実りのフェスティバル【東京】11月23日頃

優れた取組みの農林水産業者の表彰と、全国から集められた特産品。また、勤労感謝の日（新嘗祭）には、明治神宮をはじめ日本各地で農業祭が開催される。

C470　国際米穀年のマーク

1966.11.21.　国際米穀年・農業祭
C470　15Yen …………………………… 50□

C2100ab
日本の農林水産物
と農村風景

2011.11.22.
農林水産祭50年
C2100ab
各80Yen…120□

神農祭【大阪】11月22・23日

<small>しんのうさい</small>

大阪市中央区道修町・少彦名神社。薬の町のビルの谷間の小さな神社。例大祭には薬業関係者ら大勢が訪れる。神虎の授与の際、巫女さんは鈴を鳴らし「ご利益ありますように」と声をかける。

N42　神農の虎

1985.12.2.　昭和61年用年賀切手
N42　40Yen …………………………… 80□
［同図案▶N42Aお年玉小型シート］

そぶえイチョウ黄葉まつり【愛知】11月後半

稲沢市祖父江町・祐専寺など。祖父江町内が1万本以上のイチョウで金色に染まる。樹齢200年超の古木や、イチョウ並木のトンネル等があり、ライトアップも楽しめる。土産には大粒の祖父江ぎんなん。

2010.10.4.
地方自治法施行60周年　愛知県
R780c　80Yen ……………… 120□

R780c　銀杏

師走（しわす・12月）

各季節、社寺の祭礼の延長として、あるいは信仰とは独立して、観光振興の一環で創案されたイベントが数多くある。特に冬季のイベントにはLEDやITなど技術の進歩も貢献している。一方で、少子高齢化で祭りが衰退、途絶えてしまった地域も少なくない。

はこだて冬フェスティバル【北海道】12月1日～2月末

函館市。元町地区など歴史的建物が並ぶ街が光で飾られ、様々なイベントも開催。澄んだ夜空に開く2000発の冬花火。八幡坂や函館山から眺めると綺麗だが、体が芯から冷える。

C2243c

2015.11.27.　日本の夜景　第1集
C2243c　82Yen ……………… 120□

秩父夜祭【埼玉】12月2日（宵祭）・3日（大祭）

秩父市・秩父神社。3日夜、秩父神社から御神幸行列が出て、1km先の御旅所へ向かう。提灯で飾られた華麗な山車（笠鉾2台と屋台4台）が続く。十数tの山車が急坂を昇る。花火が夜空を彩る。

C406

C2288f

1965.12.3.　お祭りシリーズ
C406　10Yen ……………………… 50□

2016.10.14.　日本の夜景　第2集
C2288f　82Yen ………………………………… 120□

※盛大な祭りを継続して開催するには氏子の熱情だけでなく、経済的な基盤が必要である。かつて秩父盆地では養蚕が盛んで、秩父織物で栄え、秩父神社の祭礼に絹市が立った。祭と市が共に発展し、屋台も豪華になった。秩父祭は「御蚕祭り」とも呼ばれ、絹大市の最後を飾るイベントであった。

秩父まつり会館
笠鉾の展示

R438
屋台と花火

R439　美しく
飾られた笠鉾

R853c

2000.11.1.　秩父夜祭
R438-39　各80Yen……………………………120□

2014.10.8.　地方自治法施行60周年　埼玉県
R853c　82Yen……………………………………150□

木幡の幡祭り【福島】12月第1日曜

二本松市・隠津島（おきつしま）神社。百数十本の五反旗が勢揃いし、木幡山の尾根を幡行列が進む。五色の幡が青空に映えて美しい。権立（ごんだち、初参加の男子）は陰茎型の木を持ち、途中で成人儀式の「胎内くぐり」を行う。

2000.12.1.　木幡の幡祭
R445　　R445　80Yen………………120□

※当初は2000年11月6日の発行予定で、新切手発売のポスターも掲示。一時期だけ、鎧姿の武者が幡行列に参加しており、この鎧武者が描かれていた。図案が変だとの指摘を受けて書き直され、12月1日に発行延期。

SENDAI光のページェント【宮城】12月10日頃〜31日

仙台市・定禅寺通。昼間はあまり人が通らない物寂しいケヤキ並木の道だが、夕方、急に人々が集まってくる。午後5時半、60万球のLEDが一斉に点灯。突然の光の世界の誕生に歓声が上がる。

C2243g（左）

R832e（右）

2015.11.27.　日本の夜景　第1集
C2243g　82Yen……………………………120□

2013.5.15.　地方自治法施行60周年　宮城県
R832e　80Yen……………………………………120□

神戸ルミナリエ【兵庫】12月上旬〜中旬

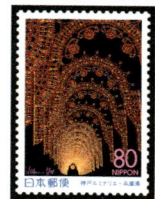

神戸市中央区・仲町通〜東遊園地。大震災の犠牲者鎮魂と復興祈念が目的。旧居留地で、光の玄関「フロントーネ」から、光の回廊「ガレリア」、光の壁掛「スパッリエーラ」・光の記念堂「カッサ・アルモニカ」と続く。

R257
1998.11.9.　神戸ルミナリエ
R257　80Yen………………………120□

R672a（左）
フロントーネ

R672b（右）
スパッリエーラ

2005.12.9.　神戸ルミナリエⅡ
R672ab　各50Yen…………………………………80□

表参道イルミネーション【東京】12月上旬〜1月上旬

港区〜渋谷区・表参道。表参道のケヤキ並木を無数のLEDで装飾。シャンパンゴールドの暖かい光に包まれロマンチックな光の街道になる。通りは賑やかだが、この色は雨の降る日は物悲しく感じる。

R805cd

2011.10.21.　旅の風景　第14集（東京）
R805cd　各80Yen…………………………………120□

※切手の写真は表参道駅に近い歩道橋からの撮影だが、期間中は安全のため歩道橋は通行禁止になる。残念。

東京ミレナリオ（ミチテラス）【東京】12月下旬

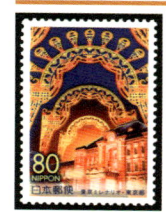

千代田区・東京駅周辺。1999年に始まったので、千年紀にちなみミレナリオと命名。当時はルミナリエと同じ制作者。2005年を最後に駅工事で中断、2012年からミチテラスとして再開。駅舎のプロジェクション・マッピングも。

R523

2001.12.3.　東京ミレナリオと東京駅
R523　80Yen…………………………………………120□

なまはげ【秋田】12月31日

男鹿半島一帯。類似の風習は各地にあるが、なまはげが特に有名。男鹿半島を行くJR列車やポストにも描かれる。少子高齢化で風習は衰退しているが、一方で秋田県の象徴としてなまはげの観光化が進む。

R628（左）

R808a（右）
白瀬轟となまはげ

2004.6.1.　秋田市建都400年
R628　50Yen……………………………………80□

2012.1.13.　地方自治法施行60周年　秋田県
R808a　80Yen……………………………120□

各地の "お祭り" 特殊ポスト

各地の特殊ポストには、竿燈・ねぶた・花笠・かまくら・阿波踊り・山鹿灯籠・エイサーなど、お祭りに関係したものがあり、郵便好き＆旅行き人間にとっては嬉しい出会いとなっている。沖縄事務所前のポストはハーリーなど沖縄の祭りの絵柄で、夜は内側から光り出す（最段列右端）。シルクロード博、淡路花博、青函トンネル博（消滅）、沖縄サミットなど、1回だけのイベントを記念したポストも存在。ポストカプセル（つくば博）や雪だるまポスト（さっぽろ雪まつり：真駒内会場）など、イベントの時だけ置かれたポストもある。下に全国各地の郵便局や駅前などで出会ったポスト

← 秋田駅前の竿燈型ポスト。3方向から楽しめる。

を紹介しているが、このうち神田局の特殊ポストはいまはない。神田祭の鳳輦（ほうれん）の行列は神田郵便局の前も通るので、かつて神田局前のポストの上に「郵便みこし」が載っていたが、現在は倉庫の中。まだ綺麗なのだが、屋根のポストン（郵便番号5桁）の紋章が古いこともあり、復活の予定なしとのこと。

神田局（東京）・
郵便みこし（引退）

青森県観光物産館
アスパム前・ねぶた

盛岡中央局（岩手）・さんさ踊り

北上駅西口（岩手）・
鬼剣舞の面

横手駅前（秋田）・かまくら

JR鷹ノ巣駅（秋田）・大太鼓

山形市役所前・花笠

七尾市役所（石川）・
青柏祭のデカ山

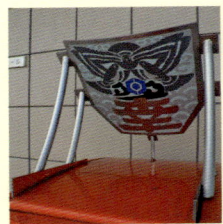
八日市駅前（滋賀）・大凧

JR柳井駅前（山口）・
金魚ちょうちん

徳島駅前・
阿波踊り（男踊と女踊）

道の駅ふれあいパークみの
（香川）・吉津夫婦獅子舞

西鉄太宰府駅前（福岡）・
鷽鳥（うそどり）

山鹿灯籠民芸館（熊本）・
山鹿灯籠

那覇空港ビル・エイサー

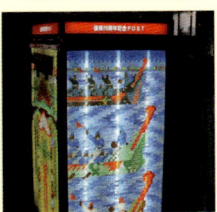
東町局（JP沖縄事務所）・
沖縄復帰20周年記念ポスト

　※以上のほか、長崎くんち（長崎駅）、親子の阿波踊り（徳島市内）、三島農兵節（三島駅）、たてもん祭（魚津駅）などがある。

祭り・イベントめぐり

80
NIPPON

日本郵便 　札幌時計台・北海道

旧札幌農学校演武場（札幌時計台）（94ページ掲載）

観光名所めぐり

第3部

城

観光名所めぐり

松前城 【北海道松前町】●外観復元天守　●100名城

幕末、異国船が蝦夷地沿岸に出現するとともに、幕府が城築を命じた城。江戸軍学に基づく和式築城の最後の城となったが、戊辰戦争で落城。遺構は本丸御殿など。天守は昭和24年（1949）に焼失、35年（1960）に復元。

C2179a（左）
C2252f（右）
ともに
復元天守

※慶長5年（1600）・嘉永3年（1850）築城、築城主：松前慶広・崇広。平山城、史跡、重文1件。別称福山城。

2014.7.15.　日本の城　第2集
C2179a　82Yen ···120□

2016.3.25.　北海道新幹線（新青森・新函館北斗間）開業
C2252f　82Yen ···120□

五稜郭 【北海道函館市】　●100名城

日米和親条約後、箱館（函館）防御のために築かれた西洋式土塁。五稜郭タワーからは稜堡が突き出した星形城郭が楽しめ、土塁・堀が当初の姿をとどめる。城内には奉行所や砲台があった。正式名は亀田御役所土塁。

※安政4年（1857）築城、築城主：江戸幕府。平城、特別史跡。別称柳野城。

C2255a（左）
大手口の三角形の半月堡

R714b（右）
五稜郭全景

2016.4.8.　日本の城　第6集
C2255a　82Yen ···120□

2008.7.1.　地方自治法施行60周年　北海道
R714b　80Yen ···120□

ここにも五稜郭が！

C2058cdは函館山から市街を見下ろした夜景。分かりにくいが、五稜郭の星形城郭が浮かび上がる。

C2058cd（40%）函館港夜景（破線部分が五稜郭）

2009.6.2.　日本開港150周年（函館）
C2058cd　各80Yen ······································120□

弘前城 【青森県弘前市】●重文 ●現存天守　●100名城

慶長16年（1611）、家康の養女を妻とした津軽信枚が築城。東北諸大名を牽制する壮大な城郭だったが、初代の天守は落雷で焼失。文化7年（1810）に3層の櫓を改築し、代用天守とした。関東・東北唯一の現存天守。

C2252c

C2209a　切手図案はともに現存天守

※慶長16年（1611）築城、築城主：津軽信枚。平山城、史跡、重文9件。別称鷹岡城。

2015.4.3.　日本の城　第4集
C2209a　82Yen ···120□

2016.3.25.　北海道新幹線（新青森・新函館北斗間）開業
C2252c　82Yen ···120□

R392（左）
R699b（右）
ともに
弘前城と桜

2000.4.3.　東北の桜
R392　80Yen ····· 120□

2007.7.2　東北の景勝地
R699b　80Yen ···120□

R781b（左）
弘前城と桜

R828b（右）
弘前さくらまつりソメイヨシノと弘前城天守

2010.11.15.　地方自治法施行60周年　青森県
R781b　80Yen ···120□

2013.3.22.　ふるさとの祭　第9集（弘前さくらまつり）
R828b　50Yen ······································80□

現存12天守

現存する12天守は、松本城、犬山城、彦根城、姫路城、松江城（以上国宝）、弘前城、丸岡城、備中松山城、丸亀城、松山城、宇和島城、高知城（以上重文）。二条城は国宝だが、天守は江戸時代に焼失。

＊稜堡（りょうほ）：城壁や要塞の外に向かって突き出した部分。砲撃の死角をなくすため、ヨーロッパで発達した。

仙台城 【宮城県仙台市】　●100名城

天守代わりの広大な本丸御殿には金箔瓦、断崖に書院という伊達政宗が築城した"伊達の城"。石垣は青葉山の稜線を利用。大手門と隅櫓は戦前国宝指定だったが、戦災で焼失。隅櫓を昭和42年（1967）に外観復元。

※慶長5年（1600）築城、築城主：伊達政宗。平山城、史跡。別称青葉山。

C2256h（左）仙台城跡の伊達政宗像

R756c（右）復元された大手門隅櫓

2016.4.8.　伊勢志摩サミット（関係閣僚会合シート）
C2256h　82Yen ……………………………120□
2010.1.29.　旅の風景　第7集（仙台・松島）
R756c　80Yen ……………………………120□

………「荒城の月」の城はどこ？………

名曲「荒城の月」。♪春高楼の花の宴…。さて、この城がどこの城かは諸説がある。先ず富山城址（富山市）と岡城址（大分県竹田市）は、作曲の滝廉太郎が幼少を過ごした町にあった。次いで仙台城址と九戸城址（青森県二戸市）。こちらは作詞の土井晩翠の出身地と立ち寄った場所。しかし1946年、会津で開催された「荒城の月作詞48周年記念音楽祭」にて、晩翠自身が語った城は会津若松城。高校の修学旅行で訪れた城の荒廃した姿に、若き晩翠は感動したという。

1979.8.24.　日本の歌　第1集
C827　50Yen ……………80□

会津若松城 【会津若松市】●外観復元天守　●100名城

江戸初期の地震で大破後、大改修が行われ、東北随一の城に。戊辰戦争では天守に約205発の炸裂弾が撃ち込まれた。よく耐えたが、戦後取り壊された。現天守は昭和40年（1965）に二代目天守を外観復元したもの。天守内に若松城天守閣郷土博物館を設置。

※文禄元年（1592）から改修、改修主：蒲生氏郷。平山城、史跡。別称鶴ヶ城。

C2161a（左）復元された天守

R596（右）鶴ヶ城と柿

2013.12.10　日本の城　第1集
C2161a　80Yen ……………………………120□
2003.7.1.　東北四季物語 II
R596　80Yen ……………………………120□

二本松城 【福島県二本松市】　●100名城

白旗が峰の山頂に建つ。規模は小さく、軍事的色彩の強い本丸を備えていたが、戊辰戦争と廃城令により建物は破壊された。高さ10㍍に及ぶ石垣が残され、箕輪門と付櫓が昭和57年（1982）に推定復元。

※寛永4年（1627）改修、改修主：加藤嘉明。平山城。別称霞ヶ城。

R355　石垣は標高345mの山頂にある

復元整備された石垣

1999.10.1.　二本松の菊人形
R355　80Yen ……………120□

江戸城 【東京都千代田区】　●100名城

将軍の居城として、天守は家康・秀忠・家光と将軍交代の度に建て替えられ、秀忠の時に日本史上最大の天守になるとともに、中枢部から総構えまで壮大な城となった。天守は明暦3年（1657）の大火で焼失、現在は天守台のみが残る。伏見櫓、桜田巽櫓などが現存。

※長禄元年（1457）・慶長11年（1606）ほか改修、築城改修主：太田道灌（築城）、徳川家康・秀忠・家光。平城、特別史跡・史跡、重文6件、別称千代田城。

C256　桜田巽門の石垣と櫓

C524　小堀鞆音「東京御著輦」図案は二重橋と伏見櫓

1956.10.1.　東京開都500年
C256　10Yen ……………500□
1968.10.23.　明治100年
C524　15Yen ……………………………50□

C1891a　江戸図屏風より、明暦の大火前の天守

C650　二重橋と伏見櫓
1974.1.26.
昭和天皇大婚50年
C650　20Yen ……………………………40□
2003.5.23.　江戸開府400年　第1集
C1891a　80Yen ……………………………120□

R700b（右）二重橋と伏見櫓と諸葛菜

C2224a　富士見櫓

2015.8.7.　日本の城　第5集
C2224a　82Yen ………120□
2007.7.2.　東京の名所と花
R700b　80Yen …………120□

＊大手門：城の表側にある門。追手門も同じ。＊隅櫓：城の要所に設けられた櫓。戦闘指揮、物見、倉庫、籠城時は住居になった。

小田原城 【神奈川県小田原市】 ●復興天守 ●100名城

北条早雲が整備した城は、謙信、信玄の攻撃にも籠城戦で守り抜き、難攻不落と言われたが、秀吉の大軍に包囲されて開城。その後、大改修が行われるも、明治に解体される。現在の天守は昭和35年（1960）に再建されたもの。

※15世紀中頃築城、後改修。主な改修主：北条早雲、大久保忠世。平山城、史跡。別称小峯城。

C2161b 復興天守
2013.12.10. 日本の城 第1集
C2161b 80Yen‥‥‥‥‥‥‥‥‥‥‥120□

R436（左）小田原城（復元天守）
R437（右）復元された銅（あかがね）門

2000.10.27. 小田原城
R436-37 各50Yen‥‥‥‥‥‥‥‥‥80□

松本城 【長野県松本市】 ●国宝 ●現存天守 ●100名城

現存12天守の中で唯一の平城。天正18年（1590）に入城した石川数正父子が城郭を整備した。維新後、貴重な五重天守（他には姫路城のみ）が競売に掛けられたが、地元の尽力で買い戻される。明治30年頃に傾き、大修理が行われた。北アルプスを借景にした姿が美しい。

※文禄2-3年（1593-94）築城、築城主：石川数正・康長。平城、史跡、国宝5件。別称深志城、烏城。

C738 切手図案はいずれも現存天守群

1977.8.25.
第2次国宝
第5集
C738
100Yen‥‥‥190□

C2201a

C2255b

R139 松本城とアルプス山脈

2014.12.10. 日本の城 第3集
C2201a 82Yen‥‥‥‥‥‥‥‥‥‥120□
2016.4.8. 日本の城 第6集
C2255b 82Yen‥‥‥‥‥‥‥‥‥‥120□
1993.7.16. 松本城とアルプス
R139 62Yen‥‥‥‥‥‥‥‥‥‥‥100□

R286（左）松本城太鼓門と天守群
R736d（右）松本城の天守群

1999.4.26. 松本城太鼓門
R286 80Yen‥‥‥‥‥‥‥‥‥‥‥120□
2009.5.14. 地方自治法施行60周年 長野県
R736d 80Yen‥‥‥‥‥‥‥‥‥‥120□

上田城 【長野県上田市】 ●100名城

二度に及ぶ徳川氏との上田合戦で、真田昌幸父子がその名を天下に轟かせた舞台。関ヶ原合戦後、徳川氏が徹底的に破壊。その後、仙台忠政の手で再び修復された。天守はないが、7基の櫓が建てられ、3基が現存する。

※天正11年（1583）・寛永3年（1626）築城、築城主：真田昌幸、仙台忠政（復興）。平城、史跡。別称真田城など。

C2255c 再移築された北櫓
2016.4.8. 日本の城 第6集
C2255c 82Yen‥‥‥‥‥‥‥‥‥‥120□

高遠城 たかとおじょう 【長野県伊那市】 ●100名城

武田信玄が信濃進出の拠点として、大規模な修改築を行ったが、織田信長の甲州征伐で落城。明治時代に一部を埋め立て、コヒガンザクラが植えられ、現在の桜名所に。

※天文16年（1547）に修改築。築城主：武田信玄。平山城、史跡。別称兜城。

R389 城下から移築の問屋門と桜雲橋
2000.3.3. 高遠の桜
R389 80Yen‥‥‥‥‥‥‥‥‥‥‥120□

高田城 【新潟県上越市】 ●続100名城

平地に築かれ、河川を外堀に利用し、石垣は築かれなかった。天守はなく、三重櫓をその代用とした。明治以降は大規模な土塁の撤去、堀の埋め立てが行われた。平成5年（1993）に三重櫓を復元、公園として整備。

※慶長19年（1614）築城、築城主：松平忠輝。平城。別称鮫ヶ城、関城、高陽城など。

R472（左）R741b（右）ともに復元された高田城三重櫓と夜桜

2001.4.10. 上越・高田城跡の夜桜
R472 80Yen‥‥‥‥‥‥‥‥‥‥‥120□
2009.7.8. 地方自治法施行60周年 新潟県
R741b 80Yen‥‥‥‥‥‥‥‥‥‥120□

74

＊銅（あかがね）門：銅板を張って補強した門。　＊[参考]黒金（くろがね）門：柱、扉などの表面を鉄板で張った門。

富山城 【富山市】●模擬天守　　　　　　●続100名城

河川（現松川）の流れを防護に利用、水に浮くように見え、「浮城」と呼ばれた。明治4年の廃藩置県により廃城となり、役所や学校に利用され、後に解体。昭和29年（1954）、模擬天守を再建、富山郷土博物館として開館。

※天文12年（1543）頃築城、築城主：神保長職。平城。別称安住城、浮城。

C2256f　富山城の模擬天守

2016.4.8.　伊勢志摩サミット（関係閣僚会合シート）
C2256f　82Yen ································· 120□

金沢城　【石川県金沢市】　　　　　●100名城

中世的な平山城から本格的な城郭への整備は前田利家、実質的な築城工事は嫡男・利長が行う。大阪・駿河に次ぐ120万石にふさわしい名城といわれたが、慶長7年（1602）の落雷で天守が焼失。再建はされなかった。

※天正8年（1580）築城、天正11年（1583）改修、築城主：佐久間盛政、前田利家（改築）。平山城。兼六園は関連施設。

C2209b　左から橋爪門、五十間長屋、菱櫓

R161（左）とR873石川（右）は石川門

2015.4.3.　日本の城　第4集
C2209b　82Yen ································· 120□

1995.6.1.　金沢城石川門
R161　80Yen ································· 120□

2016.6.7.　地方自治法施行60周年　47面シート
R873石川　82Yen ································· 120□

·········· 天守の分類 ··········

［現存天守］　江戸時代以前に建てられたものが保存され、現在も存在が認められるもの。（72頁参照）以下は再建天守（非現存天守）。
［木造復元天守］　当時の図面をもとにして、木造で再建されたもの。当カタログ採録では該当なし。
［外観復元天守］　もとの外観のみを復元したもの。たいていは鉄筋コンクリート造。当カタログでは松前城、会津若松城、名古屋城、和歌山城、岡山城、広島城、熊本城を収録。ただし、名古屋城は現在、木造復元天守の計画が進行中。
［復興天守］　当時の詳細な資料がなく、他の城を参考にしたもの。当カタログでは小田原城、岐阜城、大阪城、岸和田城、福山城、小倉城を収録。
［模擬天守］　もともとの城に天守がなかったのに、天守を作ったもの。当カタログでは富山城、伊賀上野城、今治城のみの採録だが、非常に例が多い。

丸岡城 【福井県坂井市】●重文　●現存天守　●100名城

柴田勝家の甥で養子の柴田勝豊が築いた平山城。現存天守は福井地震（昭和23年）で倒壊、以前の建材を可能な限り利用して再建したもの。天守は古式な外観で、現存最古とされる。また、天守に石瓦を使用した現存例はこの城のみ。

※天正4年（1576）築城、築城主：柴田勝豊。平山城、重文1件。別称霞ヶ城。

C2224b　現存天守

2015.8.7.　日本の城　第5集
C2224b　82Yen ································· 120□

R674b（春）　R674c（夏）　R674d（秋）　R674e（冬）　（55%）

2006.4.3.　一筆啓上・丸岡城
R674b-e　各80Yen ································· 120□

一乗谷城　【福井県福井市】　　　　●100名城
いちじょうたに

一乗谷城は大名朝倉氏の館と4つの山城の総称。天然の要害を利した立地で、城下町は越前の中心地として栄えた。天正元年（1573）に織田信長の軍勢により灰燼に帰す。現在は発掘整備・復元が行われている。

※15世紀後半築城、築城主：朝倉孝景。山城、特別史跡、特別名勝。

R777d　唐門

2010.8.9.　地方自治法施行60周年　福井県
R777d　80Yen ································· 120□

岐阜城 【岐阜市】●復興天守　　　　●100名城

斉藤道三が整備し、信長が改装、嫡男信忠に譲る。典型的な山城で、金華山（稲葉山）の山上に本丸を配した。関ヶ原の戦いを前に東軍に攻められ開城、翌年廃城。明治期に初の観光天守として再建されるも、昭和18年（1943）に焼失。現天守は昭和31年（1956）の復興。

C2319e（左）復興天守から望む岐阜市街

R589（右）復興天守

2017.6.9.　日本の夜景　第3集
C2319e　82Yen ································· 120□

2003.5.1.　長良川の鵜飼と岐阜城
R589　50Yen ································· 80□

＊天守：居城で城の中心部にある。通常は最大の櫓。　＊天守台：天守建物が載る基壇。

R773b　岐阜城・金華山

［岐阜城］
※天文年間（1532-55）・永禄年間（1558-70）改修、改修主：斉藤道三、織田信長。山城。別称稲葉山城。

2010.6.18.
地方自治法施行60周年　岐阜県
R773b　80Yen·····················120□

名古屋城【愛知県名古屋市】●外観復元天守　●100名城

家康が豊臣家包囲網の一環とし、東海道防御の拠点を狙い、第9子義直のために築城した巨城。初の金柑は慶長17年（1612）に据えられたが、財政悪化から金純度を次第に下げ続けた。天守は空襲で焼失、昭和34年（1959）に復元された。現在は天守閣木造復元工事のため、2018年5月7日から入場禁止となっている。

※慶長15年（1610）築城、築城主：徳川家康。平城、特別史跡、重文5件。別称金鯱城ほか。

215　戦前の天守　　　　C298　金鯱と名古屋市街

1926.7.5.　風景切手10銭
215　10Sen·····················2,800□［同図案▶217、219］
1959.10.1.　名古屋開府350年
C298　10Yen·····················50□

R9　名古屋城と金鯱
C2201c　切手図案はともに復元天守

R200　名古屋まつりと名古屋城

2014.12.10.　日本の城　第3集
C2201c　82Yen·····················120□
1989.8.1.　名古屋城と金鯱
R9　62Yen·····················100□
1996.10.1.
名古屋まつりと三人の武将
R200　80Yen·····················120□

R692c（左）ユリと名古屋城

R708j（右）名古屋港全景とさつき

2007.4.2.　東海の花と風景
R692c　80Yen·····················120□
2007.11.5.　名古屋港
R708j　80Yen·····················120□

犬山城【愛知県犬山市】●国宝　●現存天守　　●100名城

木曽川左岸の段丘を利用した城郭。現存の国宝天守は三重四階で、古式豊かな初期望楼型。最上階は廻縁と高欄がまわされ、眼下には木曽川が一望され、遥かに岐阜城を望む。明治期、旧城主・成瀬家の個人所有となるが、現在は（公財）犬山城白帝文庫の所有。

※天文6年（1537）築城、築城主：織田信康。平山城、国宝1件。別称白帝城。

P232　犬山城と木曽川
　　　　　　　　　　　　　　C1190

1968.7.20.
飛騨木曽川国定公園
P232　15Yen·····················50□
1987.7.17.　第3次国宝　第2集
C1190　110Yen·····················180□

C2179b　　　　C2255d　　　　　R873愛知

2014.7.15.　日本の城　第2集
C2179b　82Yen·····················120□
2016.4.8.　日本の城　第6集
C2255d　82Yen·····················120□
2016.6.7.　地方自治法施行60周年　47面シート
R873愛知　82Yen·····················120□

桑名城　【三重県桑名市】

現存建造物はなく、石垣、塀が残る。徳川四天王の本多忠勝が揖斐川沿いに水城を築いたが、元禄14年（1701）に天守が焼失。戊辰戦争では新政府軍が代用天守の三重辰巳櫓を焼き払った。現在は久華公園に。

※慶長6年（1601）築城、築城主：本多忠勝。別称扇城、旭城。

C299　東海道五拾三次之内　桑名

1959.10.4.　国際文通週間
C299　30Yen·······　1,800□

▲代用天守だった三重辰巳櫓

観光名所めぐり

＊本丸：2つ以上の郭（＝曲輪・くるわ：城の1つの区画）を持つ城で、もっとも中心となる郭のこと。

伊賀上野城 【三重県伊賀市】●模擬天守　●100名城

慶長16年（1611）、藤堂高虎が家康の命を受け大改修した。五重の天守は建造中に災害で倒壊し、城全体としては未完成。しかし、石垣の高さは日本有数を誇る。

現在の木造模擬天守・小天守は個人の私財によるもの。

※天正13年（1585）築城・慶長16年（1611）改修、築城改修主：筒井定次、藤堂高虎。平山城、史跡。別称白鳳城。

R111　忍者と伊賀上野城
1991.9.10.　忍者の里・伊賀
R111　62Yen ………………………… 100□

R571（左）
松尾芭蕉と
伊賀上野城小天守
R572（右）
天守と俳聖殿

2002.9.10.
秘蔵のくに伊賀上野
R571-72
各80Yen ……… 120□

彦根城 【滋賀県彦根市】●国宝　●現存天守　●100名城

大阪城包囲のために、家康の支援を受けて築城。完成を急ぎ、現在の国宝天守は大津城からの移築だったというが、城下町を含む完成までには20年を費やした。天守はこぶりながら入母屋破風、唐破風、切妻破風などが施され、際だった美しさを示している。

※慶長9年（1604）築城、築城主：井伊直継・直孝。平山城、特別史跡、名勝、国宝1件、重文5件。別称金亀城。

C2161c　　　C2255f
C1188　切手図案はいずれも現存天守
1987.5.26.　第3次国宝　第1集
C1188　110Yen ………………………… 180□
2013.12.10.　日本の城　第1集
C2161c　80Yen ………………………… 120□
2016.4.8　日本の城　第6集
C2255f　82Yen ………………………… 120□

········· 地形による城の分類法 ·········

山城、平城、平山城は、地形による城の分類法。
［山城］自然の要害である山岳を利用して築かれた城。戦国時代までは、山城が主要な防衛施設だった。
［平城］戦国末から江戸期に建設の平地の城。平地の城を土塁と堀で囲む。戦国の終焉に重なり、防御施設と政庁の役割を兼ね、繁栄地の中心となった。
［平山城］平野の一段高い丘陵部に築かれた城。

R696b（左）
R804e（右）

2007.6.1.　近畿の城と風景
R696b　50Yen ………………………… 80□
2011.10.14.　地方自治法施行60周年　滋賀県
R804e　80Yen ………………………… 120□

二条城 【京都市】●国宝／世界遺産　●100名城

洛中中央に位置する平城。家康が京都の儀礼施設として築く。その後、五重天守が上げられたが、落雷で焼失。本丸御殿も市中火災で焼失したが、現存の遺構は姫路城に次ぐ多さで、二の丸御殿は国宝に指定。重文も22棟ある。幕末の慶喜大政奉還の舞台としても有名。

※慶長6年（1601）築城・寛永3年（1626）改修、築城主：徳川家康・家光。平城、史跡、名勝、国宝6棟、重文22棟。

438（左）
二の丸御殿
大広間の
「松鷹図」
C1214（右）
二の丸御殿

1972.1.21.　新動植物国宝　1972年シリーズ20円
438　20Yen ………………………… 50□ ［同図案▶449コイル］
1987.11.18.　世界歴史都市会議
C1214　60Yen ………………………… 100□

C1801h（左）
C2161d
（右）
ともに
二条城
二の丸御殿

2002.2.22.　第2次世界遺産　第6集（京都4）
C1801h　80Yen ………………………… 120□
2013.12.10.　日本の城　第1集
C2161d　80Yen ………………………… 120□

C1801ij
二の丸御殿の
「松鷹図」

2002.2.22.　第2次世界遺産　第6集（京都4）
C1801ij　各80Yen ………………………… 120□

＊二の丸：本丸に隣接した郭、二の郭。

大阪城【大阪市】●復興天守　　　　　　　●100名城

秀吉が築城した天下統一の拠点。絢爛豪華な天守は五重八階、黒漆塗の下見板と金箔瓦だったが、大坂夏の陣で炎上。二代目天守は将軍秀忠時代に白漆喰で壮麗に築かれたが、寛文5年（1665）に焼失。さらに戊辰戦争時に建物の大半を焼失。現在の城は徳川時代の石垣と堀をもとに、豊臣時代の天守を模して復興。

※天正11年（1583）・寛永6年（1629）築城、築城主：豊臣秀吉、徳川幕府。平山城、特別史跡、重文13件。別称錦城、金城。

C2255e

R128　大阪城とビジネスパーク

R559　ボーイスカウト、太陽の塔、大阪城

2016.4.8.　日本の城　第6集
C2255e　82Yen ……………120□

1992.8.18.
大阪城とビジネスパーク
R128　41Yen ……………70□

R128（上中）とR559（上右）の大阪城

2002.7.15.
第23回アジア太平洋地域ジャンボリー
R559　50Yen …………………80□

R696d（左）切手図案はいずれも大阪城天守

R867a（右）天守と文楽

2007.6.1.　近畿の城と風景
R696d　50Yen ………………80□

2015.10.6.　地方自治法施行60周年　大阪府
R867a　82Yen …………………150□

岸和田城【大阪府岸和田市】●復興天守　　●続100名城

小高い丘、猪伏（いぶせ）山の上にあり、天守は文政10年（1827）に落雷で焼失、維新時に櫓・門などが破壊され、堀と石垣のみが現存する。現天守は昭和29年（1954）に建造された復興天守である。

※築城年代不明。平城。別称岸ノ和田城、千亀利城など。

▶岸和田城天守部分

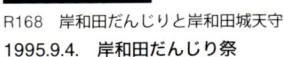

R168　岸和田だんじりと岸和田城天守

1995.9.4.　岸和田だんじり祭
R168　80Yen …………………120□

…… 築城名人・その1　黒田官兵衛 ……

1546生〜1604没。竹中半兵衛と双璧をなす秀吉の参謀だったが、石田三成と相容れず、秀吉没後は家康に付いたが、関ヶ原の後は隠居生活に入る。キリシタン大名としても有名で、受洗名はドン＝シメオン。大阪城をはじめ10前後の築城に関わる。

姫路城【姫路市】●国宝／世界遺産　●現存天守　●100名城

昭和・平成の大修理を経て、今日まで偉容を誇る日本を代表する城。信長に中国平定を命じられた秀吉が修築し、姫路城と名付ける。現存の天守群（大天守と渡櫓で結んだ3小天守、連立式天守）は、豊臣方を牽制する城として家康が娘婿の池田輝政に改修を指示した当時のもの。

※天正8年（1580）・慶長6年（1601）築城、築城主：羽柴秀吉、池田輝政。平山城、特別史跡、国宝8件、重文74件。別称白鷺城。

345　1951.3.27.　第1次動植物国宝切手
345　14Yen ……………11,000□
[同図案▶349小型シート、359]

C408　　　　　　　　C500

1964.6.1.　姫路城修理完成
C408　10Yen …………………50□

1969.7.21.　第1次国宝　第6集
C500　15Yen …………………60□

C1503（左）

C1504（右）高橋正身画「姫路城図」

1994.12.14.　第1次世界遺産　第1集
C1503-4　各80Yen …………………150□

C2209c（左）

C2255h（右）

2015.4.3.　日本の城　第4集
C2209c　82Yen …………………120□

2016.4.8.　日本の城　第6集
C2255h　82Yen …………………120□

＊下見板（したみいた）：城の外側の横板張り、板の端が少しずつ重なるように取り付けたもの。

R873兵庫
春の姫路城

R696c

2007.6.1. 近畿の城と風景　R825a コウノトリと姫路城
R696c　50Yen ………………………………… 80☐

2013.1.15. 地方自治法施行60周年　兵庫県
R825a　80Yen ………………………………… 120☐

2016.6.7. 地方自治法施行60周年　47面シート
R873兵庫　82Yen ……………………………… 120☐

大和郡山城　【奈良県大和郡山市】　●続100名城

大和国で最大規模の城だったが、安政5年（1858）に大火事で大きく焼失。現在は城郭中心部の本丸と毘沙門曲輪（くるわ）が県の史跡に指定され、市民の寄附で追手向櫓や追手東隅櫓を復元。

※天正8年（1580）築城、築城主：筒井順慶。平山城。別称雁陣之城など。

R696a　復元された追手向櫓
2007.6.1. 近畿の城と風景
R696a　50Yen ……………………………… 80☐

・・・・・・ 築城名人・その2　藤堂高虎 とうどうたかとら ・・・・・・
1556生～1630没。秀吉に仕え、秀吉没後は家康の信任を得る。1956年、秀吉に拝領した宇和郡領主として築いた宇和島城をはじめ、大和郡山城、今治城、江戸城（大修復）、二条城など、20前後もの築城に関わった。これほど多くの築城に関わった例はほかになく、城普請の名手として知られた。

和歌山城　【和歌山市】　●外観復元天守　●100名城

虎伏山（とらふすやま）に建つ平山城。家康第10子頼宣が御三家にふさわしい城にと大拡張を行い、二の丸、庭園などを完成したのが現在の姿。天守は戦災で焼失したが、昭和33年（1958）に鉄筋コンクリート造で再建。

※天正13年（1585）築城・慶長5年（1600）・元和5年（1619）改修、築城改修主：羽柴秀長、浅野幸長、徳川頼宣。平山城、史跡、名勝。別称竹垣城、虎伏城。

R696e（左）
R865b（右）
いずれも
再建天守

2007.6.1. 近畿の城と風景
R696e　50Yen ……………………………… 80☐

2015.9.8. 地方自治法施行60周年　和歌山県
R865b　82Yen ……………………………… 150☐

＊石落（いしおとし）：天守や櫓、塀などの壁面の一部を張り出し、下部を開口して、敵に石を落として城を防いだ。
＊狭間（さま）：弓矢を射るために、城の建物や塀に設けた小窓のこと。後世はおもに鉄砲を撃った鉄砲狭間が造られた。

竹田城　【兵庫県朝来市】　●100名城

標高354㍍の古城山山頂に築かれた山城。築城当時は土塁だったが、赤松広秀が今も残る総石垣造に改修。城は広秀失脚とともに廃城となる。高所にあるため、11月前後には霧がたちこめ、雲海から浮かび上がる石垣群が荘厳な景観を呈す。

※嘉吉年間（1441-44）築城・文禄元-慶長5年（1592-1600）改修、改修主：赤松広秀。山城、史跡。別称虎臥城。

C2201b　竹田城の石垣群
2014.12.10. 日本の城　第3集
C2201b　82Yen ……………………………… 120☐

松江城　【島根県松江市】　●国宝　●現存天守　●100名城

山陰地方唯一の現存天守。外観五重内部六階、黒漆塗の下見板張で、近世城郭ながら石落や狭間（さま）が設けられており、戦国的な実戦重視の造りとなっている。水堀は当時のままで、櫓の一部を再建。

※慶長12年（1607）築城、築城主：堀尾吉晴。平山城、史跡、重文1件。別称千鳥城。

C2179c　切手図案はともに現存天守
2014.7.15. 日本の城　第2集
C2179c　82Yen ……………………………… 120☐

C2255j

R464　松江城と桜

R695b
ハクチョウと松江城

2016.4.8. 日本の城　第6集
C2255j　82Yen ……………………………… 120☐

2001.3.21. 松江城と茶文化
R464　80Yen ……………………………… 120☐

2007.5.1. 中国5県の鳥
R695b　80Yen ……………………………… 120☐

R725c
2008.12.8.
地方自治法施行
60周年　島根県
R725c
80Yen …………… 120☐

松江城

岡山城 【岡山市】●外観復元天守　●100名城

宇喜多氏、小早川氏、池田氏と城主を変えながら、拡張工事が続いた。天守は宇喜多氏が築き、屋根の金箔瓦を際立たせるため、黒い下見板張とし、別名「烏城（うじょう）」の名が付いた。天守は昭和20年の空襲で焼失、昭和41年（1966）に鉄筋コンクリート造で復元された。

※大永年間（1521-27）築城・元亀元年（1570）・慶長2年（1597）改修、築城改修主：金光氏、宇喜多直家、秀家。平山城、史跡、特別名勝、重文2件。別称烏城、金烏城。

R209　R387　唯心山と岡山城

C2161e　復元天守

2013.12.10.　日本の城　第1集
C2161e　80Yen ················· 120□

1997.5.30.　岡山城築城400年
R209　80Yen ················· 120□

2000.3.2.　おかやま後楽園築庭300年
R387　80Yen ················· 120□
※同時発行のR385にも岡山城が小さく描かれている（86ﾍﾟ）。

備中松山城 【岡山県高梁市】●重文●現存天守●100名城
びっちゅう

現存12天守で最小だが、最も高い地点にある。江戸期の何度かの改修を経て完成した近世城郭では珍しい山城。遺構は臥牛（がぎゅう）山の4峰全山に及んでおり、天守は小松山（標高430ﾒﾄﾙ）にある。三大山城*のひとつ。

※延応2年（1240）築城・慶長10年（1605）・天和元年（1681）改修、築城改修主：秋庭重信、小堀正次・遠州、水谷勝宗。山城、史跡。重文3件。別称高梁城。

C2201d
小松山の現存天守

2014.12.10.　日本の城　第3集
C2201d　82Yen ················· 120□

備中松山城　写真提供：高梁市教育委員会

津山城 【岡山県津山市】　●100名城

標高50ﾒﾄﾙの鶴山（かくざん）に築かれた堅固な城郭。関ヶ原の戦で戦功のあった森忠政が築城。実践的な防備が特徴で、現存する高さ45ﾒﾄﾙに及ぶ石垣は壮観。明治の廃城令で取り壊されたが、平成17年（2005）の築城400年記念事業として備中櫓を再建。

※慶長9年（1604）築城、築城主：森忠政。平山城、史跡。

R841e　再建された津山城の備中櫓と鶴山公園

2013.10.4.　地方自治法施行60周年　岡山県
R841e　80Yen ················· 120□

福山城 【広島県福山市】●復興天守　●100名城

幕府が西国諸大名の抑えとして、譜代大名に護らせた城。天守は五重六階に地下一階の層塔型だったが、昭和20年の空襲で焼失。伏見櫓と筋鉄（すじがね）御門は焼失をまぬがれた。天守ほかが昭和41年（1966）に復元され、内部を福山城博物館として運営。

※元和5年（1619）築城、築城主：水野勝成。平山城、史跡、重文2件。別称久松城、葦陽城。

C2209d　復元された天守と現存の伏見櫓（手前）

2015.4.3.　日本の城　第4集
C2209d　82Yen ················· 120□

広島城 【広島市】●外観復元天守　●100名城

もとは毛利輝元が太田川の三角州に城下町も含めて築城した、大天守に2基の小天守を持つ豪壮な城だった。明治維新後、陸軍用地となり、日清戦争時に大本営が置かれたうえ、原爆によって天守が破壊された。昭和33年（1958）に大天守を、また平成6年（1994）に二の丸の表御門ほかを復元。

※天正17年（1589）築城、築城主：毛利輝元。平城、史跡。別称鯉城（りじょう）。

C2224c　再建された天守

2015.8.7.　日本の城　第5集
C2224c　82Yen ················· 120□

高松城 【香川県高松市】　●100名城

海水を堀に取り込んだ海城。直接海に出入りできる水手御門は唯一の現存例。築城主・生駒親正が村上水軍の押さえとして、天正16年（1588）に築城。天守は松平頼重による南蛮造と呼ばれる最上階が張り出す変わったものだったが、明治17年（1884）に取り壊された。

※天正16年（1588）築城、築城主：生駒親正。平城（海城）、史跡、重文4件。別称玉藻城。

C2179d　現存の艮（うしとら）櫓

2014.7.15.　日本の城　第2集
C2179d　82Yen ················· 120□

＊日本三大山城：美濃岩村城（岐阜県岩村町）、大和高取城（奈良県高取町）、備中松山城（岡山県高梁市）。

観光名所めぐり

丸亀城【香川県丸亀市】●重文 ●現存天守 ●100名城

「石の城」と称されるように、高さ50㍍の三段に築かれた石垣が見事。現在の姿は慶長7年の築城（生駒氏）と寛永19年の大改修（山崎氏）によるもの。天守（天守代用の御三階櫓）はその後、城主が京極氏に変わってから完成した。三重三階で、城外に向く北面は唐破風や出窓の装飾で飾られるが、南面はきわめて質素な造りになっている。

※慶長7年（1602）・寛永19年（1642）築城、築城主：生駒親正、山崎家治（改修）、京極高和（天守建造）。平山城、史跡、重文3件。別称亀山城。

2016.4.8. 日本の城 第6集
C2255g 石垣と現存天守
C2255g 82Yen ･･････････････････････････ 120□

R207（左）
R851c（右）

1997.5.15. 丸亀城
R207 80Yen ････････････････････････････ 120□
2014.9.10. 地方自治法施行60周年 香川県
R851c 82Yen ･･･････････････････････････ 150□

松山城【愛媛県松山市】●重文 ●現存天守 ●100名城

関ヶ原の戦の戦功により加藤嘉明が慶長7年（1602）に築城。城の建物は度々の火災で焼失。天守も天明4年（1784）の落雷で焼失し、現存天守は嘉永5年（1852）の再建。天守、小天守、南隅櫓、北隅櫓、それらを結ぶ多聞櫓と廊下による複雑な連立式天守群で、見どころが豊富。

※慶長7年（1602）・寛永4年（1627）築城、築城主：加藤嘉明、蒲生忠知。平山城、史跡、重文21件。別称金亀城、勝山城。

C2255i 現存天守群
2016.4.8. 日本の城 第6集
C2255i 82Yen ･･････････････････････････ 120□

R513（左）
正岡子規と松山城

R847b（右）

2001.9.12. 歴史と文化の息吹くまち 松山
R513 50Yen ････････････････････････････ 80□
2014.4.17. 地方自治法施行60周年 愛媛県
R847b 82Yen ･･･････････････････････････ 150□

＊水城（すいじょう・みずしろ）：河川、湖沼、海などの水利を防御の主体にした城。海城、湖城、沼城、川城ともいう。

宇和島城【愛媛県宇和島市】●重文 ●現存天守 ●100名城

築城名人・藤堂高虎が築いた城。海にも接した水城（海城）。現存天守は二代宇和島藩主・伊達宗利が立て直したもので、装飾に富む非実戦的な造り。太平洋戦争時に空襲も受けたが、天守のほか、上立門なども現存。

※慶長元年（1596）築城、築城主：藤堂高虎。平山城（海城）、史跡、重文1件。別称鶴島城。

C2224e（左）
R400（右）
いずれも現存天守。装飾性に富んでいる。

2015.8.7. 日本の城 第5集
C2224e 82Yen ････････････････････････ 120□
2000.4.28. 宇和島城
R400 80Yen ･･･････････････････････････ 120□

今治城【愛媛県今治市】●模擬天守 ●100名城

三重の堀に海水を引き入れた水城で、日本三大水城＊のひとつ。築城名人・藤堂高虎らしく広大な高石垣を巡らした城だったが、天守は丹波亀山城に移築される。昭和55年（1980）に五層六階の天守を再建。

＊日本三大水城：今治城、高松城、中津城（大分県中津市）
※慶長7年（1602）築城、築城主：藤堂高虎。平山城（海城）、別称吹上（揚）城。

R775i（左）
山里櫓
R775j（右）
天守
ともに再建

2010.7.8. 旅の風景 第9集（瀬戸内海）
R775ij 各80Yen ･･･････････････････････ 120□

高知城【高知市】●重文 ●現存天守 ●100名城

山内一豊が築城した四重六階の天守は享保12年（1727）に焼失したが、延享4年（1747）にほぼ元通りに再現。天守に接する本丸御殿は全国でも珍しい現存の御殿遺構で、大手門から天守が望めるのは現存天守で唯一の例。

※慶長6年（1601）築城、築城主：山内一豊。平山城、史跡、重文15件。別称鷹城。

C2224d 現存天守
R460-61 追手門（R460手前）と天守

2015.8.7. 日本の城 第5集
C2224d 82Yen ････････････････････････ 120□
2001.3.1. 高知城と日曜市
R460-61 各80Yen ･･･････････････････ 120□

福岡城 【福岡市】　●100名城

現在は天守台が残されているが、天守が建てられたかは不明。関ヶ原の戦いで筑前を得た黒田長政が、経済都市・博多の城下町取り込みを意図して築城した。47基の櫓があったとされるが、大半は明治期に取り壊された。

※慶長6年（1601）築城、築城主：黒田長政。平山城、史跡、重文1件。別称舞鶴城。

C2209e　移築復元された伝潮見櫓

2015.4.3.　日本の城　第4集
C2209e　82Yen……………………120□

小倉城 【福岡県北九州市】●復興天守　●続100名城
こくら

本格的な改修は、慶長7年（1602）に細川忠興が行った。しかし天保8年（1837）の城内火災で天守などを焼失。第二次長州征伐時、長州藩の攻勢で自軍が城を焼却する。現在の天守は昭和34年（1959）に復興された。

※慶長7年（1602）改修、改修主：細川忠興。平城。別称勝山城、湧金城。

R215（左）
天守と常盤橋

R858b（右）
復興天守

1997.6.3.　長崎街道
R215　80Yen……………………120□
2015.6.16.　地方自治法施行60周年　福岡県
R858b　82Yen……………………150□

吉野ヶ里遺跡 【佐賀県吉野ヶ里町】　●100名城

弥生時代に建てられた環濠（かんごう）集落跡。環濠とは周囲に何重にも堀を巡らした城のルーツ。物見櫓跡が発見され、注目を集めた。現在は物見櫓、主祭殿などが復元されている。

C1742d（左）
R94（右）
切手図案はいずれも復元された物見櫓

2000.11.22.
20世紀シリーズ　第16集
C1742d　80Yen……………………120□
1991.4.12.　吉野ヶ里遺跡
R94　62Yen……………………100□

R370

1999.11.11.　吉野ヶ里遺跡
R370　80Yen……………………120□

R783b　左から復元された物見櫓、高床住居、竪穴住居、主祭殿。

※弥生時代築城。平城、特別史跡。

2011.1.14.
地方自治法施行60周年　佐賀県
R783b　80Yen……………………120□

熊本城 【熊本市】●外観復元天守　●100名城

築城名人・加藤清正が築く。天守は西南戦争で焼失したが、第三の天守「宇土櫓」などは当時のまま。北十八間櫓、東十八間櫓なども江戸時代のまま残っている。しかし、平成28年の熊本地震の際に、現存の宇土櫓や清正流と称される高石垣、また大小天守などの復元・復興建築が被災し、修復中。

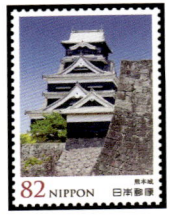

※慶長6年（1601）築城、築城主：加藤清正。平山城、重文13件。別称銀杏城。

C2179e
再建された天守

2014.7.15.　日本の城　第2集
C2179e　82Yen……………………120□

R13（左）
再建された天守

R202（右）
天守、ボールもひとつ地球もひとつ

1989.9.29.　熊本城
R13　62Yen……………………100□
1997.4.17.　1997年男子世界ハンドボール世界選手権大会
R202　80Yen……………………120□

R705a　天守　　R705b　宇土櫓　　R705c　天守

R705d　宇土櫓　　R705e　熊本城　　R791b　宇土櫓

2007.8.1.　熊本城築城400年祭
R705a-e　各80Yen……………………120□
2011.5.13.　地方自治法施行60周年　熊本県
R791b　80Yen……………………120□

観光名所めぐり

⋯⋯ 築城名人・その3　加藤清正 ⋯⋯

1562生〜1611没。武断派大名として知られる。秀吉に仕え、朝鮮出兵で活躍。秀吉死後は石田三成と対立。関ヶ原では東軍につき、家康から肥後守に任ぜられ、熊本城を築いた。清正の築城術は石垣の反りに特徴があり、10前後の築城に関わる。

鞠智城（きくち）【熊本県山鹿市】　●続100名城

朝鮮式の古代山城で日本では最も南に位置し、また古代山城では唯一の八角形建物跡や城門跡などの遺構がある。太宰府と連動した施設で、朝鮮半島諸国に対する防衛拠点だった。現在は八角形鼓楼、米倉などを復元。

※7世紀後半頃築城。築城主：大和朝廷（推定）、古代山城、史跡。

R791c　復元された八角形鼓楼

2011.5.13.　地方自治法施行60周年 熊本県
R791c　80Yen ⋯⋯⋯⋯⋯⋯⋯⋯⋯⋯ 120□

飫肥城（おび）【宮崎県日南市】　●100名城

城は標高20〜30mのシラス台地にある。近世城郭として整えられたのは伊東祐実による大改修で、貞享3年（1686）だった。明治の廃城令ですべて取り壊されたが、昭和53年（1978）に大手門、翌年に松尾の丸御殿を再建。

※貞享3年（1686）改修、築城主：伊東祐実。平山城。別称舞鶴城。

R356　再建された大手門と泰平踊り

1999.10.1.　飫肥ロマン
R356　80Yen ⋯⋯⋯⋯⋯⋯⋯⋯⋯⋯ 120□

首里城【沖縄県那覇市】●世界遺産　●100名城

1429年に琉球を統一した尚巴志王が整備、尚真王が拡張した。東西約400㍍、南北約200㍍、内郭と外郭で構成。日中双方の影響で建物は唐風と和風が取り込まれている。数度にわたって焼失、再建を繰り返し、昭和20年の沖縄戦と琉球大学建設で破壊されたが、その後忠実に再建されている。

※14世紀頃築城、築城主：不明。平山城、史跡。

C610
守礼門と琉球紅型

C1211
バスケットボールと守礼門

1972.5.15.　沖縄復帰
C610　20Yen ⋯⋯⋯⋯⋯⋯⋯⋯⋯⋯ 40□

1987.10.24.　第42回国民体育大会
C1211　40Yen ⋯⋯⋯⋯⋯⋯⋯⋯⋯⋯ 70□

C1385
首里城と朝日とツバメ

C1805g
首里城跡歓会門

C1805h
首里城跡正殿

1992.5.15.　沖縄復帰20年
C1385　62Yen ⋯⋯⋯⋯⋯⋯⋯⋯⋯⋯ 100□

2002.12.20.　第2次世界遺産　第10集（琉球王国）
C1805gh　各80Yen ⋯⋯⋯⋯⋯⋯⋯⋯ 120□

C2114ab
首里城

2012.5.15.　沖縄復帰40周年
C2114ab　各80Yen ⋯⋯⋯⋯⋯⋯⋯⋯ 120□

C2201e
首里城

R3
守礼門

2014.12.10.　日本の城　第3集
C2201e　82Yen ⋯⋯⋯⋯⋯⋯⋯⋯⋯⋯ 120□

1989.5.15.　守礼門
R3　62Yen ⋯⋯⋯⋯⋯⋯⋯⋯⋯⋯⋯⋯ 100□

R193　首里城正殿

R598
モノレールと首里城

1996.8.1.　首里城正殿
R193　80Yen ⋯⋯⋯⋯ 120□［同図案▶R766］

2003.8.8.　沖縄都市モノレール
R598　50Yen ⋯⋯⋯⋯⋯⋯⋯⋯⋯⋯⋯ 80□

［参考文献］

（公財）日本城郭協会「日本100名城公式ガイドブック」
　　　　　　　　　　正（2007年）・続（2017年）学研刊
小和田哲男・監修「ビジュアル・ワイド 日本の城」（2005年）
　　　　　　　　　　小学館刊　ほか

観光名所めぐり

R726a（左）
首里城 正殿妻飾
の降龍

R726b（右）
首里城 正殿

R726e（左）
守礼門

R726f（右）
首里城 瑞泉門・
漏刻門

2009.1.23. 旅の風景 第3集（沖縄）
R726ab,ef 各80Yen ················· 120□

R811a（左）
首里城と
組踊

R811b（右）
首里城
守礼門

2012.4.13. 地方自治法施行60周年 沖縄県
R811ab 各80Yen ················· 120□

今帰仁城 なきじんじょう 【沖縄県今帰仁村】●世界遺産 ●100名城

13世紀末から築かれ、15世紀前半に拡張された北山王の居城遺跡。首里城を拠点とする中山王尚氏に攻められ、1416年に陥落。慶長14年（1609）、薩摩藩の攻撃で炎上、廃墟になる。現在も1.5㌔に及ぶ石垣が残る。

※13世紀末頃、築城主：不明。山城、史跡。

C1805c（左）
今帰仁城跡
城壁とヒカン
ザクラ

R729g（右）
今帰仁城跡

2002.12.20. 第2次世界遺産 第10集（琉球王国）
C1805c 80Yen ················· 120□
2009.2.2. 旅の風景 第4集（沖縄）
R729g 80Yen ················· 120□

●100名城 （公財）日本城郭協会が、協会創立40周年の記念事業として2004年に公募、2006年4月6日の「城の日」に日本の100名城を認定したもの。
●続100名城 2017年4月には、100名城にもれた続日本100名城が定められた。

座喜味城 ざきみじょう 【沖縄県読谷村】●世界遺産 ●続100名城

今帰仁城攻略に参加した按司（あじ）・護佐丸（ごさまる）が15世紀初頭に築城した城跡。護佐丸は約18年間をここで過ごし、中城（なかぐすく）に移る。高さ12～13㍍の堅固な城壁などが保存されている。

※15世紀初頭築城、築城主：護佐丸。山城、史跡。

C1805d 座喜味城址
2002.12.20. 第2次世界遺産
第10集（琉球王国）
C1805d 80Yen ················· 120□

勝連城 かつれんじょう 【沖縄県うるま市】●世界遺産 ●続100名城

海を臨む丘陵上に築かれた城跡。琉球王国安定期に向けた時代に、最後まで抵抗した按司・阿麻和利（あまわり）の城跡。13世紀前後からの築城とされ、世界遺産登録のグスクでは最古のひとつという。

※13世紀頃に築城。築城主：勝連按司。山城、史跡。

C1805e 勝連城址
2002.12.20. 第2次世界遺産
第10集（琉球王国）
C1805e 80Yen ················· 120□

中城城 なかぐすくじょう 【沖縄県中城村】●世界遺産 ●100名城

14世紀後半頃に築かれたと推定される城跡。1440年頃、阿麻和利牽制のために護佐丸が転封され、増築を行い、防御を固めた。幕末、ペリー艦隊の探検隊が城の構えの美しさと堅固さを讃えたといわれるが、現在城跡に建物はなく、石門や石造拱門（こうもん）が残る。

＊拱門：アーチ式の石の城門。石垣の一部をアーチ形に開けた。沖縄の城に見られる。

※14世紀後半頃、築城主：中城按司（なかぐくすあじ）、護佐丸改修。山城、史跡。

C1805f 中城城址
2002.12.20. 第2次世界遺産 第10集（琉球王国）
C1805f 80Yen ················· 120□

グスク―琉球独特の城

14世紀頃の沖縄本島は3国（北山、中山、南山）が鼎立する三山時代にあり、15世紀に中山が北山、南山を滅ぼし、琉球を統一した。そうした三山の王や地方領主の按司（あじ）が居城として使ったのがグスク（御城）、スク（城）と呼ばれる琉球独特の城。今日、グスクの遺跡は多数存在し、沖縄本島と周辺の離島で400以上が残されているという。その特徴を挙げると、まず石垣の城壁によって囲まれていること。それも曲線的な城壁が多く、さらに内側には通路になる胸壁があり、見張りのための物見台が設けられた。また、グスクのなかには祈りを捧げる広い場所があったことも特徴的。

名園

偕楽園［史跡・名勝］　【茨城県水戸市】

江戸末期に水戸藩主＝徳川斉昭が造営、千波湖（せんばこ）を借景とし、台地上に好文亭を置く。約4万坪の敷地に、梅（約100種・3000株）・ツツジ・萩・楓・柳・竹などを植栽。園内でかげろうお銀に会えるかも。
C453　かつては約200種・10000株もの梅が植えられていた。この梅は梅干に利用され、飢饉や戦さに備えたという。

1966.2.25.　名園シリーズ
C453　10Yen……………………………50□

R455　梅と好文亭（春）　R456　中門（夏）　R457　吐玉泉（秋）

R458　雪の好文亭（冬）

2001.2.1.　偕楽園
R455-58　各50Yen……………………80□
［同図案▶R458A小型シート］

※R455～458は四季の風景で、まさに四季折々の風情を楽しめる名所。梅・夏木立・ハギ・紅葉、そして雪景色。
※R873（梅）、R667d（ハギ）は「祭り・イベントめぐり」（46ジ／63ジ）で採録。

兼六園［特別名勝］　【石川県金沢市】

池泉回遊式の江戸風庭園。約3.4万坪。1598年、前田利長が城に付設して作庭。その後200年以上かけて代々の藩主が拡張整備したので、各時代の様式が混在する。

C455　　　　　　　　　　　　　　R14

1967.1.25.
名園シリーズ
C455　15Yen……………………………60□

1989.10.2.　兼六園
R14　62Yen……………………………100□

R288（左）
海石塔（春）
R289（右）
噴水（夏）

※R287～290は四季の風景で、四季折々の風情を楽しめる名所。桜・新緑・紅葉、そして冬の雪吊り。

R290（左）
金城霊沢（秋）
R291（右）
ことじ灯籠と雪吊り（冬）

1999.4.26.　兼六園の四季
R288-91　各80Yen…120□［同図案▶R291A小型シート］

※噴水：現存日本最古の噴水で、霞ヶ池を水源とし、自然の水圧で吹き上げる。高さは3.5mほど、池の水位によって変化。

※金城霊沢：旱魃でも枯れず、豪雨でも濁らないという泉。16世紀、この辺りで砂金が採れた。砂金が付着した芋を洗うので「金洗いの沢」と呼ばれ、「金沢」の由来とされる。R289の紅葉は盛り過ぎで、樹々全部は紅葉しない。

R854a　兼六園の徽軫灯籠と雪吊り

2014.11.26.　地方自治法施行60周年　石川県
R854a　82Yen……………………150□

※琴柱灯籠（徽軫灯籠）、まさに兼六園のシンボル。名称は琴柱（ことじ）に似ているという。2本の脚は同じ長さだったが、片方が折れたので石の上に載せたという。
※雪吊り：松などの枝の雪折れ防止で、支柱から垂らした何本もの細縄で枝を吊り上げる。細縄が円錐を形成し、黄金色に輝いて浮かぶ様は雄大。例年11月1日から作業が始まる。

兼六園　琴柱灯籠と雪吊り

桂離宮　【京都市西京区】

宮内庁所管の2万坪の離宮。江戸前期、八条宮家（桂宮家）の別荘として、庭園や建物を半世紀かけて整備。竹薮や雑木林で囲まれ、池に大小三つの中島が浮かぶ。池の西に古書院・中書院・新書院などを配置。

412　1966.12.5.　新動植物国宝図案切手
1966年シリーズ110円
412　110Yen··············220□

桂離宮　水仙の釘隠し

1975年用年賀切手の意匠は、新書院の長押の「釘隠し」。水仙をかたどった幅15cm程の金具だが、独立した美術品として観賞できる。台は銅で、花弁部が金で僅かに盛上げてある。背景は松琴亭の襖障子や貼付床の格子模様を意匠化。

N31

N31A

1974.12.10
昭和50年（1975）用年賀切手
N31　10Yen···30□

1975.1.20.
同小型シート
N31A
10Yen×3······200□

※小型シートの耳紙の模様：御輿寄（おこしよせ：古書院玄関）の延段（石畳）を意匠化したもの。切手デザイナーの渡辺三郎氏に敬服。

（50%）

修学院離宮　【京都市左京区】

江戸前期、後水尾上皇が比叡山を愛でるために建てた別荘。上（かみ）・中（なか）・下（しも）の御茶屋（庭園区）で構成され、松並木の小道で繋がる（当初は畦道）。総面積は約16万坪。

1994.11.8. 平安建都1200年
C1501　　C1501　80Yen······150□

※上の御茶屋：御茶屋山の中腹に約200mの堰堤を築き、3本の谷川を堰き止めて浴竜池を造成。最高点に展望用の茶室「隣雲亭」を建てた。切手原画は隣雲亭から眺めた浴竜池。

修学院離宮の庭園　切手と同方向からの眺め

松琴亭の格子模様　　　桂離宮の石畳　右は上からの写真

後楽園［特別名勝］【岡山市北区後楽園】

1700年、藩主＝池田綱政が旭川の中洲に14年かけて造営した池泉回遊式庭園。約4万坪に築山・池・曲水・石組・芝生・茶亭などを配置。梅林や桜林もある。小石川の後楽園（もと水戸徳川家の庭園）と区別して、岡山後楽園とも呼ばれる。

C454

1966.11.3.　名園シリーズ
C454　15Yen·············60□

※1955年、中国科学代表団の郭沫若が来園。かつて彼は六高（岡大の前身）の留学生で、後楽園の鶴をみて詩を詠んだ。鶴は戦時中に死亡。1956年、、中国から鶴2羽が寄贈された。彼の詩碑が鶴舎に立つ。1966年11月3日、空襲で焼失した岡山城天守閣の復元が竣工。同日、名園シリーズ発行。切手には鶴も描かれた。

R385（左）
梅林と丹頂鶴
R386（右）
花葉の池と延養亭

R387（左）
唯心山と岡山城
R388（右）
曲水と丹頂鶴

2000.3.2..　おかやま後楽園築庭300年
R385-88　　各80Yen·············120□
［同図案▶R388A小型シート］

※R385〜388は四季の風景で、四季折々の風情を楽しめる名所。梅や桜・ハス・紅葉、そして雪と丹頂。
※2000年は築庭300年。様々な記念事業が実施され、ふるさと切手4種も発行。原画は日本画家＝藤本理恵子。園内の代表的景観を題材に、季節の移り変わりを表現。R388は曲水と、雪景色の中を飛ぶ丹頂。元旦など年に数回放鳥される。

観光名所めぐり

R695c（左）
キジと岡山
後楽園

R841a（右）
岡山後楽園
と桃太郎

R873岡山

2007.5.1.　中国 5 県の鳥
R695c　80Yen………………120□

2013.10.4.
地方自治法施行60周年　岡山県
R841a　80Yen………………120□

2016.6.7.　地方自治法施行60周年
47面シート
R873岡山　82Yen……………120□

栗林公園 [特別名勝] 　【香川県高松市】

県立公園。総面積は約23万坪。江戸初期の廻遊式大名庭園で、紫雲山を借景にする。池6と築山13を配し、

歩く毎に光景が変わるので、「一歩一景」とも呼ばれる。戦国時代、紫雲山東麓の御用林には、飢饉に備えて栗を植えていた。近世、藩主が栗林に栗林荘を建てる。歴代藩主が造園を続け、18世紀中頃にほぼ現在の形になる。

R343　**1999.8.2.　栗林公園**
R343　80Yen……………………120□

掬月亭↓　　↓根上り五葉松
R762ij

←偃月橋

2010.3.1.　旅の風景　第 8 集（瀬戸内海）
R762ij　各80Yen………………120□

※掬月亭（きくげつてい）：江戸初期、数寄屋風書院造りの建物。庭園の中心であり、歴代藩主は「大茶屋」と呼んで愛用した。根上り五葉松（ねあがり・ごようまつ）：南湖の西岸、掬月亭の北に根を張る松。下はクロマツで、上にゴヨウマツを接木。地面から1m以上も根が上がる。偃月橋（えんげつきょう）：南湖に架かる大円橋で、一帯の景色を引き締める。偃月は三日月のこと。

R851a　栗林公園

2014.9.10.　地方自治法施行60周年　香川県
R851a　82Yen………………………150□

後楽園から岡山城の眺め　岡山市内の旭川をはんさだ対岸に位置

識名園 [特別名勝] 　【沖縄県那覇市識名】

1799年竣工の琉球王家の別邸。約1.3万坪の廻遊式庭園で、石造アーチ橋（大小3つ）・六角堂（中国風の東屋）・池岸に積んだ琉球石灰岩などが特徴的。2000年、「特別名勝」「世界遺産」に指定。

C1805i　識名園
六角堂とアーチ式石橋

R365（左）　識名園・御殿と石橋
R366（右）　識名園・六角堂

2002.12.20.　第 2 次世界遺産
第10集（琉球王国）
C1805i　80Yen……………120□

1999.10.28.　識名園
R365-66　各50Yen…………80□

R726g　識名園

2009.1.23.
旅の風景　第 3 集（沖縄）
R726g　80Yen……………120□

※1999年に復原完了し、ふるさと切手発行R365-366を発行。2種連刷は1つの風景画を分割したように見えるが、左右は別個の風景。左（R365）：御殿と石橋（池の南岸から北方を眺む）。右（R366）：石橋と六角堂（池の北東岸から南方を望む）。

※御殿（ウドゥン・中央奥）：赤瓦屋根の木造建築。15室あり、一番座に冊封使を迎えた。現在、ここを会場にして「識名園琉球結婚式」が可能。紅型などの琉装をまとい人前式で行う。

塔

北海道百年記念塔 　【北海道札幌市厚別区】

厚別区の野幌森林公園にある高さ100mの塔。1968年、北海道開道100年を記念して着工され、1970年に竣工した。デザインは全国からの一般公募。塔内の展望台には階段で上ることができたが、2014年以降、金属片落下のため、塔とその周辺は立入禁止となっている。

C510
記念塔と北海道章

1968.6.14.　北海道100年
C510　15Yen……………………50□

秋田市ポートタワー 　【秋田市秋田港】

秋田港と周辺地域の活性化を目指して、1994年に竣工された。愛称はセリオン。seeとpavilionの合成語で、全国からの公募で選ばれている。高さ143m。展望室は地上100mにあり、360度のパノラマを望むことができる。

C2243d
秋田市ポートタワーから望む秋田港

2015.11.27.　日本の夜景　第1集
C2243d　82Yen……………………120□

千葉ポートタワー 　【千葉市千葉港】

1983年、千葉県の人口が500万人を突破した記念に着工され、1986年6月15日（千葉県民の日）に開館した。高さ125m。地上100mに3層の展望台があり、2011年に恋人の聖地に、2012年に日本夜景遺産に選ばれている。

R835c

2013.6.25.　旅の風景　第18集（千葉）
R835c　80Yen……………………120□

4分の1の"科学の門"

つくば万博の「科学の門」は現在、4分の1の大きさに縮小、万博の跡地「科学万博記念公園」に建っている。本物同様、見る方向で4人の科学者が銀の玉から浮き上がる仕掛け。

1985.3.16.　国際科学技術博覧会（C1038）に描かれたシンボルタワー「科学の門」。(65%)

東京タワー 　【東京都港区芝公園】

正式名称は日本電波塔。東京のシンボルであり、代表的な観光名所でもある。1957年着工、翌58年に愛称を「東京タワー」と決定し、同年12月31日に完工式を行い、オープンした。「建設するからには世界一高い塔でないと意味がない」との意図から、当時の自立式鉄塔で世界一の高さ333mに建設された。展望台はメインデッキ（旧大展望台・150m）とトップデッキ（旧特別展望台・250m）の2つがある。

C1737ij
東京タワー完成

2000.6.23.　20世紀シリーズ　第11集
C1737ij　各50Yen……………………80□

C2288c　東京タワー

C2092b　東京タワーと地デジカ

2011.4.15.　地上テレビ放送の完全デジタル化
C2092b　80Yen……………………120□

2016.10.24.　日本の夜景　第2集
C2288c　82Yen……………………120□

R442
東京の夜景

C2298b　東京タワー

2017.1.6.　日本の建築　第2集
C2298b　82Yen……………………120□
［同図案▶C2299bd、C2300bd　単色凹版］

2000.11.15.　東京グリーティング・三宅島噴火等災害寄附金付
R442　80+20Yen……………………150□

観光名所めぐり

R700a（左）
東京タワーと
蝋梅

R872a（右）
東京タワーと
レインボー
ブリッジと
ユリカモメ

2007.7.2.
東京の名所と花
R700a 80Yen……………………………………120□

2016.6.7. 地方自治法施行60周年 東京都
R872a 82Yen……………………………………150□

東京スカイツリー® 【東京都墨田区押上】

東京都心部の超高層化が進み、既存電波塔の東京タワーの電波が届きにくくなっていたため、首都圏に新タワー建設が構想された。2003年、高さ600m級のタワー建設のプロジェクトが発足、2008年に着工され、2012年に電波塔、観光施設として開業した。高さ634m。高層建築物としては世界第2位、自立式電波塔としては世界第1位である。展望台は天望デッキ（350m）と天望回廊（450m）がある。

C2288b 東京スカイツリー®

C2092a
東京スカイツリー®と地デジカ

2011.4.15. 地上テレビ放送の完全デジタル化
C2092a 80Yen……………………………………120□

2016.10.24. 日本の夜景 第2集
C2288b 82Yen……………………………………120□

R812g（左）

R838d（右）

2012.4.23. 旅の風景 第15集（東京）
R812g 80Yen……………………………………120□

2013.8.28. 第68回国民体育大会
R838d 80Yen……………………………………120□

タワーの展望台 高さ比べ

秋田市ポートタワー 100m
千葉ポートタワー 100m
東京タワー 250m
東京スカイツリー® 450m
名古屋テレビ塔 100m
神戸ポートタワー 90m
夢みなとタワー 43m
海峡ゆめタワー 143m
福岡タワー 123m

名古屋テレビ塔 【愛知県名古屋市中区】

1953年着工、1954年に竣工、開業した。名古屋の戦後復興のシンボル的存在で、高さ180mは当時日本一の高さだった。また、テレビ放送用集約電波塔としては日本最古である。展望台は地上90mにスカイデッキ、100mに金網囲みのスカイバルコニー（1968年増築）がある。

C298 金しゃちと
名古屋市街

1959.10.1. 名古屋開府350年
C298 10Yen……………………………………50□

C2319d（左）
オアシス21から
望む名古屋テレビ
塔

R199（右）
名古屋まつりと
テレビ塔

2017.6.9. 日本の夜景 第3集
C2319d 82Yen……………………………………120□

1996.10.1. 名古屋まつりと三人の武将
R199 80Yen……………………………………120□

太陽の塔 【大阪府吹田市万博記念公園】

1970年の日本万国博覧会（大阪万博）のテーマ館のシンボルとして建設された、岡本太郎の芸術作品建造物。高さ70m。塔は上部に黄金の顔、正面胴体部の太陽の顔と背面に黒い太陽と、3つの顔を持つ。内部はモニュメント「生命の樹」を備えている。万博終了後は一般には非公開（数度の限定公開あり）だったが、2018年3月から公開が始まった。

C547 花火とパビリオン

1970.3.14. 日本万国博覧会（1次）
C547 7Yen……………………………………30□

C1547（左）
日本万国
博覧会

C1739i（右）
日本万国博覧
会・太陽の塔

1996.6.24. 戦後50年メモリアル 第2集
C1547 80Yen……………………………………150□

2000.8.23. 20世紀シリーズ 第13集
C1739i 80Yen……………………………………120□

観光名所めぐり

R559（左）
ボーイスカウト、太陽の塔、大阪城

R867c（右）
太陽の塔
（生命の樹）

2002.7.15.　第23回アジア太平洋地域ジャンボリー
R559　50Yen·······························80□

2015.10.6.　地方自治法施行60周年　大阪府
R867c　82Yen·····························150□

神戸ポートタワー　【愛知県名古屋市中区】

神戸港のシンボル的存在。第7代神戸市長の原口忠次郎がロッテルダムのタワー「ユーロマスト」から着想。展望用タワーとして1963年に開業。高さ108m。地上75mにスカイウォーク（空中散歩）を設置。4階、5階（90m）の展望台からは360度のパノラマが臨める。建物のライトアップは神戸ポートタワーが日本初だった。

C475　神戸港

1967.5.8.　第5回国際港湾協会総会
C475　50Yen·····························150□

C2256i（左）
神戸港

C2319b（左）
メリケンパーク

2016.4.8.　伊勢志摩サミット（関係閣僚会合シート）
C2256i　82Yen··························120□

2017.6.9.　日本の夜景　第3集
C2319b　82Yen··························120□

R453（左）
輝く夜・21世紀神戸

R825b（右）
メリケンパーク

2001.1.17.　KOBE 2001 ひと・まち・みらい
R453　80Yen·····························120□

2013.1.15.　地方自治法施行60周年　兵庫県
R825b　80Yen····························120□

夢みなとタワー　【鳥取県境港市】

1997年に行われた「山陰・夢みなと博覧会」の全面ガラス貼りのシンボルタワー。高さ43n。最上階の展望台からは日本海の先に大山が見通せる。博覧会終了後、跡地は夢みなと公園として整備された。

R219　船、ニジッセイキナシの花、シンボルタワー

1997.7.11.　山陰・夢みなと博覧会
R219　80Yen·····························120□

海峡ゆめタワー　【鳥取県境港市】

1994年に着工、1966年に竣工した山口県国際総合センター（海峡メッセ下関）内の展望タワー。高さ153m、展望台は地上143mにある。ちなみに展望室は球体状になっており、下関周辺の展望が楽しめる。

R538　シロナガスクジラと下関の街並み

2002.4.25.　第54回国際捕鯨委員会
R538　80Yen·····························120□

福岡タワー　【福岡市早良区】

早良区シーサイドももち地区の電波塔。1989年開催のアジア太平洋博覧会時に建設された。外観に8000枚のハーフミラーを用いた正三角柱タワー。高さ234m。最上階展望台は地上123mで、福岡市の市内を一望できる。

C1244（左）　会場と地球
R81（右）　ハードルランナーと福岡タワー

1989.3.16.　アジア太平洋博覧会（60円）
C1244　60Yen··········100□［同図案▶C1245（62Yen）］

1990.9.3.　第45回国民体育大会
R81　62Yen·······························150□

八紘之基柱（平和の塔）　【宮崎市平和台公園】
あめつちのもとはしら

1940年、皇紀2600年を祝い、「八紘一宇の精神を体現した日本一の塔」が建設された。高さ36m。デザインは御幣（ごへい・紙や布製の神祭用具）を組み合わせたもの。正面に「八紘一宇」の文字（秩父宮・昭和天皇の弟宮）が刻まれ、四方に荒御魂（あらみたま）像を配置したが、戦後GHQの命で撤去された。1962年に「八紘一宇」の文字が復元。現在の名称は平和の塔。

250　1942.10.1.　第2次新昭和切手4銭
250　4Sen·······························60□

灯台

尻屋埼灯台　【青森県東通村】
（しりやさき）

明治9年（1876）10月20日、東北最初の洋式灯台として下北半島の尻屋崎で初点灯。煉瓦造、高さ33m。周辺の海域は潮の変わり目に当たり、海上交通の難所。明治10年には霧鐘、12年には霧笛を設置（ともに日本初）。煉瓦造では日本一の高さ。

R781e　寒立馬（かんだちめ）と尻屋埼灯台

※尻屋埼灯台の霧笛設置日（12月10日）は、霧笛記念日とされている。

2010.11.15.　地方自治法施行60周年　青森県
R781e　80Yen ················ 120□

犬吠埼灯台　【千葉県銚子市】●世界灯台100選
（いぬぼうさき）

犬吠埼付近は岩礁、暗礁が多く、海の難所に数えられ、洋式灯台の設置が求められてきた。初点灯は明治7年（1874）11月15日。煉瓦造、高さ31m。また、灯台の建設に用いられた煉瓦は初めての日本製だった。

C627（左）陸上競技と犬吠埼埼灯台

R835j（右）

※かつて尻屋埼灯台で使用の霧笛は現在、犬吠埼灯台の敷地内で保存。

1973.10.14.　第28回国民体育大会
C627　10Yen ················ 30□

2013.6.25.　旅の風景　第18集（千葉）
R835j　80Yen ················ 120□

※世界灯台100選には、日本から上掲の犬吠埼灯台（千葉）、姫埼灯台（新潟）、神子元島灯台（静岡）、美保関灯台（島根）、出雲日和碕灯台（島根・R676b）の5基が選出されている。

野島埼灯台　【千葉県南房総市】
（のじまさき）

房総半島最南端の野島崎に建つ。慶応2年（1866）、江戸条約で列強に約束した8ヵ所の灯台※のひとつ。1870年（明治2）1月19日、日本の洋式灯台としては2番目に初点灯。関東大震災で倒壊、大正14年（1925）に再建された。煉瓦造→コンクリート造。高さ29m。

P209　白浜の野島埼灯台と海女

1961.3.15.　南房総国定公園
P209　10Yen ················ 80□

R694e　ポピー

R643　ナノハナ

2004.6.23.　関東花紀行
R643　50Yen ················ 80□

2007.5.1.　関東花だより
R694e　50Yen ················ 80□

江の島灯台　【神奈川県藤沢市】

観光地、江の島に建つ最初の民間灯台。初代は昭和26年（1951）3月25日に初点灯。現灯台は平成14年（2002）12月31日、江ノ電開業100年記念事業のフィナーレとして初点灯。灯台を囲む構造体は江の島シーキャンドルと呼ぶ。高さ60m。コンクリート造。

C2310 c　江ノ島

C2310 a　江ノ島とかもめ

C2310 i　江の島と流れ星

2017.4.14.　My旅切手　第2集　いざ鎌倉！
C2310 aci　各52Yen ················ 80□

※江の島シーキャンドルは平成15年（2003）4月29日開館、展望台も開業。灯台、シーキャンドルとも江ノ島電鉄の管轄、運営。

観音埼灯台　【神奈川県横須賀市】
（かんのんさき）

三浦半島東端に位置。日本最初の洋式灯台。幕末、諸外国と結んだ江戸条約に「沿岸に航路標識を整備」の条項があり、英国公使パークスの建言で着工。着工日は1868年（明治元）11月1日（＝灯台記念日）、翌1869年2月11日に初点灯。煉瓦造→コンクリート造。高さ19m。

※現灯台（切手図案右側）は大正14年（1925）に建設された3代目。初代（切手図案左側）は大正11年の浦賀水道地震で、2代は大正12年の関東大震災で崩壊。

C525　新旧の灯台と青海波

1968.11.1.　灯台100年
C525　15Yen ················ 50□

※2018年9月3日、灯台150周年の記念切手が発行の予定。

※江戸条約灯台：観音崎（神奈川・C525）、野島崎（千葉・P209他）、柏野埼（和歌山）、神子元島（静岡）、剱埼（神奈川）、伊王島（長崎）、佐田岬（愛媛・R847e）、潮岬（和歌山・C567）の8灯台。

城ヶ島灯台 【神奈川県三浦市】

三浦半島の城ヶ島西端に建つ。浦賀水道の船舶のために江戸時代の烽火（のろし）台に代わり、1870年（明治3）9月8日に初点灯。洋式灯台としては5番目だった。関東大震災で倒壊、現灯台を大正14年（1925）に再建。煉瓦造→コンクリート造。高さ12m。

R817c　城ヶ島灯台

2012.7.13.　地方自治法施行60周年　神奈川県
R817c　80Yen ……………………………… 120□

門脇埼灯台 【静岡県伊東市】

伊東市南西の城ヶ崎海岸の門脇埼に位置する。昭和35年（1960）3月1日に初点灯。平成7年（1995）4月に改築され、周囲の景勝が楽しめる展望台付きの珍しい灯台となった。高さ25m、コンクリート造。

R692e　ツツジと城ヶ崎海岸

2007.4.2.　東海の花と風景
R692e　80Yen ……………………… 120□

大王埼灯台 【三重県志摩市】

熊野灘と遠州灘を分ける志摩半島の大王埼も、海の難所として名高く、灯台は岬の突端に位置する。昭和2年（1927）10月5日に初点灯。コンクリート造。高さ23m。

P74　波切海岸

2016.4.26.　伊勢志摩サミット
C2260i　82Yen ……………………… 120□
C2260i　大王埼

1953.10.2.　伊勢志摩国立公園
P74　10Yen …………………… 1,000□

旧堺燈台 【大阪府堺市】

元禄2年（1689）に堺商人の寄附で初めて建設された。明治10年（1877）洋式に改築、9月15日に初燈火。現存する最古の木製洋式灯台で、昭和43年（1968）に活動廃止。高さ11m。史跡に指定され、堺市のシンボルともなっている。

2000.6.28.　世界民族芸能祭
R416　世界民族芸能祭　R416　80Yen ……………………… 120□

灯台の塗り色

灯台の塗り色には、基本的に「白」が用いられる。しかし、雪国では冬季には白一色になり、灯台を認識するのが難しくなるため、「白と赤」あるいは「白と黒」の横縞模様で塗られるものもあり、その大半が北海道にある。

石狩灯台とハマナスの丘

江埼灯台 【兵庫県淡路市】

慶応3年（1867）の大坂条約＊で整備が定められた灯台のひとつ。日本で8番目の洋式灯台。石造。高さ8.3m。平成7年（1995）の阪神・淡路大震災で被害を受け、翌年旧退息所（灯台職員宿舎）を四国村（四国民家博物館・高松市）に移築復元。

R779j　江埼灯台

＊大坂条約灯台：江埼（兵庫・R779j）、六連島（山口）、部埼（福岡）、友ヶ島（和歌山）、和田岬（兵庫）の5灯台。

2010.10.1.　旅の風景　第10集（瀬戸内海）
R779j　80Yen ……………………………………… 120□

潮岬灯台 【和歌山串本町】

江戸条約灯台のひとつ。初代は洋式木造で1870年（明治3）6月10日完成したが、灯器が届かず仮点灯の後、明治5年（1873）9月15日から本点灯。台風で倒壊し、明治11年（1878）4月に現在の石造に改築。木造→石造。高さ23m。

1971.10.24.　第26回国体
C597　15Yen ……………………… 40□
C597　テニスと潮岬灯台にウメ

足摺岬灯台 【高知県土佐清水市】

四国最南端に位置する。大正3年（1914）4月1日に初点灯。昭和35年（1960）7月29日、現在の灯台に改築。ロケット型で海上保安庁と自治体によるデザイン灯台＊。コンクリート造。高さ18m。

P208　足摺岬灯台と巡礼の母娘

1960.8.1.　足摺国定公園
P208　10Yen ………………………………… 120□

＊デザイン灯台：海上保安庁と自治体によって、周囲の景観にマッチするようデザインされた灯台。門脇埼灯台も同様。

観光名所めぐり

R162（左）
R770e（左）
ともに足摺岬

1995.6.1.　足摺岬
R162　80Yen ………………………… 120□
2010.5.14.　地方自治法施行60周年　高知県
R770e　80Yen ………………………… 120□

灯台の高さと灯高

灯台のスケールを示す場合、灯台の高さと灯高（灯火標高）がある。灯台の高さは塔の高さを意味し、灯高は臨海の平均海面から灯火の中心までの距離を示している。本項ではデータとして灯台の高さを記載している。

室戸岬灯台【高知県室戸市】

明治32年（1899）4月1日に初点灯。鉄造。高さ15m。昭和9年（1934）の室戸台風でレンズに被害が出て、修理が行われた。　昭和20年（1945）、米軍艦載機による機銃掃射を受け、現在も弾痕4つが残されている。

P224　室戸岬

1966.3.22.　室戸阿南海岸国定公園
P224　10Yen ………………………… 50□

佐田岬灯台【愛媛県伊方町】

日本一細長い半島である佐田岬の最西端に位置。大正7年（1918）に対岸の関埼灯台（大分市）から燈火具一式を移設し、同年4月1日に初点灯。豊後水道と伊予灘の船舶の安全を守る。コンクリート造。高さ18m。

R847e

2014.4.17.　地方自治法施行60周年　愛媛県
R847e　82Yen ………………………… 150□

出雲日御碕灯台【島根県出雲市】●世界灯台100選

出雲大社近くの日御碕突端に立ち、明治36年（1903）4月1日に初点灯。外壁が石造、内壁が煉瓦造構造。石造として44mの日本一の塔の高さを誇る。世界灯台50選にも選ばれた日本を代表する灯台。

R676b　ボタンと日御碕

2006.5.1.　中国5県の花
R676b　50Yen ………………………… 80□

大瀬埼灯台【長崎県五島市】

664年、遣唐使船のために篝火（かがりび）を焚かせた最初期の古代灯台が始まりとされる。洋式灯台の初点灯は明治12年（1879）12月15日。昭和46年（1971）に改築され、現在の灯台に。初代の灯籠部は船の科学館（東京）の屋外に復元展示されている。コンクリート造。高さ16m。

P88　大瀬崎

1956.10.1.　西海国立公園
P88　5Yen ………………………… 200□

都井岬灯台【宮崎県串間市】

初点灯は昭和4年（1929）12月22日。昭和20年の空襲で灯室が破壊され、戦後に復旧。さらに昭和25年（1950）の台風29号で再び灯室が大破し、建設当時のコンクリート造は灯塔のみとなった。高さ15m。

R106

1991.7.1.　都井岬と野生馬
R106　62Yen ……… 100□ ［同図案▶R106A小型シート］

平安名埼灯台【沖縄県宮古島市】

宮古島の東平安名埼の突端に建ち、昭和42年（1967）3月27日に初点灯。当初の名称は東平安名埼灯台だったが、本土復帰とともに現名称となった。コンクリート造。高さ25m。

R564　テッポウユリと東平安名埼

2002.8.23.　沖縄の花
R564　50Yen ………………………… 80□

灯台があるはずなのだが…

採録したかった下の切手。流行歌の歌詞にも出てくる龍飛崎。ただ、ルーペでも、龍飛崎灯台がどうしても確認できない…。

龍飛埼灯台【青森県外ヶ浜町】

潮の流れが速く、航海の難所のひとつとなっている津軽半島の龍飛崎突端に建ち、昭和7年（1932）7月1日に初点灯。コンクリート造。高さ13.7m。

C2252d　龍飛崎
2016.3.25.　北海道新幹線（新青森・新函館北斗間）開業
C2252d　82Yen ………………………… 120□

＊龍飛崎の呼称はさまざまあり、「津軽海峡・冬景色」の歌詞は「竜飛岬」となっている。

文化財建造物

[当項目の採録] 他の章では未登場の国宝、国の重要文化財等を採録しています。また、重要伝統的建造物群保存地区は省いています。

旧札幌農学校演武場　【北海道札幌市中央区】

通称札幌時計台。2代教頭ホイーラー教授が設計指導した初期米国風木造建築。1878年竣工。2階は演武場、体操器械場、1階は博物場、堂作業室等として使用。時計台は当初の鐘楼に変わり、1881年に設置。1906年、現在地に移築、長らく市民の文化施設としての役割を果たした。重文。

C905

1982.1.29.
近代洋風建築　第3集
C905　60Yen ……… 100□

R381（左）
R802d（右）

2000.2.7.　雪世界Ⅱ
R381　80Yen
2011.9.9.　旅の風景　第13集（北海道）
R802d　80Yen ……………………………… 120□

北海道庁旧本庁舎　【北海道札幌市中央区】

愛称は赤れんが庁舎。明治時代官庁建築の貴重な遺構。当時としては極めて進歩的なアメリカ風のネオバロック様式で、1888年に竣工。煉瓦造地上2階地下1階、中央部に八角塔屋を備え、寒さ対策の二重扉など寒冷地での工夫も。設計は道庁土木課の平井晴二郎。重文。

C910

1982.9.10.
近代洋風建築　第6集
C910　60Yen ……… 100□

R11（左）
R802c（右）

1989.8.15.
北海道庁旧本庁舎
R11　62Yen ………… 100□［同図案▶R11A小型シート］
2011.9.9.　旅の風景　第13集（北海道）
R802c　80Yen ……………………………… 120□

豊平館　【北海道札幌市中央区】

北海道開拓使が洋風ホテルとして建造。設計は開拓使工業局営繕課で、1880年に竣工。米国風様式を基調とする木造総2階建だが、日米欧の建築要素が混在している。

豊平館の名称は豊平川の清流にちなむ。1958年、中島公園内に移築。重文。

C944

1983.6.23.
近代洋風建築　第8集
C944　60Yen ……… 100□

旧第五十九銀行本店本館　【青森県弘前市】

弘前の大工・堀江佐吉が設計、1904年に竣工。木造2階建で、柱はケヤキ、建具にはヒバと地元の木材が使われている。1944年、青森県内の銀行が合併したことで、青森銀行弘前支店となる。現在は青森銀行記念館として

利用。重文。大工・堀江佐吉は太宰治の生家・斜陽館も手掛けた。

C946

1983.8.15.
近代洋風建築　第9集
C946　60Yen …… 100□

康楽館　【秋田県小坂町】

1910年、小坂鉱山の厚生施設（芝居小屋）として建設。設計は鉱山経営の藤田組営繕掛長・山本辰之助。木造

一部2階建で正面外壁や客席部の格縁天井など、要所に洋風の意匠を取り入れている。1970年、老朽化により興業が中止となるが、1986年に再開館。移築や復元なしでは現存日本最古の劇場。現在は小坂町立。重文。

R808b

2012.1.13.　地方自治法施行60周年　秋田県
R808b　80Yen ……………………………… 120□

旧済生館本館　【山形県山形市】

県令三島通庸が構想、筒井明俊設計の県立病院。1879年竣工。1階変形八角形、2階正十六角形、3階正八角形の特異な意匠。1904年、山形市立病院となり、1969年に霞城公園内に移築、現在は山形県郷土館として活用。重文。

C907

1982.3.10.　近代洋風建築　第4集
C907　60Yen ………………… 100□

旧渋谷家住宅 【山形県鶴岡市】

出羽三山湯殿山麓の田麦俣（たむぎまた）に1822年創建の豪雪に適応した多層民家。山登りの強力業から養蚕への生活の変化に応じた民家改造で、妻側の屋根を大きく開き、通風採光の高ハッポウという高窓のある構造が生まれた。重文。

C1634

1997.11.28.　日本の民家　第1集
C1634　80Yen………… 150□

移築されていた旧渋谷家住宅

C1634旧渋谷家住宅の原画写真には、洗濯物が干されるなど、住居として使用された様子が写っていた（切手図案では修正）。ところが、住宅は切手発行時点で、すでに山形県の田麦俣から鶴岡市の到道博物館に移築（1965年）されていた。おそらく、民家の背景となる環境なども切手に描き加えるために、古い時代の写真が使用されたのであろう。

足利学校 【栃木県足利市】

日本最古の学校で、室町〜戦国時代にかけての関東最高学府。室町前期、上杉憲実が領主になり、学校を再興。鎌倉円覚寺の僧快元を教育責任者に招く。江戸期には繁栄したが、易学中心の足利学校は朱子学に押され衰微。明治に入り、廃藩置県とともに廃校。現存する孔子廟、学校門などは国の史跡に指定。

R475　学校門（春）　R476　全景（秋）　　R821b　学校門

2001.5.11.　足利学校
R475　80Yen……………………………… 120□
R476　50Yen……………………………… 80□
2012.10.15. 地方自治法施行60周年　栃木県
R821b　80Yen……………………………… 120□

富沢家住宅 【群馬県中之条町】

江戸後期、1792年頃創建の大型養蚕農家。木造2階建。2階の採光のため前面の屋根を切り上げているのが特徴。また2階を支える正面の梁が1階より外側にせり出し、その部分がベランダ状になっている。養蚕の際、通路や桑を運び上げるスペースとして利用された。重文。

C1635

1997.11.28.　日本の民家　第1集
C1635　80Yen……………………………… 150□

旧学習院初等科正堂 【千葉県成田市】

正堂は講堂のこと。1889年、東京四谷尾張町に竣工。洋風デザイン、木造平屋建の簡潔な建物だが、落ち着きのある学校建築。1937年、皇太子（現平成天皇）の入学に伴う新築に際し、宮内庁総御料牧場のあった印旛郡遠山村（現成田市）に学校施設として下賜された。1975年、房総風土記の丘（現県立房総のむら）に移築。重文。

C947

1983.8.15.　近代洋風建築　第9集
C947　60Yen……………………………… 100□

旧東宮御所（迎賓館赤坂離宮）【東京都港区】

1909年、皇太子嘉仁（後の大正天皇）の御居所として建設。明治期における我が国最大の記念建築であり、洋風の建築様式を取り入れる一方で、我が国の伝統的な工芸技術を活かした彫刻を駆使している。明治以降、戦前までの日本の建築を代表するひとつ。設計は片山東熊。1974年、迎賓館として開館し、2009年に国宝に指定される。

C62

1935.4.2.　満洲国皇帝来訪
C62　3Sen…………………… 600□
［同図案▶C64］

C2244b（左）　R686b（右）

2016.1.8.　日本の建築　第1集
C2244b　82Yen…………………………… 120□
［同図案▶C2245b、C2246b、C2247b、C2248b 単色凹版］
2006.10.2.　東京の四季の花・木コレクション Ⅶ
R686b　80Yen……………………………… 120□

聖徳記念絵画館 【東京都新宿区】

明治外苑の中心的な建物で、1926年に建設。明治天皇の事績を描いた絵画を展示する我が国最初期の美術館。外観は花崗岩貼りで、中央に吹き抜け大広間のドームを据え、両袖に絵画室を配置した構成。設計は大蔵省臨時建築部技手の小林正紹。重文。

R700c（左）
神宮外苑とキンモクセイ

R805f（右）

2007.7.2.
東京の名所と花
R700c　80Yen……………………………… 120□
2011.10.21. 旅の風景　第14集（東京）
R805f　80Yen……………………………… 120□

表慶館 【東京都台東区上野公園】
（ひょうけいかん）

元は大正天皇成婚記念に建設された奉献美術館。宮廷建築家の片山東熊の設計指導で、1908年に竣工。石・煉瓦造の2階建で、中央に大ドーム、左右に小ドームを配置したネオバロック様式。老朽化による雨漏れなどがあり、修理工事を行い、2007年に完了。現在は国立東京博物館の企画展会場。重文。

C892
1981.8.22. 近代洋風建築 第1集
C892 60Yen ························100□

旧岩崎家住宅 【東京都台東区池之端】

三菱の創設者、岩崎家の大邸宅。設計はお雇い外国人ジョサイア・コンドルで、1896年頃竣工。洋館と和館を併設した木造2階地下1階建。17世紀のイギリス建築様式にアメリカ風、及びサラセン風を加味。洋館、大広間（和館）、撞球室が現存。重文。

C909
1982.6.12. 近代洋風建築 第5集
C909 60Yen ························100□

日本銀行本店本館 【東京都中央区日本橋】

東京駅を設計した辰野金吾により、1896年竣工。外壁は石積みで、内側は煉瓦造。3階地下1階建、ベルギー国立銀行を参考に、ネオバロック様式にルネッサンス様式を加味。明治洋風建築の白眉といわれる。重文。

C935 井上安治
「永代橋際日本銀行の雪」
1982.10.12. 中央銀行制度100年
C935 60Yen ························100□
1984.2.16. 近代洋風建築 第10集
C981 60Yen ························100□

東京大学大講堂（安田講堂）【東京都文京区本郷】

実業家安田善次郎の寄附で1925年竣工。外壁は赤茶色のタイル貼り。ゴシック様式を思わせる垂直性のデザイン。基本設計は東大建築学科の内田祥三、ケンブリッジ大学の門塔に着想を得たという。設計は弟子の岸田日出刀、意匠には伊東忠太も加わっている。重文。

C229
1952.10.1. 東京大学創立75年
C229 10Yen ························2,300

旧加賀屋敷御守殿門（東大赤門）【東京都文京区】

加賀藩主前田斉泰が1827年、将軍斉の娘溶姫を正室に迎え、その際に建立した朱塗りの門。切妻造、本瓦葺。加賀百万石にふさわしい豪華さを備える。1903年東大に移築。現在地から15mキャンパス寄りだった。戦前国宝、現在は重文。

R165
1995.7.7. 東大赤門
R165 50Yen ························80□

慶応義塾大学図書館 【東京都港区三田】

慶應義塾設立50周年記念事業として1912年に竣工。ゴシック様式の赤煉瓦造（一部RC造）と花崗岩による壮麗な外観。明治後期の代表的遺構。図書館玄関ホール正面の階段上のステンドグラス（1915年設置）は東西文化を象徴する女神と鎧武者を描く。設計は曽禰中條設計事務所。重文。

C284 塾舎（図書館）と福沢諭吉銅像
1958.11.8. 慶應義塾創立100年
C284 10Yen ························50□

C2047a（左）
福澤諭吉肖像写真
C2047b（右）
三田キャンパス図書館旧館内のエンブレム
C2047cd
三田キャンパス図書館旧館
（50%）

C2047g-j 三田キャンパス図書館旧館内の大ステンドグラス
2008.11.7. 慶應義塾創立150年
C2047a-d, g-j 各80Yen ························120□

早稲田大学大隈記念講堂 【東京都新宿区】

創設者大隈重信逝去による記念講堂。1927年に竣工。総長高田早苗からゴシック様式の演劇にも使える講堂をという要望に応え、同校建築学科の佐藤功一がロマネスク様式を基調にゴシック様式を加味して設計。ストックホルム市庁舎（1923年竣工）の影響を受けているという。重文。

R520
2001.10.19. 早稲田大学大隈講堂
R520 80Yen ························120□

横浜市開港記念会館　【神奈川県横浜市中区】

大正期の公会堂建築。開港50年記念事業として1917年竣工。当初の名称は開港記念横浜会館。赤レンガと白花崗岩の縞模様、隅部に高塔を設ける。関東大震災で屋根と内部を焼損。RC造の構造補強を行い、ドーム屋根なしの復元となるが、1989年ドーム屋根も復元。設計は一般公募による福田義重の案（1等）。重文。

C2059h（左）
R634（右）
ヤマユリ

←横浜市開港記念会館は左端、愛称ジャック。神奈川県庁本庁舎（キング・中）、横浜税関（クイーン・右）とともに横浜三塔のひとつ。

2009.6.2.　日本開港150周年　横浜
C2059h　80Yen ……………………120□

2004.6.1.　神奈川の花
R634　50Yen ………………………80□

旧睦沢学校校舎 (甲府市藤村記念館)【山梨県甲府市】

山梨県令藤村紫朗が奨励した擬洋風建築のひとつ。藤村式建築とも呼ばれる。1875年、睦沢村（現甲斐市）に小学校校舎として竣工。正面の玄関車寄せ、2階のベランダなど洋風の意匠により、屋根中央に太鼓楼をのせる。1966年と2010年に移築され、現在は甲府市藤村記念館として使用。重文。

C942　1983.2.15.　近代洋風建築　第7集
C942　60Yen ………………………100□

旧開智学校校舎　【長野県松本市開智】

開化期の小学校建築を代表する。地元の大工・立石清重による木造2階建で、1876年に竣工。中央に八角塔屋、風見鶏には「東西南北」の文字があり、正面の中央玄関ポーチは2階が唐破風であるなど、洋風と和風の混合した様式。1964年に現在地に移築。重文。

1981.11.9.　近代洋風建築　第2集
C893　60Yen ………………………100□

馬場家住宅　【長野県松本市】

主屋は1851年に建設された本棟造りの住宅。棟正面の棟飾り「雀おどし」は長野県西南部に特有の様式。1859年には藩主を客に想定し、表門、左右の長屋門が建設された。ほぼ同時期に文庫蔵、隠居室＊、奥蔵＊、茶室＊等も増築（＊未公開）。重文。

1998.2.23.　日本の民家　第2集
C1636　80Yen ………………………150□

新潟県政記念館　【新潟市中央区】

新潟県令永山盛輝が主導し、1883年に県会議事堂として竣工。明治初期の議事堂建築のなかで現存唯一の遺構。木造2階建の擬洋風建築で、中央棟の両翼に切妻屋根の棟が正面に向いた、左右対称の構成。設計は同県出身の大工棟梁、星野総四郎。戦後、修復を経て、1975年に新潟県政記念館として開館。重文。

R8

1989.7.14.　'89新潟食と緑の博覧会
R8　62Yen ………………………100□

岩瀬家住宅　【富山県南砺市】

世界遺産登録の五箇山合掌造りのなかで最も大きい5階建の民家。合掌造りの屋根は雪が落ちやすいように急勾配となっており、3〜5階は養蚕の作業場。また、合掌造りは縄とネソ（まんさく）で結びあげ、釘は一切使われていない。

C1642

1999.2.16.　日本の民家　第5集
C1642　80Yen ………………………150□

※五箇山および白川郷の合掌造り切手のなかで、重文が題材となっているのは岩瀬家のみ。

旧西郷従道住宅　【愛知県犬山市明治村】

西郷隆盛の弟、従道の邸宅。設計はフランス人レスカスと伝えられる。木造総2階建で、明治10年代の竣工。

耐震性のため、屋根は軽い銅瓦葺。また半円形に張りだしたベランダが特徴的。1964年、東京都目黒区の西郷山から明治村に移築。重文。

C911

1982.9.10.　近代洋風建築　第6集
C911　60Yen ………………………100□

明治村の西郷従道住宅

C1636

旧日本銀行京都支店　【京都市中京区】

明治中期の代表的な洋風建築。設計は辰野金吾と教え子の長野宇平治。1906年竣工。煉瓦造2階建で、赤煉瓦に白い花崗岩を配し、壁面に変化を作り出している。また、中央部玄関廻りや塔屋の意匠も独特のものがある。現在は京都文化博物館に転用。重文。

C906

1982.3.10.　近代洋風建築　第4集
C906　60Yen ……………………100□

桜宮公会堂玄関　【大阪市北区】
さくらのみや

明治期を通じても他に例のない風格を示す6本の大円柱に支えられた、古典様式の石造玄関。1871年、イギリス人ウォートルスが設計竣工した造幣寮鋳造所の正面玄関を、1935年に明治天皇記念館（後の聖徳館）の正面玄関に移築した。記念館は戦後、桜宮公会堂となる。重文。

C943

1983.2.15.
近代洋風建築　第7集
C943　60Yen ………100□

大阪市中央公会堂　【大阪市北区中之島】

通称中之島公会堂。横浜市開港記念会館と並ぶ大正期の公会堂建築。株式仲買商・岩本栄之助の寄附で1918年に竣工。鉄骨煉瓦造3階地下1階建。アーチ状の屋根が大きな特徴で、設計案は一般公募の岡田信一郎案（1等）。20世紀末〜今世紀初頭に保存・再生工事が行われ、2002年にリニューアルオープンした。重文。

R15（左）
文楽と
中之島公会堂

R873大阪（右）
水都大阪
（中之島風景）

1989.10.2.　文楽と中之島公会堂
R15　62Yen ………………………100□

2016.6.7.　地方自治法施行60周年　47県シート
R873大阪　82Yen ………………………120□

旧ハンター住宅　【兵庫県神戸市灘区】

現存の居留地洋風建築中で最大。1907年、ドイツ人グレッピーがイギリス人技師に依頼、神戸に建設した建物を、イギリス人実業家ハンターが購入し、移築・改造したのが現在の姿。英国ビクトリア朝様式で、ベランダに嵌められた美しい窓ガラスが特徴的。重文。

C982

1984.2.16.　近代洋風建築　第10集
C982　60Yen ……………………100□

移情閣（孫文記念館）　【兵庫県神戸市垂水区】
いじょうかく

日本に帰化した華僑、呉錦堂が松海別荘の一部として1915年に建設。八角形の中国式楼閣で、コンクリートブロックを使用した最初期の建築。設計は建築家横山栄吉。戦後荒廃したが、松海別荘を訪問した孫文にちなみ、1984年に孫中山記念館として開館。その後、解体・復元・移築され、「移情閣」の名称で重文に。

R779b

2010.10.1.　旅の風景　第10集（瀬戸内海）
R779b　80Yen ……………………120□

今西家書院　【奈良県奈良市】

室町時代の初期書院造の遺構で、本瓦葺城郭風の屋根。外観は白漆喰塗籠（しらしっくいぬりこめ）で、入母屋造の破風を前後食い違いに見せている。興福寺大乗院の坊官を務めた福智院氏の居宅を1924年、今西家が譲り受けたもの。明治中期、昭和と修理を経て、角柱、障子、襖などの書院造の要素をいまに伝える。重文。

R731h

2009.3.2.　旅の風景　第5集（奈良）
R731h　80Yen ……………………120□

中家住宅　【奈良県安堵町】

主屋は1659年頃の建設。三重県鈴鹿の土豪足立氏が足利尊氏に従い大和入りし、当地に屋敷を構えたのが始まり。後に中氏と改名した。中家住宅は大和地方の典型的な環濠（かんごう）屋敷で、二重の濠のなかに武家造と農家造を併せ持つ屋敷が建つ。さらに宅地、濠、竹藪も合わせ、重文に指定。

C1637　1998.2.23.　日本の民家　第2集
C1637　80Yen …………………150□

旧ハンター住宅。ベランダの窓ガラスは移築時に設けられた。

木幡家住宅　【島根県松江市】

18世紀前半の民家建築。下郡役を務め、酒造業を営んだ旧家で、歴代藩主の領内巡行の宿所となったため、「八雲本陣」の名が付いた。主屋に続く明治期の座敷群も優れた接客施設で、主屋とともに重文に指定された。

C1638

1998.6.22.　日本の民家　第3集
C1638　80Yen…………………………………150□

旧閑谷学校　【岡山県備前市閑谷】

日本最古の庶民学校。1666年、岡山藩主池田光政が建設を命じ、建設には32年の月日を費やした。国宝の講堂は1701年の再築で、文庫・聖廟など24棟が重文。また、周辺も含め特別史跡に指定されている。講堂、文庫等が集中する学舎を中心に、東に聖廟と閑谷神社、西に学房（現県青少年教育センター）を配した構成。

R841c

2013.10.4.　地方自治法施行60周年　岡山県
R841c　80Yen…………………………………120□

菊屋家住宅　【山口県萩市呉服町】

萩藩御用商人の住宅で、徳川幕府巡見使の本陣にも当てられた。1604年、毛利輝元の萩入国に従い、現在地に屋敷地を拝領して家を建てた。屋敷は広大で、主屋は改造はされているが、全国でも最古に属する大型町屋として貴重。また、菊屋住宅の脇を通る菊屋横町は海鼠壁が続く美しい景観を見せる。重文。

R36　萩

1999.10.13.　萩・津和野
R361　80Yen…………………………………120□

海鼠壁（外壁をかまぼこ形に盛り上げた壁）が続く菊屋横町

道後温泉本館　【愛媛県松山市道後湯之町】

松山市のシンボル。1894年竣工の神の湯本館（3階北西端に坊ちゃんの間がある）、1899年竣工の又新殿・霊の湯棟（皇族入浴用棟、2階に玉座の間がある）、1924年竣工の南棟及び玄関棟からなる。本館全体は複雑な屋根構成の大規模和風建築。本館完成翌年（1895年）に漱石が当地に赴任、頻繁に通った。重文。

R4

1989.6.1.　道後温泉
R4　62Yen…………………100□[同図案▶R4A小型シート]

R514（左）坊ちゃん列車と道後温泉
R746b（左）道後温泉と子規の句

2001.9.12.　歴史と文化の息づくまち　松山
R514　50Yen…………………………………80□

2009.9.1.　近代俳句のふるさと　松山
R746b　80Yen…………………………………120□

R876f　道後温泉
R847a　道後温泉本館とみかん

2014.4.17.　地方自治法施行60周年　愛媛県
R847a　82Yen…………………………………150□

2017.8.30.　第72回国体
R876f　82Yen…………………………………120□

旧金毘羅大芝居　【香川県琴平町】

1835年建設の日本最古の現存劇場建築。江戸期には全国に知られ、隆盛を誇ったが、所有者が変わるたびに名称も変わり、「金毘羅大芝居」「稲荷座」「千歳座」「金丸座」と改名し、次第に衰退、廃館となる。その後、1972年から4年を掛け、移築復元。1985年から「四国こんぴら歌舞伎大芝居」を開催。さらに平成の大改修を行った。重文。

R584

2003.3.24.　旧金毘羅大芝居
R584　80Yen…………………………………120□

上芳我家住宅 _{かみはが} 【愛媛県内子町】

明治期の大規模な製ろう業者の住宅。大きな屋敷の半分以上が製ろう関係の施設によって占められている。

主屋は19世紀末の建築で、伝統的な塗籠（主屋の一部を仕切って周囲を厚く壁で塗り込めた部屋）の家で、格子や庇のある窓が特徴的。部分的に海鼠（なまこ）壁が用いられている。重文。

C1639

1998.6.22.　日本の民家　第3集
C1639　80Yen……………………………150□

神尾家住宅 【大分県中津市】

創建は1771年。建築年代が確定できる九州最古の民家。茅の軒を深く葺きおろし、棟は馬屋を含め4棟あり、雁行型の寄棟造りと呼ばれる。

広間を中心とした間取り、大小の棟を組み合わせた複雑な屋根は、大分県西部の民家に見られる特徴。1980年、解体工事を行い、建設当時の姿を復元。重文。

C1640

1998.8.24.　日本の民家　第4集
C1640　80Yen……………………………150□

グラバー園 【長崎市南山手町】

幕末の長崎開港後、来住した英国商人グラバー、リンガー、オルトの旧邸（いずれも重文）を中心にした野外博物館。うち旧グラバー邸はユネスコ世界遺産の構成

資産。グラバー園は建物だけでなく、石畳や石段なども往事の姿をとどめており、居留地時代の面影をしのぶことができる。

C945　旧グラバー住宅

1983.6.23.　近代洋風建築　第8集
C945　60Yen……………………………100□

C2060j　グラバー園と長崎港

R528（左）　　R529（右）
旧オルト邸、　旧リンガー邸、
旧リンガー邸　旧グラバー邸

2009.6.2.　日本開港150周年　長崎
C2060j　80Yen……………………………120□

2002.3.1.　グラバー園の風景
R528-29　各50Yen……………………………80□

R819gh
グラバー園

2012.9.11.　旅の風景　第16集（長崎）
R819ｈ　各80Yen……………………………120□

中村家住宅 【沖縄県北中城村】

1727年に屋敷を造成。室町時代の日本建築と中国の建築様式を併せ持つ。現在の瓦屋根にしたのは明治中頃以降とされる。琉球王朝時代の地頭や地方豪農の代表

的な民家。奇跡的に戦災を免れ、琉球石灰岩の石垣、赤瓦の主屋、離れ屋、高屋などが残る。重文。

C1641　**1998.8.24.　日本の民家　第4集**
C1641　80Yen……………………………150□

中村家住宅

新垣家住宅

新垣家住宅 _{あらがきけ} 【沖縄県那覇市壺屋】

中心となる主屋は19世紀後半までには建設され、明治末年頃までには現在の屋敷構えが整ったと考えられている。新垣家は陶業の拠点、那覇市壺屋に唯一残る陶工住宅で、作業場、離れ、登窯など、陶工住宅の全容を残している。重文。

R563　ブーゲンビレアと壺屋の民家

2002.8.23.　沖縄の花
R563　50Yen……………………………80□

教会

函館ハリストス正教会復活聖堂 【北海道函館市】

宗派は日本ハリストス正教会。ハリストスは露語でキリストのこと。1859年に箱館開港、翌年現在地に露領事館と教会が建つ。ロシア正教会のニコライ司祭が領事館付司祭に着任。1907年、函館大火で焼失するが、1916年に再建。重文。

C2058h　ビザンチン様式。煉瓦造で漆喰仕上げ、平屋、正面八角塔屋付。

2009.6.2.　日本開港150周年　函館
C2058h　80Yen ……………………… 120□

R382（左）
R784f（右）

※屋根上のネギ坊主（キューポラ）は蝋燭の炎を象ったもの。祈りが神のもとへ昇ることを表すという。重文。

2000.2.7.　雪世界Ⅱ
R382　80Yen ……………………… 120□

2011.2.1.　旅の風景　第11集（北海道）
R784f　80Yen ……………………… 120□

愛称はガンガン寺

函館ハリストス正教会復活聖堂は、創建時より、5個の鐘を楽器のように打ち鳴らした。建物や鐘は代わったが、現在も土曜夕刻や日曜午前の祈祷の前に鳴らす。両手と右足を使って大小6つの鐘の紐を操作。「日本の音風景百選」の1つ。

ガンガン寺の鐘

灯台の聖母トラピスト修道院 【北海道北斗市】

宗派はカトリック。厳律シトー修道会（トラピスト）に属す男子修道院。並木道の先に石段があり、昇ると正門。格子扉の向こうは中庭で、修道院本館（1908年建造）が厳かな佇まいを見せる。

C2252h　スギ520本、ポプラ69本が植えられた約800mの並木道。誰が言ったか「ローマへの道」の標柱。1960年頃に植栽。売店の名物はクッキーとバター飴。ソフトクリームも美味。修道院の建物は通常立入禁止（事前予約で男性のみ見学可）。

2016.3.25.　北海道新幹線（新青森・新函館北斗間）開通
C2252h　82Yen ……………………… 120□

カトリック山手教会 【横浜市中区】

宗派はローマ・カトリック。1859年に日本が開港。再宣教にパリ外国宣教会の神父が来日。1862年、横浜居留地に「横浜天主堂」を創建。1906年、現在地へ新築移転。双塔を持つゴシック風の荘厳な聖堂だったが、関東大震災で倒壊。1933年再建。

R717b　祝福

2008.9.1.　ふるさと心の風景　第2集（秋の風景）
R717b　80Yen ……………………… 120□

※ネオ・ゴシック様式。尖頭アーチの窓、高い鐘塔を持つ。日本一美しい聖堂とされる。設計はチェコ出身の建築家J.J.スワガー。

聖ヨハネ教会堂 【愛知県犬山市明治村】

宗派は聖公会。1907年、京都聖約翰（せいよはね）教会堂として京都に建設。1階は幼稚園や日曜学校、2階はゴシック調の会堂。1965年、旧建物を明治村へ移築。現在も京都の教会堂は存続。明治村の教会では実際に結婚式を挙げることができる。重文。

C904

1982.1.29.　近代洋風建築　第3集
C904　60Yen ……………………… 100□

※一階は煉瓦積、二階は木造、屋根は軽い金属板葺き（地震対策）。2階天井は竹簾（湿気対策）。ロマネスク様式が基調。重文。設計は米国の宣教師で建築家のJ.M.ガーディナー。

同志社礼拝堂 【京都市上京区】

宗派はプロテスタント。1886年竣工。ゴシック様式・煉瓦造・平屋・金属板葺。急勾配の切妻屋根は単純明快、堂内も簡素。同志社の歴史と精神のシンボル。1875年、新島襄（C179）が同志社英学校を創立。重文。

C894

1981.11.9.　近代洋風建築　第2集
C894　60Yen ……………………… 100□

※設計は米国人宣教師D.C.グリーン。彰栄館・礼拝堂・有終館など、同志社の赤煉瓦建築群を設計・監督している。

大浦天主堂　【長崎市】

宗派はローマ・カトリック。パリ外国宣教会のフューレ神父らが設計・監督。1597年の殉教者「日本二十六聖人」に捧げられ、堂正面は殉教地の西坂に向く。工費は3万フラン。当時はフランス寺と呼ばれた。門前町と言っていいのか、天主堂へ登る坂道には土産物店や飲食店が並ぶ。国宝。

C210
1951.9.15.　観光地百選 長崎（都邑）
C210　8Yen ………………… 1,300□

※1864年竣工。日本最古のカトリック教会堂で国宝。ゴシック様式。小ぶりな木造建築だったが、信徒増加に伴い、1875年煉瓦造に改築、約2倍に床面積を拡大した。

C545（左）
ラグビーとツバキに大浦天主堂

C891（右）

1969.10.26　第24回国民体育大会
C545　15Yen ………………… 50□

1981.8.22.　近代洋風建築　第1集
C891　60Yen ………………… 100□

C2060h（左）
R868a（右）
大浦天主堂と椿

2009.6.2.　日本開港150周年　長崎
C2060h　80Yen ………………… 120□

2015.11.17.　地方自治法施行60周年　長崎県
R868a　82Yen ………………… 150□

カトリック浦上教会（浦上天主堂）　【長崎市】

宗派はカトリック。隠れキリシタンの系譜も。キリシタンは迫害され、浦上四番崩れでは644人が殉教。1880年、かつて踏絵が行われた庄屋屋敷跡を仮聖堂とする。1925年、ロマネスク様式で大聖堂が30年かけて完成。東洋一だったが原爆で全壊。1959年に再建。

R819a　鐘楼：高さ26mの双塔に、フランス製の「アンジェラスの鐘」が設置された。左塔に小鐘、右塔に大鐘。

2012.9.11.　旅の風景　第16集（長崎）
R819a　80Yen ………………… 120□

囲み内の切手は55%

……［参考］古墳の切手……

観光地には、当ページの教会や第4部・神社仏閣など、宗教的な聖地だったものが、その場の祭礼とともに観光化する場合が多い。古代の墳墓である古墳は、権力の象徴であるとともに一種の聖地として築かれた。それがいま、現代人にとっては古代ロマンを想い起こさせる観光の対象ともなっている。

切手では、大仙陵（仁徳天皇陵）、さきたま古墳群、石舞台古墳、高松塚古墳、キトラ古墳、西都原古墳群などの古墳が題材に取り上げられ、ひとつのテーマ対象としてのまとまりを持ってきた。また各種埴輪や画像鏡をはじめ、古墳からの出土品をともに集めるとより拡がりのあるテーマ収集となる。

■大仙陵（仁徳天皇陵）

1986.5.9.　C1078
国土緑化

■さきたま古墳群

2014.10.8.　R853e
地方自治法施行
60周年　埼玉県

■石舞台古墳

2009.8.21.　R745f
旅の風景　第6集

■キトラ古墳

2003.10.15.　C1904-05
特別史跡キトラ古墳寄付金付

■西都原古墳群

2012.8.15.　R818c
地方自治法施行
60周年　宮崎県

■高松塚古墳

1973.3.26
C619-21　高松塚古墳保存基金

2000.9.22.
C1740ab　20世紀シリーズ　第14集

　※上掲のほか、石舞台古墳の切手にはR364飛鳥と石舞台があり、西都原古墳群の切手にはR192下水流臼太鼓（61㌻）とR623国土緑化（48㌻）がある。

京都・清水寺本堂（115ページ掲載）　写真には左手に清水寺の三重塔も写っている。

神社仏閣めぐり

第4部

寺院

中尊寺 【岩手県平泉町】
<small>ちゅうそんじ</small>

850年、円仁の開創という。藤原清衡が壮大な伽藍を築く。基衡・秀衡も毛越寺・観自在王院・無量光院などを建立。奥州藤原氏滅亡（1189年）で衰退。1337年、金色堂と経蔵を残して焼失。伊達氏が再建した。

金色堂 [国宝]

1124年、藤原清衡が自身の葬堂として建立。阿弥陀堂形式の堂で黒漆塗・金箔貼、光堂（ひかりどう）とも呼ぶ。内陣には藤原3代のミイラ化遺体を納める3つの須弥壇。そして4代目泰衡の頭部も。

1968.5.1.　新動植物国宝図案切手
1967年シリーズ30円
424　30Yen…………………100□

C2119a
（左）
R0806a
（右）

2012.6.29.　第3次世界遺産　第6集（平泉）
C2119a　80Yen…………………120□

2011.11.15.　地方自治法施行60周年　岩手県
R806a　80Yen…………………120□

旧覆堂 [重文]／新覆堂

1288年、鎌倉七代将軍の惟康（これやす）親王が、北条貞時に命じて覆堂を建立。おかげで金色堂が現代まで守られた。金色堂解体修理の際、旧覆堂を100m北西に移築し、新覆堂を新設（1965年）。

360　旧覆堂
R423　新覆堂
R699c　新覆堂

1954.1.20.　第2次動植物国宝切手20円
360　20Yen…………………250□

2000.8.1.　中尊寺金色堂
R423　80Yen…………………120□

2007.7.2.　東北の景勝地（中尊寺と紅葉）
R699c　80Yen…………………120□

R873岩手　新覆堂
※耐震耐火を第一目的にRC造で設計されている。手前に「金色堂」と表記した石柱が建つ。

2016.6.7.
地方自治法施行60周年　47面シート
R873岩手　82Yen…………………120□

経蔵 [重文]

中尊寺経[国宝]を納める堂で鎌倉期の建築。内部に螺鈿八角須弥壇[国宝]を置き、文殊五尊像[重文]を安置。現在は讃衡蔵（さんこうぞう：宝物館）に収蔵。

C2119c

2012.6.29.
第3次世界遺産　第6集（平泉）
C2119c　80Yen…………………120□

中尊寺ハス

1950年、藤原四代の遺体を調査。大賀一郎も参加し、泰衡首桶のハスの種を持ち帰る。発芽せず、博士没後に門弟の長島時子が中尊寺の依頼で開花に成功（1998年）。金色堂の裏手でもハスを栽培

C2119j

2012.6.29.
第3次世界遺産　第6集（平泉）
C2119j　80Yen…………………120□

毛越寺 【岩手県平泉町】
<small>もうつうじ</small>

中尊寺と共に円仁が開山。藤原基衡が再建、堂塔40・僧坊500が並び、規模と華麗さは中尊寺を凌いだが、火災や兵火で全て焼失。1989年に本堂を再建。

毛越寺浄土庭園 [特別名勝]

毛越寺の中核で、平安末期の浄土式庭園の典型例。大泉ヶ池を中心に、造園当時の配石を残す。1954年からの発掘調査で、堂宇の規模や配置が判明。

C2119ef

※浄土信仰の普及に伴い、各地に阿弥陀堂が建った。壮麗な阿弥陀堂が池面に映る姿に極楽浄土を想像した。

2012.6.29.　第3次世界遺産　第6集（平泉）
C2119ef　各80Yen…………………120□

神社仏閣めぐり

毛越寺 曲水の宴（ごくすいのえん）

5月第4日曜日。平安貴族の優雅な遊びを再現。庭園の遣水（やりみず）に盃を浮かべ、流れに合わせて和歌を詠む。男性は衣冠と狩衣（かりぎぬ）、女性は袿（うちぎ）と十二単など服装も再現。

2012.6.29.　第3次世界遺産　第6集（平泉）
C2119d
C2119d　80Yen……………120□

観自在王院庭園［名勝］　【岩手県平泉町】

毛越寺の東隣、藤原基衡の妻が建立したという寺院の跡。浄土庭園の遺構が残る。池の岸に大小2つの阿弥陀堂が建ち、極楽浄土を表現した。1973年から発掘・復元、池（舞鶴が池）を整備。観自在王とは阿弥陀のこと。

C2119gh
2012.6.29.　第3次世界遺産　第6集（平泉）
C2119gh　各80Yen……………120□

無量光院跡［特別史跡］　【岩手県平泉町】

藤原秀衡が平等院を模して建立した寺院の跡。規模は平等院を超えていた。建物は東面し、中心線の延長に金鶏山があり、稜線に沈む夕日が極楽浄土を具現する。切手も夕陽の光景。無量光とは阿弥陀仏のこと。

C2119i　無量光院跡と金鶏山
2012.6.29.　第3次世界遺産　第6集（平泉）
C2119i　80Yen……………120□

■ 平泉・寺院の所在地図

※金鶏山［史跡］：標高99m。登録遺産の1つ。秀衡が無量光院の西に一晩で山を築かせたという伝説がある。山の名は雄雌一対の金の鶏を山頂に埋めたことに由来するという。

瑞巌寺　【宮城県松島町】

828年、円仁が延福寺を開創。執権北条時頼が再興。1609年伊達政宗が堂宇を造営、現名に改称。本堂[国宝]は壮麗な桃山建築。御成門・中門・五大堂などは重文。

五大堂［重文］

約7m四方。坂上田村麻呂創建の毘沙門堂が起源という。今の五大堂は政宗の再建。正面の額は「五太堂」。伝円仁手彫りの五大明王[重文]を安置。秘仏で33年に1回開帳。

C307
R155
1960.3.15.　日本三景
C307　10Yen……………200□
1994.9.20.　暁光の五大堂
R155　80Yen……………120□

瑞鳳寺　【宮城県仙台市青葉区】

伊達忠宗が政宗の霊廟「瑞鳳殿」を造営した際、隣地に菩提寺として香華院（瑞鳳寺）を建立。明治時代、廃藩と廃仏毀釈で衰退。1926年に再興したが、瑞鳳殿とは分離。

瑞鳳殿

政宗の遺志を受け、2代忠宗は経ケ峯中腹に、西向き（仙台城方向）に霊廟を建立。本殿・拝殿・唐門・御供所・涅槃門で構成され、壮麗な桃山建築であった。仙台空襲で焼失。1979年に再建。

2010.1.29.　旅の風景　第7集（宮城）
R756h　80Yen……………120□

輪王寺　【宮城県仙台市】

1441年、伊達持宗が梁川（福島県）に輪王禅寺を創建。伊達氏の躍進とともに居城も寺も移り、政宗の時代に仙台へ。廃藩と火事で衰退。1915年、福定無外住職の尽力で本堂と庫裡を再建。その後も庭や伽藍を整備。

輪王寺禅庭園

輪王寺を再興した福定無外は庭園も造営、東北有数の名園に仕上げた。四季折々に異なった趣がある。

R756ij
2010.1.29.　旅の風景　第7集（宮城）
R756ij　各80Yen……………120□

立石寺　【山形市山寺】
りっしゃくじ

35万坪の宝珠山全山が境内。860年、清和天皇の勅願により、延暦寺の別院として円仁が創建。幾度も兵火で荒廃、最上義守と円海が再興する。

C1134-35
山寺と句「閑さや岩にしみ入 蝉の音」の書

1988.3.26.　奥の細道　第5集
C1134-35　各60Yen……100□
[同図案▶C1165小型シート]

R169
※延暦寺根本中堂の法燈：信長の比叡山焼打ちで途絶えたが、立石寺に分燈されていたので、この火を比叡山へ分けた。

1995.9.19.　山寺の秋
R169　80Yen…………… 120□

羽黒山　【山形県鶴岡市】
はぐろさん

標高419m。羽黒山・月山・湯殿山は出羽三山と呼ばれ、山岳修験の霊場。羽黒山の頂に出羽神社と出羽三山の合祭殿。五重塔や荒沢寺など神仏習合時代の名残りも。

羽黒山五重塔 [国宝]

残された寺院建築で出羽三山神社の所有。　総高29m（塔身は22m）。屋根は柿葺、純和様。素木造り（彩色なし）。平将門の創建という。1372年頃、大泉庄の地頭で黒山別当の武藤政氏が再建。杉小立の間に優美な姿をみせる。

R848b
2014.5.14.
地方自治法施行60周年　山形県
R848b　82Yen………………150□

輪王寺　【栃木県日光市】
りんのうじ

766年、勝道（しょうどう）が四本竜寺（しほんりゅうじ）を開創。満願寺の名を賜る。鎌倉幕府が庇護したが、のち衰退。1613年天海が再興。家康の墓所となり、東照宮を造営。神仏分離で東照宮・二荒山神社と分かれる。

大猷院（たいゆういん）拝殿と本殿

1653年建立。徳川家光を祀る霊廟。大猷院は家光の法号。本殿・相の間・拝殿の3棟が連なる権現造り[国宝]。金彩が多用され、金閣殿とも呼ばれる。　内部には、狩野探幽の唐獅子。天井に140枚の龍の絵。

C1796ij　本殿（右）と拝殿（左）を相の間が繋ぐ

2001.2.23.
第2次世界遺産　第1集（日光の社寺）
C1796ij　各80Yen………………120□

歓喜院　【埼玉県妻沼（めぬま）町】
かんぎいん

1179年、斎藤実盛が祖先伝来の歓喜天を当地に祀る。家康の寄進で造営するが1670年に焼失、1760年に再建。神仏分離令により一山が歓喜院に所属。

聖天堂（しょうでんどう）[国宝]

歓喜院の本殿で1760年建立。奥殿・相の間・拝殿で構成された権現造。壁面などが桃山風の華麗な彫刻で装飾され、その題材は多種多様。2011年に修復完了。

C2345a　聖天堂　　　　　R853d　聖天堂

2018.1.5.　日本の建築　第3集
C2345a　82Yen………………一□
2014.10.8.　地方自治法施行60周年　埼玉県
R853d　82Yen………………150□

C2346a　聖天堂拝殿正面　　　C2346b　聖天堂奥殿大羽目彫刻

2018.1.5.　日本の建築　第3集　特別小型シート
C2346ab　1,000Yenシート………………一□

新勝寺　【千葉県成田市】
しんしょうじ

939年、平将門の乱。朱雀天皇の勅願で、寛朝（かんじょう）は神護寺の不動明王像を下総に移し、将門調伏の護摩を修した。翌年に乱は平定され、寛朝は新勝寺を開山。1705年、現在地に移転。

三重塔 [重文]

1712年建立。総高25m。軒は通常の垂木を用いず、雲文を刻んだ一枚板で軒を支える（板軒／一枚垂木）。初層は4面中央を扉とし、扉の両側に十六羅漢を彫刻する。五智如来を安置。

R835a

2013.6.25.　旅の風景　第18集（千葉）
R835a　80Yen………………120□

······ 團十郎の屋号「成田屋」 ······

初代市川團十郎は当寺で跡取り誕生を祈願し、長男を授かった。これに感謝し、不動明王を題材にした歌舞伎を親子で共演、大当たりした。成田山に大神鏡を奉納するとともに、「成田屋」を屋号とする。毎年の節分会には市川宗家も参加。

106　　※142ず「日光 社寺の所在」地図も参照されたい。

浅草寺 <ruby>せんそうじ</ruby> 【東京都台東区浅草】

浅草観音。628年、隅田川で漁師の浜成・竹成兄弟の網にかかった観音像を土地の長・中知が安置。645年勝海上人が建立。幾度も被災したが、武家の崇敬を受け再建。東京大空襲で大半を焼失したが復興。

五重塔

武蔵国守平公雅は、942年に浅草寺を再興。三重塔も建てた。江戸初期の境内図には、本堂東側に五重塔、西側に三重塔を描く。焼失後、徳川家光が五重塔だけを復興。空襲で再び焼失、1973年に再建。最上層には1966年にセイロンの寺院から将来した仏舎利を納める。

R812f　浅草寺境内

2012.4.23.　旅の風景　第15集（東京）
R812f　80Yen ……………………………120□

雷門と仲見世

雷門は浅草寺の朱塗の山門で、正称は風雷神門。右に風神、左に雷神を配し、中央に巨大な提灯を吊るす。仲見世は雷門から宝蔵門まで86軒の店が並ぶ門前町。「助六」が扱う江戸趣味小玩具は、幾度も年賀切手に採用。

R194（左）
金龍山浅草寺山門と仲見世

R552（右）
ほおずき市、浅草寺雷門

1996.8.8.　浅草寺雷門
R194　80Yen ……………………………120□

2002.6.28.　東京の市
R552　80Yen ……………………………120□

松下幸之助と雷門

雷門は1866年の焼失後、約1世紀を経て1960年に松下幸之助の寄進で再建。松下の神経痛平癒を祈祷した縁で、貫首が松下に協力を依頼した。大提灯も松下が奉納、約10年ごとに新調される。

R702e（左）
広重「名所江戸百景 浅草金龍山」
※幕末の雷門。提灯の文字は「志ん橋」で、新橋の屋根職人達が奉納。東側に五重塔が建ち、仲見世はない。

R812e（右）
浅草寺雷門

2007.8.1.
江戸名所と粋の浮世絵　第1集
R702e　80Yen ……………………………120□

2012.4.23.　旅の風景　第15集（東京）
R812e　80Yen ……………………………120□

東本願寺（浅草本願寺）<ruby>ひがしほんがんじ</ruby> 【東京都台東区浅草】

1591年、教如が神田に江戸御坊光瑞寺を開創。明暦の大火の後、浅草へ移転し、浅草本願寺と呼ばれる。関東大震災で焼失。1936年再建。1965年東京本願寺に改称。真宗大谷派から独立後、2001年現名に改称。

C2099i　北斎「冨嶽三十六景　東都浅草本願寺」

2011.7.28.　日本国際切手展2011
C2099i　80Yen ……………………………150□

真源寺（入谷鬼子母神）<ruby>しんげんじ　いりやきしぼじん</ruby> 【東京都台東区下谷】

1659年、光長寺の日融が当地に開山。鬼子母神を祀る。7月の朝顔市は有名（55□参照）。江戸時代に入谷は切花や鉢物の産地であった。入谷交差点付近に「朝顔発祥記念碑」がある。

R551　朝顔市、入谷鬼子母神

2002.6.28.　東京の市
R551　80Yen ……………………………120□

寛永寺 <ruby>かんえいじ</ruby> 【東京都台東区上野】

1625年（寛永2）、徳川家の菩提寺として天海が開基。徳川家や諸大名が堂塔を寄進。寺域は36万坪。1868年、上野戦争で大半を焼失、清水観音堂、東照宮、五重塔などが残る。境内の大半は上野公園となった。

不忍池辯天堂

天海が寛永寺を建立した際、忍ヶ岡を比叡山に、不忍池を琵琶湖に見立てる。不忍池の島に弁財天を祀り、竹生島に模した。空襲で焼失、1958年に復興。

R812cd
上野恩賜公園不忍池

2012.4.23.　旅の風景　第15集（東京）
R812cd　各80Yen …………………………120□

清水（きよみず）観音堂

京都の清水寺を模した舞台造りの堂。1631年に天海が建立。本尊も清水寺から恵心作の千手観音像を移して安置（秘仏）。2015年、明治初期に台風で倒れた「月の松」を復元。

R702i　広重「名所江戸百景 上野山内月のまつ」
※清水堂の舞台から望む。右下に弁天堂。

2007.8.1.　江戸名所と粋の浮世絵　第1集
R702i　80Yen ……………………………120□

回向院　【東京都墨田区両国】

徳川家綱の命で、明暦の大火（明暦3年1657年：振袖火事）の焼死者10万8000体を当地に葬る（万人塚）。増上寺の遵誉（じゅんよ）に回向させ、寺を建立。以来、江戸府内の水死者・焼死者・牢病死者など無縁仏を葬り、施餓鬼を毎年7月19日に営む。各種動物も供養。

C783　広重「名所江戸百景　両国回向院太鼓やぐら」
1978.7.1.　相撲絵　第1集
C783　50Yen ······························80□

築地本願寺　【東京都中央区築地】

1621年、本願寺第12世准如（じゅんにょ）が浜町御坊（浅草御堂）を建立。関東〜東北の門徒を管掌。明暦の大火で罹災、幕府の区画整理のため、替地の現在地に移る。

本堂

関東大震災で焼失。1934年再建。設計は伊東忠太。古代インド寺院を模した外観だが、内部は真宗寺院の造り。正面モチーフは菩提樹の葉、中央に蓮の花の浮彫。

C2345b　　　C2347a　　　C2347b　本堂の獅子像

※獅子像：本堂へ向かう階段には、翼の生えた獅子像が左右2体（切手は吽形）。本堂の入口には、牛・馬・獅子・象・孔雀の石像が置かれている。他にも各所に動物、霊獣がいる。

2018.1.5.　日本の建築　第3集
C2345b　82Yen ····························一□
2018.1.5.　日本の建築　第3集　特別小型シート
C2347ab　1,000Yenシート ···············一□

壮大な江戸の築地本願寺

明暦の大火罹災後、佃島の漁師をはじめ、多くの信徒が協力、西本願寺再建のために築地の一画を埋め立てた。その屋根は壮大で群を抜いて高く、広重の「名所江戸百景」には3枚に伽藍の姿を伺うことができる。また、航行する船も屋根を目標にしていた。

R715g（60%）
広重「名所江戸百景　鉄炮洲築地門跡」
2008.8.1.
江戸名所と粋の浮世絵　第2集
R715g　80Yen ···············120□

五百羅漢寺　【東京都目黒区下目黒】

1695年、松雲元慶が一人で五百羅漢像を彫って寺を開く。後に伽藍が整備され、さざゐ堂も建立。徳川家の庇護を受けるが、地震や水害で衰退。明治後期に目黒へ移転。跡地には奥多摩町から祥安寺（現・羅漢寺）が移った。

R797a　広重「名所江戸百景　五百羅漢さゝゐ堂」
2011.8.1.　江戸名所と粋の浮世絵　第5集
R797a　80Yen ····························120□

薬王院　【東京都八王子市高尾町】

行基創建という。薬師如来を安置。1375年、俊源が飯縄権現を勧請、修験道場となる。高尾山上、杉木立の中に仁王門・本堂・本社（権現堂）・奥の院などが並ぶ。

高尾山薬王院の本社（飯縄権現堂）

飯縄権現を祀る社殿（神社）。1729年本殿、1753年、幣殿と拝殿を建立。江戸後期を代表する神社建築。入母屋造の本殿と拝殿を、幣殿で繋ぐ権現造。本堂とは異なり、社殿全体が赤を基調に華麗に装飾される。

R872c
2016.6.7.　地方自治法施行60周年　東京都
R872c　82Yen ····························150□

円覚寺　【神奈川県鎌倉市】

1282年、元寇での戦死者を敵味方なく供養するため北条時宗が建立。開山は南宋から招いた無学祖元。禅の中心であり、五山文学や室町文化に影響した。

舎利殿（開山堂）【国宝】

入母屋造、柿葺。一重裳階（もこし）付で2層に見える。創建当初の建物は1563年に焼失。10年後、太平尼寺から移築。日本最古の禅宗様建築。源実朝が請来した佛牙舎利（釈迦の歯）を祀る。

375　1962.6.15.　第3次動植物国宝切手30円
　　　375　30Yen ········1,000□［同図案▶383コイル］

長谷寺　【神奈川県鎌倉市長谷】

大和の長谷寺の開山、徳道（とくどう）が2体の観音像を作らせた。うち1体が当地に漂着したのを縁に、736年に徳道が創建したという。四季折々の花が咲く。

C2312b　観音あじさい路。経蔵裏手斜面の眺望散策路で、ヤマアジサイやガクアジサイなど40種以上、約2500株を植える。
2017.4.14.　My旅切手　第2集　レターセット専用シート
C2312b　82Yen ····························120□

神社仏閣めぐり

切手の意匠として浮世絵が多数採用されている。その中には遠景に小さく社寺を描いた絵もあれば、主題としてドーンと全面に描いた絵もある。当時も今も社寺は信仰の対象、旅への憧憬であり、風景画の重要なモチーフとなっている。

重要と判断した幾つかの切手は本項目で画像を掲載しているが、社寺が小さかったり、社寺が消滅・移転・建替しているなどで、割愛した切手も多い。以下に、掲載分も含め、社寺を描く浮世絵の切手リストを示す。

広重【東海道五十三次】

C0281	京師 三条大橋	八坂塔、清水寺、雙林寺、知恩院
C0346	箱根 湖水図	箱根神社
C1902	宮 熱田神事	熱田神宮の鳥居
C1903	大津 走井茶屋	茶店は今の月心寺 走井が残る
C1961	土山 春之雨	田村神社
C2044	三島 朝霧	三島大社の鳥居
C2154	石薬師 石薬師寺	石薬師寺
C2065	藤沢 遊行寺	遊行寺、江の島弁天の鳥居

北斎【冨嶽三十六景】

C2099e, C434 : 甲州三坂水面		妙法寺、冨士御室浅間神社（？）
C2099i	東都浅草本願寺	東本願寺（浅草）
C1581	相州箱根湖水	箱根神社

広重【名所江戸百景】

C783	両国回向院元柳橋	回向院の櫓
R702e	浅草金竜山	浅草寺
R702i	上野山内 月の松	中島弁財天
R715g	鉄炮洲築地門跡	築地本願寺（焼失前の本堂）
R742h	増上寺塔赤羽根	増上寺
R742a	日暮里諏訪の台	諏訪神社の境内
R742d	角筈熊野十二社	熊野神社
R776g	王子滝の川	金剛寺
R776i	上野山下	五條天神社の鳥居
R797a	五百羅漢さゞゐ堂	目黒へ移転 別の羅漢寺が立地
R797g	筋違内八ツ小路	神田明神

広重【六十余州名所図会】

C2326f	常陸 鹿島太神宮	鹿嶋神宮
C2144f	紀伊 和歌之浦	観海閣、海禅院、紀三井寺
C2144h	安芸 厳島祭礼之図	厳島神社
C2251a	摂津 住吉出見の浜	住吉大社
C2273i	隠岐 焚火の社	焚火神社

明月院 （めいげついん）【神奈川県鎌倉市】

C2312d

1160年、山内首藤経俊が父の菩提に明月庵を創建。1256年、北条時頼が最明寺とする。息子時宗が禅興寺として再興。1380年、足利氏満の命で上杉憲方が禅興寺を拡大。明治初期には明月院だけが残る。

※切手図案は悟りの窓。本堂の一室の丸窓で、禅や悟りを表す。

2017.4.14.　My旅切手　第2集　レターセット専用シート
C2312d　82Yen ·· 120□

遊行寺 （ゆぎょうじ）【神奈川県藤沢市】

C2065　広重「東海道五拾三次之内 藤澤」

1325年、四代遊行上人の呑海（どんかい）が清浄光院を建立。足利氏や徳川氏が庇護。藤沢市は遊行寺の門前町、さらに東海道の宿場町として発展した。

2009.10.9.　国際通運週間
C2065　90Yen ·· 180□

······· 遊行上人とは？ ·······
時衆の指導者の呼称。特に開祖の一遍とその弟子の真教（他阿）をいう。信徒を率いて諸国遊行し、各地の道場で念仏を説いた。年老いると藤沢道場（清浄光寺）に隠居（独住）し、藤沢上人と号した。

久遠寺 （くおんじ）【山梨県身延（みのぶ）町】

佐渡流刑から鎌倉に戻った日蓮を、当地の地頭南部実長が招く。身延は釈迦が法華経を説いた霊鷲山（りょうじゅせん）に似ていると、9年間滞在。1281年に本堂が建つ。翌年死去。遺言により身延に埋葬。

大本堂

R502　見延の桜

間口32m、奥行51m、総970坪と巨大で、2500人参加の法要が可能。

2001.7.2.　山梨の風物
R502　50Yen ·· 80□

五重塔

R843d　見延山の桜と五重塔

初代の塔は1619年に前田利家の側室寿福院が建立。1829年焼失。2代目は1865年に竣工、10年後に焼失。現在は3代目で、2009年に落慶法要。国産材を用い、400年前の設計と工法で復元。

2013.11.15.　地方自治法施行60周年　山梨県
R843d　80Yen ·· 120□

神社仏閣めぐり

善光寺　【長野市元善町】

草創は不詳。642年、本多善光が堂宇を建て、三国伝来の一光三尊の阿弥陀仏を安置したという。源頼朝が再興。一光三尊仏が流行し、善光寺信仰も広まる。

本堂 [国宝]

一重裳階（もこし）付で二階建に見える。屋根は撞木造（しゅもくづくり）檜皮葺。間口24m、奥行54m、高さ26mと巨大。頼朝再興後も十数回焼失。現存の本堂は

松代藩主真田家が幕命により1707年再建。お戒壇めぐりの暗闇の廊下を手探りで一巡する。

C2206g

2015.3.13.　北陸新幹線（長野・金沢間）開業
C2206g　82Yen ·······················120□

R873長野

※C108小型シート背景にも善光寺が描かれている。

R479

2001.5.23.　ふるさと長野
R479　80Yen ·······················120□

2016.6.7.　地方自治法施行60周年　47面シート
R873長野　82Yen ·······················120□

安楽寺　【長野県上田市別所温泉】

創建は不詳。1288年、北条時頼が臨済僧の樵谷惟仙（しょうこくいせん）を招いて中興。やがて衰退し、古い建物は八角三重塔のみ。1580年頃、高山順京（こうざんじゅんきょう）が再興、曹洞宗となる。

八角三重塔 [国宝]

境内の奥、木立ちの中にたつ三重塔。全体から細部まで純粋な禅宗様式。全高約19m、柿葺。初重に裳階（もこし）があるので四重塔に見える。年輪年代調査では1290年代の建築と推定される。

C498（左）

R736c（右）

1969.2.10.　第2次国宝　第5集
C498　15Yen ·······················60□

2009.5.14.　地方自治法施行60周年　長野県
R736c　80Yen ·······················120□

国上寺　【新潟県燕市（旧・分水町）国上】

国上山（くがみやま：313m）の中腹。709年、金智大徳が開創。孝謙天皇の勅により堂宇を造営。のち上杉謙信が伽藍を整備するが、兵火で衰退。

五合庵（ごごうあん）

1914年の再建。素木造・藁葺、面積は4.5坪。良寛が47～61歳の間住んだ。名称・五合庵は、国上寺本堂を再建した万元和尚が毎日米5合を給されていたことが由来。

R117

1992.5.1.　五合庵と日本海
R117　41Yen ·······················70□

※良寛は18歳で出家、中国・四国・九州・近畿など各地で修業。38歳で越後に帰るが、定住せずに寺を転々としていた。五合庵に住む義苗（国上寺前住職）が死去し、47歳で五合庵に定住。足腰が弱ったため、61歳で乙子神社境内の草庵に移る。

相念寺　【富山県南砺市相倉】

1552年、図書了観（ずしょ・りょうかん）が念仏道場を構える。現在の建物は1859年の建立。東方道場と呼ばれたが、1949年に大谷派が相念寺の名を与える。

C1804g

2002.9.20.
第2次世界遺産
第9集（合掌造り集落）
C1804g　80Yen ·······················120□

瑞龍寺　【富山県高岡市】

1594年、加賀藩2代目前田利長が、織田信長らの追善に宝円寺を金沢に創建。のちに法円寺と改称し移転。3代利常は、利長の菩提所とし瑞龍院と改称。

山門 [国宝]

1645年竣工、1746年に焼失、1820年に再建。高さ約18mの二重門。入母屋造、柿葺き。

※二重門：通常の二重門は、下層屋根は上層屋根より大きいが、この門は大差なし。これは、上層屋根から落ちた積雪が下層屋根にあたるのを防ぐためという。

R617

2004.3.19.　国宝瑞龍寺
R617　80Yen ·······················120□

仏殿 [国宝]

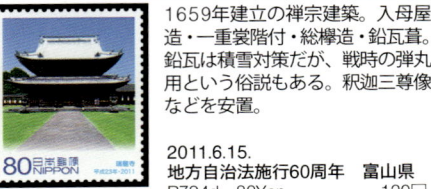

1659年建立の禅宗建築。入母屋造・一重裳階付・総欅造・鉛瓦葺。鉛瓦は積雪対策だが、戦時の弾丸用という俗説もある。釈迦三尊像などを安置。

R794d

2011.6.15.
地方自治法施行60周年　富山県
R794d　80Yen ·······················120□

神社仏閣めぐり

那谷寺（なたでら） 【石川県小松市那谷町】

717年、泰澄（たいちょう）が千手観音像を作って安置、岩屋寺を創建。花山法皇行啓時、観音三十三身の姿を感得し那谷寺と改称。南北朝の戦乱で荒廃。前田利常が再建。本殿、三重塔、護摩堂、鐘楼、書院、庫裏は重文。

C1148　石山の 石より白し 秋の風

1989.2.13.　奥の細道　第9集
C1148　60Yen………100□［同図案▶C1172小型シート］

●●● 那谷寺の遊仙境 ●●●

芭蕉は元禄2年（1689年）に那谷寺に参詣し、「石山の 石より白し 秋の風」の句を詠んだ。切手図案に描かれたのは奇岩「遊仙境」で、那谷寺本殿屋根の一部も見える（右）。遊仙境の岸壁には通路が掘られているが、現在は安全と環境保全のため立入禁止。ちなみに、句の「石山の石」は那谷寺の岩壁の石、または石山寺の石とする説がある。

永平寺（えいへいじ） 【福井県永平寺町】

道元は疑問の答えを求めて南宋に渡る。帰国後に興聖寺を建立。曹洞宗を説くが、比叡山が弾圧。波多野義重に越前へ招かれ、1244年に寺を創建。今も百数十名が修行。幾度も焼失、大半の堂宇は近代の建築。

山門

1749年建造。永平寺境内では最古の伽藍。禅宗様の壮麗な二重門。初層の両側に極彩色の四天王を安置。上層には五百羅漢像などを安置。後円融天皇の勅額「日本曹洞第一道場」［重文］（1372年）を掲げる。

R873福井　切手図案は山門と鐘楼

2016.6.7.　地方自治法施行60周年　47面シート
R873福井　82Yen…………………120□

横蔵寺（よこくらじ） 【岐阜県揖斐川町（旧谷汲村）】

803年、最澄が薬師像を安置し創建したという。村上天皇の勅会を修してから繁栄。鎌倉時代は38坊の大寺。信長焼討ち後の比叡山再興の際、当寺の薬師像を根本中堂に移した。徳川家康らの庇護で伽藍を再興。

本堂

1671年建立。入母屋造・向拝付き・檜皮葺。高欄付の縁を巡らす。桁行5間、梁間5間の五間堂。中世密教系建築の規模・形態を保つ。

R773c　紅葉に包まれた本堂

2010.6.18.　地方自治法施行60周年　岐阜県
R773c　80Yen…………………120□

明善寺（みょうぜんじ） 【岐阜県白川村萩町集落】

1680年、白川村の本覚寺が大谷派から本願寺派へ転向。大谷派はその本尊と名号を村内の大谷派門徒に与えた。1744年、寺院が創建され、この本尊を安置。

矢印の石が明善寺本堂、その右が庫裏。

C1643　白川郷風景　　　　C1804d　白川村萩町 明善寺

1999.2.16.　日本の民家　第5集
C1643　80Yen…………………150□
2002.9.20.　第2次世界遺産　第9集（合掌造り集落）
C1804d　80Yen…………………120□

石薬師寺（いしやくしじ） 【三重県鈴鹿市石薬師町】

726年、泰澄の前に巨石が出現、薬師如来と悟り、草庵を設け供養。796年、空海が巨石に薬師如来を刻み、西福寺と称す。参勤交代の諸大名は当寺で道中安全を祈願した。石段の丸味は、大名への配慮という。

薬師堂（本堂）

戦国時代の兵火で諸堂を焼失、1629年本堂を再建。和様、大型の三間堂、寄棟造・本瓦葺。向拝付き。本尊の薬師如来、日光・月光菩薩、十二神将などを安置。

C2154　広重「東海道五拾三次之内 石薬師」

2013.10.9.　国際文通週間
C2154　130Yen…………………260□

延暦寺（えんりゃくじ） 【滋賀県大津市】

比叡山は山岳修行の場であり、785年に最澄も草庵を結んだ。788年、比江山寺を建て自作の薬師仏を安置。822年、最澄の没後7日目に戒壇設置を勅許され、延暦寺の勅額を賜わる。平安京鎮護の寺となる。寺域は東塔（とうどう）・西塔（さいとう）・横川（よかわ）の3区域（三塔）で構成される。

根本中堂［国宝］

788年に最澄が創建。幾度も被災し、復興のたびに規模を拡大。現在の堂は徳川家光の支援で1642年に再建。

三塔いずれにも中心となる「中堂」があり、東塔の根本中堂が最大で延暦寺の総本堂。延暦寺根本中堂の本尊は薬師如来で、その前に1200年間灯り続ける不滅の法灯を安置。
408

1966.6.20.　新動植物国宝図案　1966年シリーズ60円
408　60Yen…………………180□

神社仏閣めぐり

C1799a（左）
R188（右）

2001.8.23.　第2次世界遺産　第4集（京都2）
C1799a　80Yen ……………………………………120□
1996.7.1.　比叡山の巨木と根本中堂
R188　80Yen ……………………………………120□

にない堂

西塔には、釈迦堂、常行三昧を行う常行堂、法華三昧を行う法華堂などがある。力自慢の弁慶が渡廊下を天秤棒にして常行堂と法華堂を担ったという伝承から、「弁慶のにない堂」ともよばれる。

2001.8.23. 第2次世界遺産 第4集（京都2）
C1799c　　　C1799c　80Yen ……………120□

不滅の法燈

最澄が点灯した灯。本尊薬師如来像の前で、3つの釣灯篭の火がゆらめく。朝夕、菜種油を注ぎ足す。「油断」すると消えてしまう。信長の焼打ちで灯が消えたが、立石寺の分灯から灯を戻した。

2001.8.23. 第2次世界遺産 第4集（京都2）
C1799b　　　C1799b　80Yen ……………120□

石山寺　　いしやまでら　【滋賀県大津市】

大仏造営用の黄金が不足、良弁（ろうべん）が当地の岩上で祈願。749年、陸奥から金が献上された。聖武天皇はこれを瑞祥とし、天平感宝と改元。勅願により良弁は当地に寺を開き、1丈6尺（4.8m）の観音像を作って安置。

多宝塔[国宝]

日本最古、そして最も美しいとされる多宝塔。内部に快慶作の大日如来像を安置。1078年に落雷で伽藍を焼失。1194年、源頼朝が再興、多宝塔も寄進した。

341　　　　255　　　　R804d

1951.5.21.
第1次動植物国宝切手80銭
341　0.80Yen ……………450□ ［同図案▶348小型シート］
1952.7.10.　第2次動植物国宝切手4円
355　4Yen ……………………………………400□
2011.10.14.　地方自治法施行60周年　滋賀県
R804d　80Yen ……………………………………120□

112

月見亭

1687年。寄棟・茅葺、外壁は吹放しし、高欄を巡らす。後白河上皇の行幸に際して創建されたといい、幾度も修築される。明治・大正・昭和の歴代天皇も行幸された。

P210

2017.6.9.　日本の夜景　第3集
C2319h　82Yen ……………………………………120□
1961.4.25.　琵琶湖国定公園
C2319h　　　　P210　10Yen ……………………80□
石山寺秋月祭

••••• 石山寺と文学 •••••

平安時代、官女の石山詣が流行。紫式部も参籠、源氏物語を着想したといい、本堂の傍らに「源氏の間」がある。蜻蛉日記・枕草子・更級日記・和泉式部日記などに当寺が登場、また歌にも詠まれた。

満月寺　　まんげつじ　【滋賀県大津市堅田】

琵琶湖西岸、湖上に突き出た浮御堂が特徴的で、近江八景「堅田の落雁」として有名。10世紀末、源信が千体阿弥陀仏を刻んで浮御堂に安置したという。

浮御堂（うきみどう：浮見堂）

1937年に再建。先代の堂は1934年の室戸台風で倒壊。境内とは長さ17mの石橋で結ばれ、湖上に浮かぶように建つ。宝形造（ほうぎょうづくり）の小堂。木造平屋建、瓦葺。

R804a
琵琶湖とカイツブリと浮御堂

2011.10.14.　地方自治施行60年　滋賀県
R804a　80Yen ……………………………………120□

[浮御堂の創建と千体仏堂]：比叡山横川（よかわ）の源信（恵心僧都）は、琵琶湖に怪しい光を見た。網で掬わせると、1寸8分の黄金の阿弥陀仏像であった。阿弥陀仏を作って胎内に黄金仏を納めた。1000体の阿弥陀仏像と共に安置。湖上安全と衆生済度を祈願して千体仏堂（浮御堂）を創建したという。

慈照寺（銀閣寺）　【京都市北区金閣寺町】

じしょうじ

足利義政が祖父の北山殿（金閣）に倣い、別荘の東山殿（ひがしやまどの）を造営。没後、遺命で禅寺に。寺名は義政の法号「慈照院」に因む。東山文化を象徴する存在。観音殿（銀閣）、東求堂・本堂などが残る。

観音殿（銀閣）[国宝]

1489年。木造・重層。宝形造で屋頂に鳳凰を置く。下層は心空殿（しんくうでん）で住宅風。東側に落縁。上層は潮音閣（ちょうおんかく）で禅宗様の仏殿風。

C497（左）

C1801a（右）
雪の銀閣

1969.2.10.　第1次国宝　第5集
C497　15Yen ………………………………… 60□

2002.2.22.　第2次世界遺産　第6集（京都4）
C1801a　80Yen ………………………………… 120□

慈照寺（銀閣寺）庭園[特別史跡・特別名勝]

伝・相阿弥作。西芳寺の庭園を模したとされる池泉回遊式庭園だが、江戸時代の改修でかなり変化している。銀閣と庭は観月を目的に設計されたという。

C1000

1984.10.8.
第17回国際内科学会議
C1000　60Yen ………………………………… 100□

C1801b　富士形の砂盛は向月台などと命名される。

2002.2.22.　第2次世界遺産　第6集（京都4）
C1801b　80Yen ………………………………… 120□

南禅寺　【京都市左京区南禅寺福地町】

なんぜんじ

1291年、亀山上皇の離宮を禅寺に改め、竜安山禅林禅寺と称す。日本初の勅願禅寺。1335年、京都五山の第一。1615年、第270世に心崇伝（いしんすうでん）が僧録司（後の寺社奉行）となる。

山門[重文]

禅宗式の大楼門。1628年、大坂夏の陣の戦死者を弔うため藤堂高虎が再建。天下竜門と称し、上層を五鳳楼（ごほうろう）とよぶ。

C2276f

2016.8.19.　My旅切手　第1集　私が見つけた京都
C2276f　52Yen ………………………………… 80□

天授庵庭園

天授庵は南禅寺の塔頭の1つで、2つの庭を持つ。方丈前庭（東庭）は枯山水庭園で、書院南庭は楓などが茂る池泉回遊式庭園。切手背景に描かれたのは後者。

C509　土田麦僊「舞妓林泉」

※切手発行時、モデルの舞妓（今井フミ）の存命が判明して話題になる。天授庵庭園で郵政大臣から今井フミへシート贈呈。

1968.4.20.　切手趣味週間
C509　80Yen ………………………………… 120□

南禅寺水路閣

1888年竣工。琵琶湖疏水の水路橋。全長93.2m、幅4m、高さ9m。煉瓦・花崗岩造、アーチ型橋脚。境内を通過するため、東山の景観に配慮してデザインされた。

C2276e

2016.8.19.　My旅切手　第1集　私が見つけた京都
C2276e　52Yen ………………………………… 80□

高台寺　【京都市東山区】

こうだいじ

1598年、秀吉が死去。正室の北政所（ねね）は落飾し、高台院湖月尼をなのる。1605年、家康は、政治的配慮もあり、堀直政を普請掛として高台寺を建立。庭園は小堀遠州作。数度の火災や廃仏毀釈で衰退。

庭園[史跡・名勝]

小堀遠州の代表作。東山を借景とする3000坪の池泉回遊式庭園。偃月池（えんげつち）と臥龍池（がりょうち）の間に開山堂が建つ。

C2319c　高台寺の紅葉

2017.6.9.　日本の夜景　第3集
C2319c　82Yen ………………………………… 150□

開山堂[重文]

入母屋造・本瓦葺。禅宗様の仏堂。1605年建築。北政所の持仏堂だったが、中興の三江紹益の木像を祀る。

三江紹益像の右に木下家定（北政所の兄）夫妻、左に寺を普請した堀直政の像を安置。

R720ef

2008.10.1.　旅の風景　第2集（京都）
R720ef　各80Yen ………………………………… 120□

神社仏閣めぐり

113

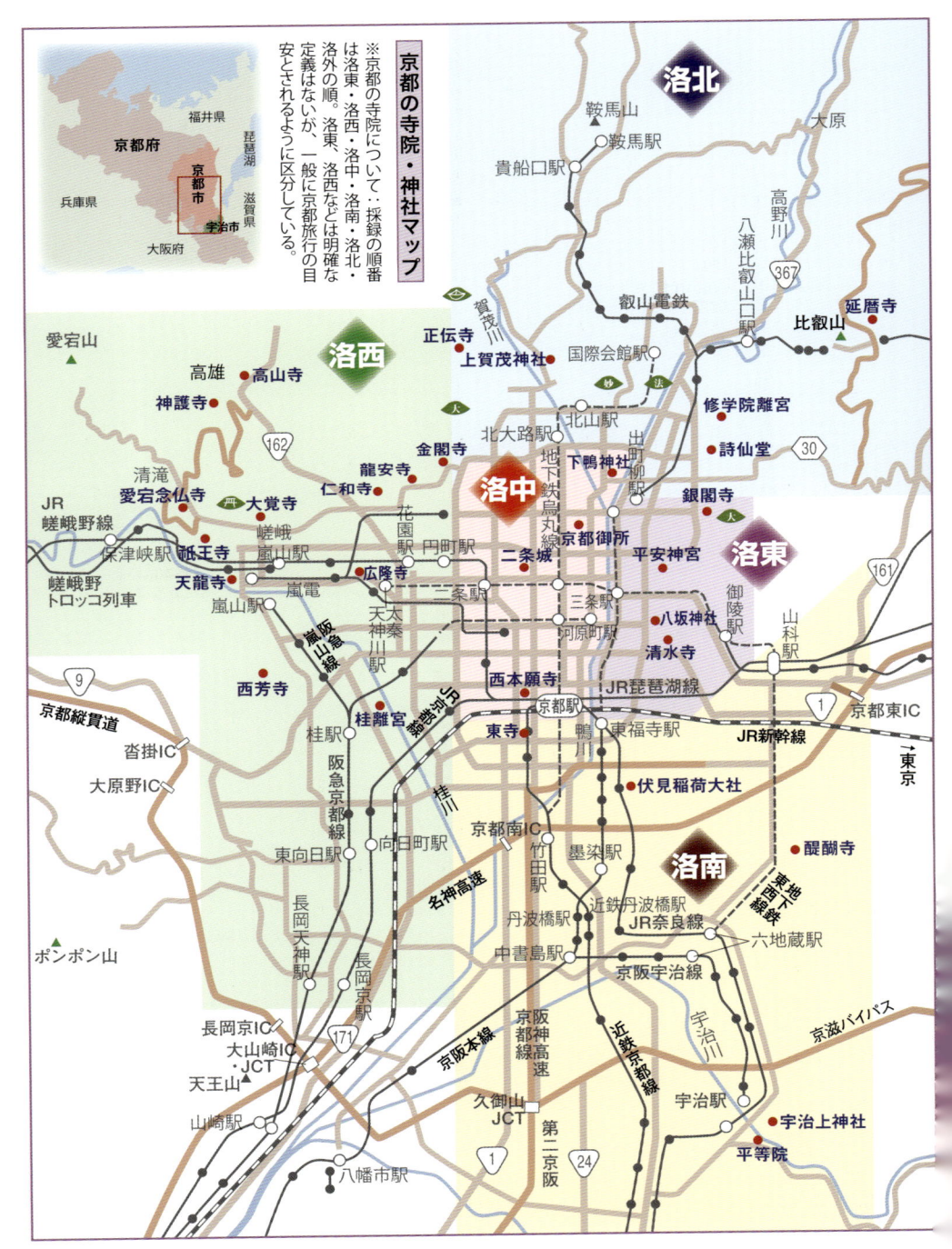

京都の寺院・神社マップ

※京都の寺院について：採録の順番は洛東・洛西・洛中・洛南・洛北・洛外の順。洛東、洛西などは明確な定義はないが、一般に京都旅行の目安とされるように区分している。

洛北

鞍馬山
鞍馬駅
貴船口駅
大原
高野川
八瀬比叡山口駅
叡山電鉄
367
延暦寺
比叡山

洛西

愛宕山
高雄　高山寺
神護寺
正伝寺
上賀茂神社
国際会館駅
162
北大路駅　北山駅
金閣寺
龍安寺
仁和寺
清滝
愛宕念仏寺
大覚寺
嵯峨
JR
嵯峨野線
花園駅
円町駅
嵯峨嵐山駅
嵐電
保津峡駅
嵐山駅
祇王寺
天龍寺
広隆寺
二条城
嵯峨野
トロッコ列車
天神川駅
太秦駅
二条駅
三条駅

修学院離宮
詩仙堂
30
下鴨神社
出町柳駅
地下鉄烏丸線
京都御所
銀閣寺

洛中

平安神宮
御陵駅
山科駅
161

洛東

八坂神社
河原町駅
清水寺
西本願寺
JR琵琶湖線
京都駅
東福寺駅
JR新幹線
京都東IC
→東京
1
西芳寺
桂離宮
桂駅
東寺
鴨川
伏見稲荷大社
9
京都縦貫道
沓掛IC
大原野IC
名神高速
阪急京都線
向日町駅
東向日駅
京都南IC
竹田駅
墨染駅
醍醐寺
近鉄丹波橋駅
丹波橋駅
JR奈良線
六地蔵駅
東西地下鉄線

洛南

長岡天神駅
中書島駅
京阪宇治線
ポンポン山
長岡京駅
長岡京IC
大山崎IC・JCT
天王山
171
京阪本線
京阪都神線高速
近鉄京都線
宇治川
京滋バイパス
山崎駅
久御山JCT
宇治駅
宇治上神社
八幡市駅
第二京阪
平等院
1
24

福井県
京都府
琵琶湖
兵庫県
京都市
滋賀県
宇治市
大阪府

　＊上掲のマップは、切手に関連する社寺や庭園などの位置を示す。一部は割愛。

法観寺 【京都市東山区】
（ほうかんじ）

聖徳太子創建と伝える。延喜式の盂蘭盆会供養七寺の一つ。渡来系豪族八坂氏の氏寺と推定される。応仁の乱後に衰退、現在は五重塔・太子堂・薬師堂のみ。

八坂の塔［重文］

飛鳥時代の礎石の上に建つ高さ46mの五重塔。純和様・本瓦葺。焼失・再建を繰り返し、現在の塔は1440年、足利義教が再建。八坂の塔と呼ばれ、東山のシンボル。

R720h
2008.10.1.
旅の風景　第2集（京都）
R720h　80Yen…………… 120□

清水寺 【京都市東山区清水】
（きよみずでら）

798年、坂上田村麻呂が創建。810年、鎮護国家の道場に。興福寺（南都）に属し、延暦寺（北嶺）の八坂神社としばしば争う。幾度も炎上、そのつど再建。

本堂［国宝］

1633年、徳川家光の寄進で再建。南側の懸造（かけづくり）の広い舞台は、創建時の姿を伝え、「清水の舞台」として有名。展望は抜群。

288
C740

1946.12.1.　第1次新昭和切手2円
288　2Yen……600□［同図案▶309、C108小型シート］
1977.11.16.　第2次国宝　第6集
C740　100Yen…………………………190□

C1798h（左）
C2276b（右）

2001.6.22.
第2次世界遺産　第3集（京都1）
C1798h　80Yen…………… 120□
2016.8.19.　My旅切手　第1集　私が見つけた京都
C2276b　52Yen…………………… 80□

············ 清水の舞台から飛び降りる ············

"清水の舞台から…"、この語句は「決意の比喩」と思いきや、江戸中～後期の「清水寺成就院日記」によれば、飛び降りは年平均1.6件で、7人に1人は生存している。病気平癒を祈願して飛び降り成就するなら無傷、また死んで成仏できるという。

R720ab
清水寺

2008.10.1.
旅の風景
第2集（京都）
R720ab
80Yen … 120□

※ライトアップ：R720abは秋の夜景。通常、年3回ライトアップされる。桜咲く3月、千日詣の8月・そして紅葉の秋。いずれも昼間とは全く異なる光景をみせる。

子安塔［重文］

創建は不明。高さ15mの三重塔。丹塗り、桧皮葺。清水寺の塔頭の1つで泰産寺の塔。内部に千手観音（子安観音）を安置。安産祈願で崇敬される。

C2276a
2016.8.19.　My旅切手　第1集
C2276a　52Yen …………… 80□

三重塔［重文］と西門［重文］

三重塔は和様の塔。1633年再建。高さ30m。1987年の解体修理で極彩色も復元。内部は曼荼羅世界を再現。西門は1631年建立。切妻造・檜皮葺。基本は八脚門、正面に向拝、背面に軒唐破風が付く。

C1798g
2001.6.22.　第2次世界遺産　第3集（京都1）
C1798g　80Yen …………………………… 120□

········ こんなところにも清水寺が!? ········

切手は五条大橋と清水寺を合成。五条大橋から遠い（東1.5km）ので、ビルがなくても清水寺は米粒くらい。見えたとしても角度が異なり、実際の清水寺は橋のほぼ真東。

1995.4.3.　牛若丸と弁慶
R158　80Yen…… 120□

洛　西

鹿苑寺（金閣寺） 【京都市北区金閣寺町】
（ろくおんじ）

足利義満が大規模な山荘「北山殿（きたやまどの）」を造営。将軍職を退いても実権を握り続け、ここで政務を執る。没後、遺命により禅寺とする。

金閣（鹿苑寺舎利殿）

1950年、放火で焼失。1955年再建。1987年修築。鏡湖池の畔に建つ木造三層楼で、各層に変化をつける。屋根は宝形造、柿葺、頂に鳳凰を飾る。

236
1939.6.11.　第1次昭和切手50銭
236　50Sen…………………300□

神社仏閣めぐり

C1241（右）
平行棒競技と金閣

※C1241は順路の途中から見た金閣だが、他の切手は立入禁止の場所から見た金閣。また、寺名は足利義満の法号「鹿苑院」にちなむ。鹿苑とは初転法輪（釈迦の最初の説法）の場所、インド北部の鹿野苑（ろくやおん）である。

1988.10.14. 第43回国民体育大会
C1241　40Yen……………………70□

鹿苑寺（金閣寺）庭園［特別史跡・特別名勝］

鏡湖池を中心とする池泉回遊式庭園。水面に金閣が映える。池には葦原島・鶴島・亀島等の中島や、畠山石・赤松石・細川石等の名石を配す。金閣などの建築と庭園は、極楽浄土の具現を目指したという。

C1800i（左）
鹿苑寺
秋の金閣

C1800j（右）
鹿苑寺
雪の金閣

2001.12.21. 第2次世界遺産 第5集（京都3）
C1800ij　各80Yen……………………120□

りょうあんじ
龍安寺　【京都市右京区】

1450年、細川勝元（応仁の乱の東軍）が衣笠山の山麓に開創。応仁の乱で焼失、細川政元（勝元の子）が再興。秀吉らも風趣を愛し、歌会を催した。1797年大半を焼失。

龍安寺方丈庭園［史跡・特別名勝］

枯山水式の石庭。石の配置から「虎の子渡し」や「七五三の庭（石組みが七五三の3群に見える）」ともよばれる。相阿弥（そうあみ）作と伝えるが、作者・時期・主題などは不明で議論が多い。

C1502
1994.11.8. 平安建都1200年
C1502　80Yen……………………150□

- -
クイズ「虎の子渡し」

母虎と泳げない子虎ＡＢＣがいる。Ａは獰猛で、子虎だけにすると他の子虎を食べてしまう。さて、3匹を連れた母虎が、無事に川を渡る方法は？
答え：まず母はＡを背負って対岸へ渡り、戻る。次にＢを渡し、Ａを連れて戻る。次にＣを渡す。最後にＡを渡す。苦しい生計の遣繰りの比喩でもある。
- -

龍安寺方丈庭園のパノラマ

C1801cd
龍安寺
方丈庭園

2002.2.22. 第2次世界遺産 第6集（京都4）
C1801cd　各80Yen……………………120□

にんなじ
仁和寺　【京都市右京区御室】

888年（仁和4年）に開創。宇多法皇が入って門跡寺院となり「御室御所」とも呼ばれる。幾度も焼亡するが復興。徳川家光に庇護され、御所改築に伴い、紫宸殿（本堂）・清涼殿（御影堂）などを移築して伽藍を再興。

御殿

1914年竣工。南北に庭園を配置。紫宸殿と同様、檜皮葺、入母屋造。内部は三室。切手図案は勅使門（手前）・南庭・寝殿。

C1799g
2001.8.23.
第2次世界遺産 第4集（京都2）
C1799g　80Yen……………………120□

五重塔

1644年建立。総高36m。内部に、大日如来と無量寿如来など四方仏を安置。切手図案は御室桜の西部から東方、五重塔を望む風景。

C1799h
2001.8.23.
第2次世界遺産 第4集（京都2）
C1799h　80Yen……………………120□

※御室桜（お多福桜）：中門内一画の約200本の遅咲き桜。土壌のためか丈が低く、根元から枝を張る。4月20日頃に満開。1757年頃から庶民もここで花見を楽しめるようになった。

こうざんじ
高山寺　【京都市右京区梅ヶ畑栂尾町】

774年、光仁天皇の勅願で開創。もとは神護寺の別院。後鳥羽上皇に寺域を賜り、明恵（みょうえ）が復興。高山寺と改称。石水院や鳥獣戯画などは国宝。

石水院（せきすいいん）（五所堂）［国宝］

鎌倉時代。入母屋造・向拝付き・柿葺。元は後鳥羽上皇の学問所という。明恵が住んだ当初の石水院は、1228年の洪水で流され、東経蔵を石水院に。1889年、現在地へ移築・改装。名前も場所も変わったが、明恵時代の唯一の遺構。

C1800d
2001.12.21. 第2次世界遺産 第5集（京都3）
C1800d　80Yen……………………120□

神社仏閣めぐり

表参道

表参道の石段を上ると「栂尾山 高山寺」の寺標がある(富岡鉄斎筆)。仁王門跡近くに石灯籠が立つ。正方形の石敷が斜めに置かれ、17枚並ぶ。

C1800c

2001.12.21.
第2次世界遺産　第5集(京都3)
C1800c　80Yen……………………120□

神護寺　【京都市右京区高雄】

和気清麻呂が河内国に建てた神願寺を、子の真綱が当地に移し、氏寺の高雄山寺と合併。神護国祚真言寺(神護寺)と称す。空海が真言道場とした。火災や戦乱で衰退。文覚が再興に着手。のち家康の庇護で再建。

↑上部が愛宕神社　　　　　　　　↑上部が神護寺
C1496-500　高雄観楓図屏風(55%)
1994.11.8.　平安建都1200年
C1496-500　各80Yen……………………120□

愛宕念仏寺　【京都市右京区】

766年、称徳(孝謙)天皇が建立。平安初期、洪水で廃寺後、醍醐天皇の命で千観が復興。常に念仏を唱える千観は念仏聖人とよばれ、寺も愛宕念仏寺とよばれる。1955年、西村公朝(東京芸大教授)が当地で復興。

羅漢さんとふれ愛観音堂

切手図案は千二百羅漢とふれ愛観音堂。千二百羅漢は素人が彫った1200体の石造羅漢。1981年、西村公朝による羅漢像の境内充満発願以来のもの。ふれ愛観音堂は西村公朝制作のふれ愛観音を安置。

2008.9.1.
旅の風景　第1集(京都)
R718a
R718a　80Yen……………………120□

念仏寺(化野念仏寺)　【京都市右京区】

化野は京の風葬の地。空海が如来寺を開創。延暦寺の弾圧から法然が逃れ、当地に念仏道場を開き、念仏寺と改称。明治中期、付近の無縁仏を集め、約8000体の石仏が境内を埋める。

2008.9.1.
旅の風景　第1集(京都)
R718c
R718c　80Yen……………………120□

祇王寺　【京都市右京区】

良鎮(法然の門弟)が開いた往生院の境内。広大だったが、荒廃して小さな尼寺となる。平清盛の寵を失った白拍子の祇王が尼となり、のち祇王寺とよばれる。明治初期に廃寺。1895年、府知事が再建。

苔庭

境内中央、苔に美しく覆われた庭。苔庭を囲むように小道を巡らし、様々な角度から眺められる。境内奥の僅かな高台に茅葺の草庵があり、苔庭と調和する。

R718d

2008.9.1.
旅の風景　第1集(京都)
R718d　80Yen……………………120□

……… 祇王と清盛と仏御前 ………

祇王は平清盛の寵を受けた白拍子(舞遊女)だったが、自ら推挙した白拍子・仏御前に清盛の寵が移る。仏御前のために舞えと命じられ、屈辱から21歳で出家。妹の祇女(ぎじょ)、母の刀自(とじ)らと往生院に隠棲。のち仏御前もここに入った。

常寂光寺　【京都市右京区嵯峨小倉山町】

1595年、本圀寺(ほんこくじ)の日禛(にってい)は、小倉山中腹に草庵を結んで隠居。角倉了以や小早川秀秋の寄進で寺を造営。本堂は桃山城客殿を移築。

多宝塔[重文]

京商人の寄進で1620年建立。高さ12m。方三間・重層・宝形造。檜皮葺。内部の須弥壇に釈迦如来と多宝仏を安置。

R718g

2008.9.1.
旅の風景　第1集(京都)
R718g　80Yen……………………120□

天龍寺　【京都市右京区嵯峨天龍寺芒(すすき)ノ馬場町】

後醍醐天皇(大覚寺統)が吉野で崩御。1339年、夢窓疎石の勧めで、足利尊氏が菩提のため、大覚寺統の離宮「亀山殿」に寺を造営。足利氏と共に盛衰する。禁門の変では長州軍が当寺に陣を構え、焼亡。

天龍寺庭園[史跡・特別名勝]

寺域は嵐山を望む景勝地。700年前、方丈裏庭に夢窓疎石が築庭。一部は作庭時の姿を留める。嵐山や亀山(小倉山)を借景に、曹源池(そうげんち)を中心とした池泉回遊式庭園。回遊式だが、方丈から見る事を意識。

C1800gh
切手図案は大方丈からの眺望

2001.12.21.
第2次世界遺産
第5集(京都3)
C1800gh
各80Yen…120□

西芳寺（苔寺）　【京都市西京区】

<ruby>さいほうじ<rt></rt></ruby>

聖武天皇の勅願で行基が開いた四十九院の一つ。空海・真如・源空などが来住。夢窓国師が禅寺として再興、西方寺を西芳寺に改称、築庭する。応仁の乱の兵火や洪水・廃仏毀釈などで荒廃。現在の建物は明治期の造営。

西芳寺庭園［史跡・特別名勝］

1339年、夢窓国師が築いた日本最古の枯山水の石組。石組を庭の主役とし、禅の境地を表現したという。元の枯山水庭園は荒廃し、低湿地のため江戸末期には苔で覆われた。100種余の苔が密生し、苔寺と通称される。

C1800e（左）霞島（長島）：園内の黄金池には長島、朝日ヶ島、夕日ヶ島と３つの中島があり、橋がつなぐ。当初は白砂で覆われていたが、今は橋も島も苔が密に覆う。

C1800f（右）向上関：西芳寺の庭園は下段の池泉回遊式庭園と上段の枯山水庭園に分かれる。下段から上段への門が向上関で、ここを潜り、通宵路（つうしょうろ）を上ると上段。

2001.12.21.　第２次世界遺産　第５集（京都３）
C1800ef　各80Yen……………………………120□

洛　中

本願寺　【京都市下京区】

<ruby>ほんがんじ<rt></rt></ruby>

親鸞没後、娘の覚信尼が草堂を建立。8世蓮如が勢力拡大。11世顕如は信長に対抗した（石山合戦）。秀吉の寄進で基盤を確立、次子准如が継承（西）。長子教如は家康寄進の土地に寺を建て、同じく本願寺と称した（東）。

唐門［国宝］

桃山時代。伏見城の遺構とする説もある。檜皮葺の四脚門で、正面・背面は唐破風造、側面は入母屋造。総漆塗り、豪華な彫刻で装飾。見事さに日没を忘れるので「日暮し門」とも。

C1801e

2002.2.22.
第２次世界遺産　第６集（京都４）
C1801e　80Yen……………………120□

飛雲閣（ひうんかく）［国宝］

三層の楼閣。聚楽第の遺構とする説もある。江戸初期の代表的建築。一階は船入の間や茶室など。二階は歌仙の間で回縁付き。三階は摘星楼。各重の屋根は唐破風や入母屋破風など変化に富む。

C1801f

2002.2.22.
第２次世界遺産　第６集（京都４）
C1801f　80Yen……………………120□

書院

入母屋造・本瓦葺。対面所と白書院で構成。対面所の主体「鴻の間」は203畳の大広間で、欄間に鴻の透彫がある。白書院は、一の間、二の間、三の間で構成。

C1801g　切手図案は、鴻の間の下段から上々段の違い棚を写している。

2002.2.22.
第２次世界遺産　第６集（京都４）
C1801g　80Yen……………………120□

洛　南

教王護国寺（東寺）　【京都市南区九条町】

<ruby>きょうおうごこくじ<rt></rt></ruby>

平安京・国家鎮護の官寺として、羅城門の左右に東寺（左寺）と西寺（右寺）を建立。823年、嵯峨天皇が空海に与え、日本初の密教寺院となる。西寺は990年に焼失。宗教法人名は「教王護国寺」、ただし創建当時から近代の公文書には「東寺」と記載していた。

五重塔［国宝］

9世紀末の建立以来4回焼失し、1644年、徳川家光の寄進で再建。総高55m、木造建築では日本最大。空海が唐から請来した仏舎利を納める。

C1798e　東寺 南大門と五重塔

2001.6.22.
第２次世界遺産　第３集（京都１）
C1798e　80Yen……………………120□

C2298a　　　　　G25d

2017.1.6.　日本の建築　第２集
C2298a　82Yen……………………120□
［同図案▶C2299ac、C2300ac単色凹版］

2008.6.23.　国際文通グリーティング
（日本インドネシア国交樹立50周年）
G25d　80Yen……………………120□

R873京都
大文字に東寺五重塔

2016.6.7.
地方自治施行60周年　47面シート
R873京都　82Yen……………………120□

神社仏閣めぐり

醍醐寺 【京都市伏見区醍醐伽藍町】

874年の創建。醍醐天皇をはじめ歴代の天皇が帰依した。応仁の乱で大半を焼失、五重塔だけが残る。第80代座主の義演が、秀吉の庇護を受けて再興。

三宝院庭園［特別史跡・特別名勝］

1598年。豊臣秀吉が「醍醐の花見」に際して自ら基本設計した庭。花見の翌月に着工、秀吉没後に27年かけて完成。華麗な桃山文化を伝える。

C1799d（左）
左側は三宝院純浄観［重文］：醍醐の花見の際の建物を移築したという。
右側は三宝院本堂（弥勒堂）：非公開。本尊は快慶作の弥勒菩薩。
C1799e（右）
三宝院庭園

2001.8.23. 第2次世界遺産 第4集（京都2）
C1799de 各80Yen ··················· 120□

林泉苑

1930年、醍醐天皇一千年御忌を記念し、織物商山口玄洞が寄進。池の周囲に観音堂や弁天堂が建つ。紅葉の名所で、ライトアップもある。

C2277d

2016.8.19. My旅切手 第1集 私が見つけた京都
C2277d 82Yen ··················· 120□

土牛の桜

白い築地塀を背景にした三宝院のしだれ桜。構図は幹が主体で、満開の花々や散った花片を文様的に描き、春爛漫の風情を表現する。この絵のモデルになったので「土牛の桜」とも呼ばれる。

C1586 奥村土牛「醍醐」

1997.4.18. 切手趣味週間
C1586 80Yen ··················· 160□

······ 秀吉の醍醐の花見 ······

慶長3年3月15日、秀吉は醍醐で盛大な花見を開催。花見のために近畿各地から桜700本を移植、また建物や庭園を造営した。正室・側室ら主に女性1300人が参加。5カ月後に秀吉は死去（61歳）。今も4月第2日曜日に「豊太閤花見行列」が催される。

五重塔［国宝］

高さ38m。本瓦葺。936年、醍醐天皇の菩提に竣工。京都府下では現存最古の木造建築。初層内部の壁画17面［国宝］、両界曼荼羅図などを羽目板ほかに描く。

C1799f

2001.8.23.
第2次世界遺産 第4集（京都2）
C1799f 80Yen ··················· 120□

平等院 【京都府宇治市】

藤原道長の別荘を経て、末法の初年の1052年、浄土思想に基づいた寺とする。本堂の阿弥陀堂は鳳凰堂と呼ばれ、阿弥陀如来像を安置。銅鐘は日本三名鐘の一つ。

鳳凰堂（阿弥陀堂）［国宝］

中堂と左右の翼廊、および中堂背後の尾廊で構成。当初は阿弥陀堂や御堂と呼ばれていた。鳳凰堂の名は、鳳凰の棟飾によるという。また、正面からみた建物構成が鳳凰を思わせるからともいう。

346

1950.11.1. 第1次動植物国宝切手24円
346 24Yen ··················· 8,500□
［同図案▶350小型シート、361、362］

C1334
シダレザクラと北山杉と平等院鳳凰堂

C846 小林古径画「阿弥陀堂」

1980.2.22. 近代美術 第5集
C846 50Yen ··················· 80□

1991.5.24. 国土緑化運動
C1334 41Yen ··················· 70□

C2244a 平等院鳳凰堂

C1799i 平等院鳳凰堂

2001.8.23. 第2次世界遺産 第4集（京都2）
C1799i 80Yen ··················· 120□

2016.1.8. 日本の建築第1集
C2244a 82Yen ··················· 120□
［同図案▶C2245a、C2246a、C2247a、C2248a 単色凹版］

鳳凰の棟飾［国宝］

阿弥陀堂の中堂の屋根上に南北一対（雌雄の別はなし）。創建当初は鍍金の鳳凰が燦然と輝いていたらしいが、900年の月日で損傷み、屋根には複製（1968年）が載る。

433 実物は鳳翔館（宝物館）に保存展示

1971.3.29. 新動植物国宝図案・1967年シリーズ150円
433 150Yen ··················· 450□ ［同図案▶454］

神社仏閣めぐり

119

梵鐘 [国宝]

1053年頃制作。平等院の梵鐘は形も装飾模様も優れ、龍頭（りゅうず・吊り下げ部分）が力強い。全面に、龍・鳳凰・飛天などの浮彫で装飾される。

465　鐘楼には複製が吊るされ、実物は鳳翔館に収蔵

1980.11.25.　新動植物国宝図案・1980年シリーズ60円
465　60Yen……………………100□ [同図案▶481コイル]

─────「梵」とは神聖・清浄のこと─────

「梵」はサンスクリット語「ブラフマン」の音訳で、神聖・清浄を意味する。神聖な仏事に用いる鐘なので「梵鐘」と呼ぶ。また日本三名鐘といえば、神護寺の鐘、平等院の鐘、園城寺（三井寺）の鐘を指す。

洛 北

正伝寺　【京都市北区西賀茂】
しょうでんじ

1273年、東巌慧安（とうがんえあん）が烏丸今出川に創建。亀山天皇が現在の寺号を下賜。のち延暦寺宗徒が堂宇を破壊。1283年、現在地に再建。衰退・復興を繰り返す。明治に荒廃したが戦後復興。

庭園

方丈（本堂）前の枯山水庭園。小堀遠州作と伝える。方丈広縁から、白壁越しに借景の比叡山が望める。岩を用いず、白砂とサツキの刈込だけで構成。

C2277i（左）正伝寺 お月さま
C2277j（右）正伝寺の白壁と借景

2016.8.19.　My旅切手　第1集　私が見つけた京都
C2277ij　各82Yen……………………120□

※方丈 [重文]：1653年、南禅寺塔頭の金地院の小方丈を移建、本堂とした。元は伏見城御成殿という。一重・入母屋造・柿葺。襖絵は狩野山楽の筆。※C2277ijともに方丈から見た庭園、遠景は比叡山。

三千院　【京都市左京区大原】
さんぜんいん

788年、最澄が比叡山の梨の大樹の下に仮堂を作る。平安後期、最雲法親王が入山、梶井宮と称し門跡寺院となる。幾度も移転し、寺名も変転した。1871年、現在地に移り「三千院」と称す。

本堂（往生極楽院）[重文]

1148年、真如房尼（藤原実衡の妻）が夫の菩提に建立した常行三昧堂。1616年に大修理。独立の寺院だったが、1871年に移転してきた三千院に吸収された。

C2277f　2016.8.19.　My旅切手　第1集
C2277f　82Yen……………………150□

有清園（ゆうせいえん）

宸殿前から往生極楽院にかけて広がる池泉回遊式庭園。杉や檜が立ち、庭を一面に覆う苔が見事。名は宋の詩人、謝霊運の「山水有清音」という句に由来。

C2277e

2016.8.19.　My旅切手　第1集
C2277e　82Yen……………………150□

詩仙堂　【京都市左京区】
しせんどう

江戸前期の文人石川丈山が隠棲した山荘。堂の壁に、三十六歌仙に倣って、李白・杜甫ら中国詩人36名の額（丈山書・狩野探幽画）を掲げたので詩仙堂と呼ぶ。1641年竣工。1966年に寺院となる。国の史跡。

庭園

石川丈山が作庭、後世の修復もあるが当時の趣を保つ。山際に滝を作り、渓流が庭を貫流する。

C2276g（左）庭園と一葉の紅葉
C2276h（右）庭園と左方に詩仙の間

2016.8.19.　My旅切手　第1集
C2276gh　各52Yen……………………80□

洛 外

海住山寺　【京都府木津川市加茂町】
かいじゅうせんじ

735年、聖武天皇の勅願で良弁（ろうべん）が開基、観音寺と称す。1208年、貞慶（解脱上人）が中興、現名に改称。恭仁京があった瓶原（みかのはら）を見下ろす海住山の中腹、樹々に囲まれる。

五重塔 [国宝]

1214年（貞慶の一周忌）建立。全高18mと小ぶり。1962年の解体修理で裳階を復元。初層は裳階付で外辺は吹放ち。初層内に心柱なく、初層天井から立上る。初重4面に扉あり、内側に仏画を描き、壁にも彩色文様。

R721d　和束の茶畑と海住山寺五重塔

2008.10.27.　地方自治法施行60周年　京都府
R721d　80Yen……………………120□

─────和束茶という宇治茶─────

R721dの茶畑は京都府相楽郡の町、和束町の光景。府下の茶生産の4割を占めるが、多くは宇治茶として流通。貞慶から海住山寺を継いだ慈心が、明恵に頂いた種子を栽培したのが始まりという。和束町には茶畑が広がり、お猿さんが出没する。

神社仏閣めぐり

六扇 ┆ 五扇 ┆ 四扇 ┆ 三扇 ┆ 二扇 ┆ 一扇

切手趣味週間

(50%)

上杉本洛中洛外図屏風 【米沢上杉博物館蔵】

切手シートは右隻が題材。切手帳の解説には、切手や
耳紙に見える主な社寺が20ほど表記されている（＊印）。
実際にはその数倍が描かれており、相互の位置関係は
実在の社寺とほぼ一致。二条大橋下のパネルに解答あり。

2016.4.20. 切手趣味週間
C2257　820Yenシート ························· 1,600□

京都の寺院はここまで

一扇：泉湧寺、清水寺＊、子安塔、東福寺、妙法院、経画堂、
　　　六波羅、三十三間堂＊、七条道場、万寿寺＊、戒光寺＊、
　　　不動院、稲荷御旅所、若宮八幡＊、東寺＊、八条道場
二扇：地主神社、八坂院、祇園社＊、大黒堂、建仁寺＊、
　　　四条泣地蔵、閻魔堂＊、因幡堂＊、長弓寺、長講堂＊、
　　　玉津島、悲田寺、大政所、本国寺＊、六条念仏、御影堂、
　　　五条之天神＊、中堂寺
三扇：雙林寺、知恩院、四条道場、青蓮院、三猿堂、冠者殿、
　　　悪王子、山王、善長寺＊、清荒神
四扇：（将軍塚）、南禅寺＊、永観堂、三条八幡、等持寺＊、
　　　曇華院、六角堂＊、円福寺＊、本能寺＊、神明
五扇：黒谷（金戒光明寺）、真如堂、東山殿様（銀閣）＊、聖
　　　護院、秋野道場、蛸薬師、御霊、妙覚寺＊、妙顕寺＊
六扇：白川八幡、糺の森、東北院、報恩寺＊、天満宮＊、
　　　浄華院、鞠の宮、下御霊御旅所、上御霊御旅所、頂妙寺

東大寺 【奈良市雑司町】

とうだいじ

聖武天皇の発願。良弁や行基らの尽力で、749年大仏、
752年大仏殿が完成、開眼供養を行う。創建当初は大
仏殿や東西の七重塔等が並ぶ大伽藍。たびたびの兵火
で大半を焼失。徳川綱吉らの援助で大仏殿を再建。

大仏殿 [国宝]

盧舎那仏を安置する金堂。752年竣工、焼失・再建を
2度繰り返す。寄棟造・本瓦葺。一重だが裳階付きで
2階建に見える。創建時の間口は86mだが、再建では
57m。高さと奥行は維持。

東大寺　興福寺

C882　奈良の風景と
ナラノヤエザクラ

1981.5.23. 国土緑化
C882　60Yen ························· 100□

2002.6.21. 第2次世界遺産　第7集（奈良1）
C1802a　80Yen ························· 120□

※大仏様（だいぶつよう・天竺様）：重
源（ちょうげん）が東大寺再建に採用
した南宋の建築様式。東福寺・方広
寺・東大寺の大仏殿などに用いられ
た。水平材の多用で構造を固め、天井
を張らずに構造自体を意匠とする。

R731a
2009.3.2.
旅の風景　第5集（奈良）
R731a　80Yen ························· 120□

南大門 [国宝]

高さ25m。大仏殿に相応した日
本最大の山門。創建時の門は962
年の台風で倒壊。1203年、重源
が現在の門を大仏様で再建。入母
屋造、三戸二重門。屋根裏に達す
る大円柱18本は21m。

C1802b

2002.6.21. 第2次世界遺産　第7集（奈良1）
C1802b　80Yen ························· 120□

法華堂 [国宝]

740年頃創建。東大寺の建物では
最古。不空羂索観音を祀る羂索堂
だが、3月の法華会に因み、法華
堂や三月堂と呼ぶ。左側は仏像を
安置する正堂（しょうどう）で奈
良時代の建築、右側は礼堂（らい
どう）で鎌倉時代の増築とされる。

C1802e

2002.6.21. 第2次世界遺産　第7集（奈良1）
C1802e　80Yen ························· 120□

神社仏閣めぐり

興福寺 【奈良市】
こうふくじ

山科の中臣鎌足邸に寺を建立。飛鳥に移り、さらに平城遷都に伴い現在地に移転。藤原氏の氏寺として繁栄。のちに藤原氏が衰退。堂宇を兵火などで焼失。明治初期に危機的状況になるが、やがて堂宇の修復が始まった。

五重塔 [国宝]

光明皇后の発願で730年創建。被災・再建を5回繰り返し、現存の塔は1426年頃再建。奈良を象徴する塔で、猿沢池に映る風景が有名。高さは50m、本瓦葺き。

C1802f（左）

C2329c（右）
若草山焼き

※Ｒ201若草山山焼きも興福寺五重塔をイメージして描いている。

2002.6.21.　第2次世界遺産　第7集（奈良1）
C1802f　80Yen ·················120□

2017.9.29.　日本の夜景　第4集
C2329c　82Yen ·················一□

R873奈良
興福寺五重塔と若草山山焼きと花火

2016.6.7.
地方自治法施行60周年 47面シート
R873奈良　82Yen ·················120□

北円堂（ほくえんどう）[国宝]

721年、藤原不比等の一周忌に創建された。伽藍の西隅だが平城京を一望できた。焼失・再建を繰り返す。現在の建物は1210年頃の再建。興福寺の現存建築で最古。

C1802g

2002.6.21.
第2次世界遺産　第7集（奈良1）
C1802g　80Yen ·················120□

元興寺 【奈良市中院町】
がんごうじ

596年、蘇我馬子が氏寺として飛鳥に法興寺を建立（のちの飛鳥寺）、日本初の本格的寺院。平城遷都に際して法興寺を新築移転（元興寺）。4大官寺の1つとして繁栄。平安後期に衰退、土一揆・台風などで壊滅的打撃。

極楽堂 [国宝]・禅室 [国宝]

極楽堂（極楽坊本堂／曼荼羅堂）は寄棟造・本瓦葺。鎌倉時代に僧坊3室分を聖域に改造。南都での浄土教発祥地。禅室（極楽坊禅室／春日影向堂）は切妻造・本瓦葺。簡素だが重厚な建築。同じく僧房4室分を改造。

C1803d　禅室（左）と極楽堂（右）

2002.7.23.　第2次世界遺産　第8集（奈良2）
C1803d　80Yen ·················120□

五重小塔 [国宝]

8世紀後半の建築物。高さ5.5mで、法輪館（総合収蔵庫）に収蔵。内部構造まで省略なく作り込まれ、奈良時代の塔の構造を伝える。元興寺あるいは全国の国分寺の塔の1／10モデル（試作雛形）という説もある。

C1803e

2002.7.23.　第2次世界遺産　第8集（奈良2）
C1803e　80Yen ·················120□

薬師寺 【奈良市西ノ京町】
やくしじ

680年、天武天皇が皇后（後の持統天皇）の病気平癒に建立を発願。天皇崩御後、藤原京に竣工（本薬師寺）。平城遷都で現在地へ新築移転。火災や兵火で衰退、東塔と東院堂が残った。戦後、高田好胤が復興。

東塔 [国宝]

730年建立。唯一の創建時の建物。総高34m。三重裳階付きで、6重の屋根の出入りがリズミカル。「六階のようですが、三階建て。誤解のないように」（好胤の決め台詞の1つ）。

C729　薬師寺東塔

1976.12.9.
第2次国宝　第1集
C729　50Yen ·················80□

C1001
ホッケー競技と薬師寺東塔

C1624　早春賦

C1803f
薬師寺 西塔・東塔

1984.10.12.　第39回国民体育大会
C1001　40Yen ·················70□

1999.3.16.　わたしの愛唱歌シリーズ　第9集
C1624　80Yen ·················150□

2002.7.23.　第2次世界遺産　第8集（奈良2）
C1803f　80Yen ·················120□

金堂

1528年焼失。豊臣氏が仮堂を建てる。1976年白鳳様式で再建。

C2091f　東塔・金堂・西塔を、大講堂から見た図

2011.1.24.
日独交流150周年
C2091f
80Yen ·················120□

唐招提寺 【奈良市五条町】
とうしょうだいじ

756年、勅願により鑑真が建立、戒壇を設け律宗の根本道場とする。弟子の如宝、孫弟子の豊安が造営を継承する。兵乱や地震で衰退。徳川綱吉らの庇護で大規模修理。創建当初の姿を伝える金堂・講堂・経蔵・宝蔵は国宝。

金堂［国宝］

鑑真の弟子の如宝（にょほう）が建立。単層寄棟造・本瓦葺・大棟の左右に鴟尾（しび）。前面1間は吹流し形式で、太いエンタシス柱が屋根を支える。

※鴟尾：大棟の東西に一対。西側は創建当初のもの。平成の大修理では経年劣化のため両方とも降ろし、現在は複製を置く。

C731 境内各所に萩を植栽。参道脇（切手図案）や、御影堂前の大株が見事。揚州から持って来た萩とされる。

1977.1.20. 第2次国宝 第2集
C731 50Yen ············· 80□

2002.7.23. 第2次世界遺産 第8集（奈良2）
C1803h 80Yen ············· 120□

法隆寺 【奈良県斑鳩（いかるが）町】
ほうりゅうじ

607年、用明天皇の遺命で、聖徳太子が斑鳩宮の西隣に造営。643年、蘇我入鹿が山背大兄王（太子の子）を襲撃、斑鳩宮は全焼したが、法隆寺は残る。670年、落雷で全焼（若草伽藍跡）、のち現在の法隆寺（西院伽藍）を再建。建物や仏像に国宝・重文多数。

金堂

二重基壇の上に建つ。重層・入母屋造・本瓦葺、下層に裳階を巡らした重厚な外観。1949年に外陣内壁の壁画が焼失。翌年、文化財保護法が制定された。

C487 法隆寺金堂と五重塔

1967.11.1. 第1次国宝 第1集
C487 50Yen ·········200□

C1506 法隆寺金堂

1995.2.22. 第1次世界遺産 第2集
C1506 110Yen·········220□

五重塔

飛鳥様式、重厚な日本最古の塔。軒の出が深く、屋根の勾配が緩やか。相輪の高さは全高の1/3。1～5層は10・9・8・7・6の比。昭和大修理では、昭和切手（#234）に見える回廊と金堂をつなぐ廊下は撤去。

234（左） 282（右）

1938.10.11. 第1次昭和切手25銭
234 25Sen ············· 230□

1946.8.10. 第1次新昭和切手30銭
282 30Sen ············· 150□

［同図案▶283、294～297、302、C105小型シート］

C1742h（左）ユネスコ親善大使・平山郁夫画「法隆寺」

C2041d（右）平山郁夫画「法隆寺五重塔」

2000.11.22. 20世紀シリーズ 第16集
C1742h 80Yen ············· 120□

2008.8.12. 日中平和友好条約30周年
C2041d 80Yen ············· 120□

⋯⋯ ステーショナリーの寺院 ⋯⋯

当カタログでは採録していないが、ステーショナリーの印面にも寺院は登場している。たとえば、下左は法隆寺の夢殿。739年に造営、本尊は聖徳太子の御影という救世（ぐぜ）観音が安置された。下右は730年建立の薬師寺東西塔の相輪水煙にある飛天金銅透彫が意匠化されている。

▶左：PC57 夢殿はがき印面。
右：PC62 旧飛天はがき印面。

橘寺 【奈良県明日香村橘】
たちばなでら

聖徳太子の誕生地で、推古天皇の勅により寺が建つ。堂宇66棟の大寺だったが衰退。中世、太子信仰の隆盛で復興。1506年に戦乱で焼失。1棟で辛うじて継承し、1864年に堂舎を再建。

R745c（左）は観音堂、護摩堂を描く。R745d（右）は本堂、手前に慈恵堂（休憩所）、背後に仏頭山を描く。

2009.8.21. 旅の風景 第6集（奈良）
R0745cd 各80Yen ············· 120□

室生寺　【奈良県宇陀市室生】

室生火山群は修行の霊地。670年、天武天皇の勅願で役小角が開く。山部親王（後の桓武天皇）の平癒祈願を契機に、興福寺の賢璟と修円が造営。空海が再興、中世に衰退。桂昌院（綱吉の生母）の庇護で再興。金堂・本堂・五重塔・釈迦如来像など、国宝・重文が多数。

五重塔［国宝］

800年頃。高さ16.2mの美しい朱塗の小塔。緩やかな勾配の檜皮葺屋根。「弘法大師一夜造りの塔」という。何度か修理を受けている。1層と5層の屋根の大きさの差は小さいが、塔身は上方ほど細くなる。

C1196

1988.9.26.　第3次国宝　第5集
C1196　100Yen ············ 180□

R624（左）
R759d（右）

2004.4.26.　国宝室生寺五重塔とシャクナゲ
R624　80Yen ············ 120□

2010.2.8.　地方自治法施行60周年　奈良県
R759d　80Yen ············ 120□

······ 室生寺・長谷寺と花 ······

室生寺のシャクナゲは境内に約3000株。4月中旬〜5月上旬には石楠花まつりが催される。一方、長谷寺では4月下旬〜5月上旬、約150種7000株の牡丹が咲く。「ぼたんまつり」を催し、桜、アジサイ、紅葉、雪も見事。花の御寺とも呼ばれる。

長谷寺　【奈良県桜井市初瀬（はせ）】

686年、天武天皇の平癒祈願に道明が本（もと）長谷寺を創建、銅板法華説相図（国宝）を安置。727年、聖武天皇の勅で徳道が現在地に観音堂を造立。道長など貴族が挙って初瀬詣。ボタンの名所。

本堂［国宝］

現存は8代目。1536年焼失、1588年豊臣秀長が再興、1650年徳川家光が新造。小初瀬山の中腹、断崖に清水寺と同じ懸造り（舞台造り）。26m×27mの大建築で、正面（内陣）と礼堂（外陣）で構成。

2010.2.8.　地方自治法施行60周年　奈良県
R759b　80Yen ············ 120□

金峯山寺　【奈良県吉野町】

673年、役小角が山上ケ岳で修行、金剛蔵王大権現を感得し、桜木に彫って本尊に。のち行基が吉野山に蔵王権現を祀る。1348年、高師直が焼く。神仏分離令で廃寺。1886年、天台宗の寺院として復興。

本堂（蔵王堂・ざおうどう）［国宝］

幾度か焼失・再建を繰り返す。1592年、豊臣家の寄進で再興。入母屋造・檜皮葺・一重裳階付き。高さ34m、平面は36m×36mで、東大寺大仏殿に次ぐ巨大な木造建築。

C2004i（左）
本堂（蔵王堂）

P131（右）
吉野山のサクラ

矢印が蔵王堂

2006.6.23.　第3次世界遺産　第1集（紀伊山地）
C2004i　80Yen ············ 120□

1970.4.30.　吉野熊野国立公園
P131　7Yen ············ 40□

R116（左）
蔵王堂と吉野の春

R759e（右）
吉野の桜

1991.10.25.　奈良と太平記
R116　62Yen ············ 100□［同図案▶R178、R733］

2010.2.8.　地方自治法施行60周年　奈良県
R759e　80Yen ············ 120□

※吉野の桜：シロヤマザクラを中心に約200種3万本の桜が密集。毎年4月、下千本→中千本→上千本→奥千本と、標高差600mを昇って順に開花する。役小角が蔵王権現を刻んだのが山桜の木であり、桜は御神木とされ長年植えられ、代々の住民が守ってきた。

如意輪寺　【奈良県吉野町】

10世紀初頭、日蔵道賢が創建。後醍醐天皇が吉野に行宮を定めた際、勅願所となる。1339年、天皇崩御、裏手の塔尾陵に眠る。1346年、楠木正行が参詣後に出陣。寺は室町期に衰退。1650年に再興、御陵を守る。

多宝塔・報国殿

元の多宝塔の創建は不詳。1926年建立。総欅造・本瓦葺。中千本の桜の樹々の中に建つ納骨堂。報国殿は宝物館に隣接する建物。花見期間中、報国殿2階は花見座敷となる。

R115　如意輪寺と吉野の秋

1991.10.25.　奈良と太平記
R115　62Yen ············ 100□
［同図案▶R177］

神社仏閣めぐり

紀三井寺 【和歌山市紀三井寺】

770年、唐僧の為光が名草山山頂の光に導かれ金の十一面観音を発見、木像を彫って胎内に安置した。西国三十三所や熊野詣で繁栄。紀州藩主も庇護。桜の名所。

観海閣（かんかいかく）

徳川頼宣が建てた楼閣で、対岸の紀三井寺の遥拝所。和歌浦湾に浮かぶ小島「妹背山」の東岸の干潟に立ち、満潮で海に浮かぶ。切手発行の10年後、1961年の第2室戸台風で倒壊。RC造で再建。
C206

1951.6.25.
観光地百選 和歌浦（海岸）
C206 8Yen ･･････････････････････900□

青岸渡寺 【和歌山県那智勝浦町】

熊野三山への参詣は平安中期に拡がり、神仏習合の修験道場として興隆、如意輪堂が拠点になる。廃仏毀釈の際、那智大社では如意輪堂として青岸渡寺が残された。

青岸渡寺本堂 [重文]（如意輪堂）

高さ18m、入母屋造・向拝付き・柿葺。1590年に秀吉が再建。1924年修理。堂内の巨大な鰐口は直径1.4m、450kgあり、秀吉の寄進文を刻む。
C2004f

2006.6.23. 第3次世界遺産
第1集（紀伊山地）
C2004f 80Yen ･･･････････････120□

青岸渡寺 三重塔

初代は平安末期と推定。1581年に兵火で焼失。1972年ようやくRC造で再建。高さ25m、エレベーター設置。上層は展望台になっており、正面に那智の滝を眺望できる。
R865e

2015.9.8. 地方自治法施行60周年 和歌山県
R865e 82Yen ･････････････････････････150□

高野山 【和歌山県高野町】

高野山（総本山金剛峯寺）

高野山は山の名前でもあるが、一般に「高野山」といえば 高野山全てを境内とする寺院、つまり総本山金剛峯寺のこと。金剛峯寺など117寺院(塔頭)が並ぶ。うち52ヶ寺は宿坊。

壇上（壇場）伽藍（だんじょうがらん）[史跡]

壇上と奥院は高野山の二大聖域（両壇）。金堂は高野山全体の総本堂。壇上は、空海が密教の教義を具現するために造営した密教伽藍の総称。中門・金堂・根本大塔（胎蔵界を表す）、西塔（金剛界を表す）を配した。現在の根本大塔は1937年に再建。
R865a 御影堂と根本大塔

2015.9.8. 地方自治法施行60周年 和歌山県
R865a 82Yen ･････････････････････150□

R339 弁天岳から見た高野連山

P235 神応ヶ峰（弁天岳）からの高野山。現在は樹木が伸びてR339のような景観に。

1969.3.25. 高野竜神国定公園
P235 15Yen ･･････････････････････50□

1999.7.26. 高野山
R339 80Yen ･････････････････････120□

金剛峯寺大門 [重文]

高野山全体の総門。1705年の再建。桁行21m×梁間8m、高さ25m。5間3戸の二重門で両脇に金剛力士。当初は現在地より数100m下に鳥居形式の門があったという。
C2004g

2006.6.23. 第3次世界遺産
第1集（紀伊山地）
C2004g 80Yen ･････････････120□

神社仏閣めぐり

■ 高野山・寺院の所在地図

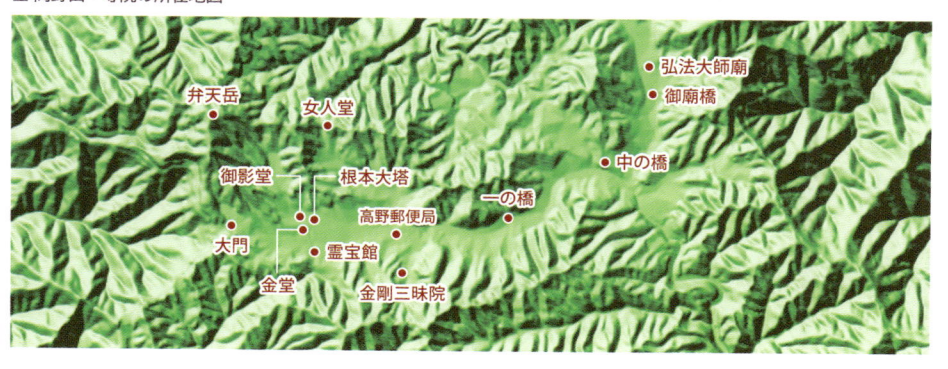

金剛三昧院多宝塔 [国宝]

1223年頃、源頼朝・実朝の供養に、北条政子が建立。一層裳階付き。高さ15m。屋根は一辺9m。内部に伝運慶作の五智如来像を安置(秘仏)[重文]。

C1191(左)
C2005i(右)

1988.2.12.　第3次国宝　第3集
C1191　60Yen······················100□

2007.3.23.　第3次世界遺産　第2集(紀伊山地)
C2005i　80Yen······················120□

金剛三昧院経蔵 [重文]

1223年頃の建立、校倉造。「高野版」と呼ばれる経典の版木500枚余を収蔵。4月下旬～5月中旬、経蔵前など、境内にシャクナゲが咲く。
C2005j

2007.3.23.
第3次世界遺産 第2集(紀伊山地)
C2005j　80Yen··············120□

奥の院 [史跡]

山内の東端、空海の廟があり、檀上伽藍と並ぶ高野山信仰の中心。一の橋からの参道2kmの両側に、貴族・戦国大名から庶民まで、杉林の中に20万とも30万ともいう多数の墓石や石碑が建つ。真言宗の聖地だが、宗派とは無関係で、法然や親鸞らの墓碑もある。形が独特な企業墓も多い。

R873和歌山　切手図案は御廟橋から奥、灯籠堂を望む光景

2016.6.7.　地方自治法施行60周年　47面シート
R873和歌山　82Yen······················120□

高野山はここまで

三仏寺 【鳥取県三朝(みささ)町】

さんぶつじ

大山と並ぶ修験道場で、706年に役小角が開基。849年、円仁が再興、阿弥陀・釈迦・大日の三仏を安置(寺名の由来)したという。投入堂が有名。

三仏寺奥院(投入堂・なげいれどう) [国宝]

三仏寺の奥の院。美徳山中腹の洞窟に懸造(かけづくり)で建立。屋根の反りや、堂の支柱の構成などが美しい。本尊は蔵王権現立像[重文]で、当初は「蔵王殿」と呼ばれていた。
R492

2001.6.1.　ふるさと鳥取
R492　80Yen······················120□

R799d　三徳山三佛寺投入堂

※日本一危険な国宝:投入堂を近くで見るには登山が必要で、本堂横の登山事務所で手続きする。審査もあり、履物が不適切なら藁草履を購入。荒天・積雪時は入山禁止。約700m・高低差200m、鎖場もある登山道を約1時間で登る。実際に死者も出ている。

2011.8.15.　地方自治法施行60周年　鳥取県
R799d　80Yen······················120□

西性寺 【島根県大田市大森町】

さいしょうじ

1465年創建という。もと天台宗、浄土真宗に改め、1524年西性寺と称す。現本堂は1739年再建。大森地区で最大の寺院。経蔵の鏝絵が有名。石州瓦の屋根が美しい。

C2046f　大森銀山地区
※最寄りが西性寺、その手前は石見銀山大森郵便局。

2008.10.23.　第3次世界遺産　第4集(石見銀山)
C2046f　80Yen······················120□

羅漢寺 【島根県大田市大森町羅漢町】

らかんじ

亡くなった石見銀山鉱夫らの供養に、月海上人が発願。銀山付役人らも協力し、1766年に25年かけて石窟五百羅漢を造営。銀山の人々だけでなく、江戸城からも寄進があった。石窟の向かいに羅漢寺を建立。

五百羅漢と反橋(そりばし)

五百羅漢の作者は温泉津町福光の石工、坪内平七。石窟3所・石反橋3基・石像500体は全て平七の設計。羅漢像は彩色され、裏面に寄進者の名と年月日を刻む。反橋は各石窟の前、小川に架かる3基の橋。切手図案(C2046e)は、石窟の外観と反橋。

C2046e　羅漢寺五百羅漢

2008.10.23.　第3次世界遺産　第4集(石見銀山)
C2046e　80Yen······················120□

備中国分寺 【岡山県総社市】

びっちゅうこくぶんじ

聖武天皇の発願で建立された国分寺の1つ。当地には七重塔(推定50m)もあったが、福山合戦で焼失。天正年間に備中高松城主が再興するも衰微。江戸後期に再建。

五重塔 [重文]

田園地帯にポツンと立つ、吉備路のシンボル。1835年再建。奈良時代の七重塔とは異なる位置に建てられた。総高34m、初層～三層は欅材、四・五層は松材。
R531

2002.3.18.　中国地方の自然・桜
R531　50Yen······················80□

天寧寺 【広島県尾道市東土堂町】
<small>てんねいじ</small>

1367年、尾道の豪商・万代道円の発願で、足利義詮（尊氏の子）が寄進したが、足利氏と共に衰退。元禄期に再興。羅漢堂の五百羅漢は江戸後期〜明治初期の寄進。

天寧寺三重塔（海雲塔・かいうんとう）［重文］

1388年、道慶（道円の子）が千光寺山の中腹に建立。高さ25m。本瓦葺。禅宗様。元来は五重塔で、1692年、傷みの激しい四・五層を撤去して三重塔に改築。

R292　尾道水道

1999.4.26.　しまなみ海道開通
R292　80Yen ……………………120□

浄土寺 【広島県尾道市東久保町】
<small>じょうどじ</small>

616年、聖徳太子創建という。1325年焼失、尾道の商人夫妻が本堂・多宝塔・阿弥陀堂などを復興。1336年、足利尊氏が戦勝祈願、当地の勢力を味方につけた。室町後期に衰退。近世、尾道の豪商の帰依で堂宇を拡充。

多宝塔［国宝］　阿弥陀堂［重文］

和様の多宝塔は1328年建立。宝形造・本瓦葺、高さ20m。内部を彩色、壁面は真言八祖像を描き、牡丹や蝶の透彫りを施した華麗な装飾。阿弥陀堂は1345年建立で、寄棟造・本瓦葺の美しい建物。幅9m×奥行7m。

R775c（左）阿弥陀堂
R775d（右）多宝塔

2010.7.8.　旅の風景シリーズ第9集（瀬戸内海）
R775cd　80Yen … 120□

＊映画『東京物語』（C2011g）：切手の図案は、浄土寺境内で終盤を撮影したもの。妻の通夜、周吉（笠智衆）は家を抜け出して境内に佇む。探しに来た嫁の紀子（原節子）に「綺麗な夜明けだった…今日も暑うなるぞ」。

向上寺 【広島県瀬戸田町（生口島）】
<small>こうじょうじ</small>

1403年、地頭の生口守平が造営、愚中周及が開山。生口氏は生口島を本拠に瀬戸内海運に関わった。衰退するが、江戸初期に再興。1873年に焼失。2010年本堂を再建。

三重塔［国宝］

1432年建立。瀬戸田水道を見下ろす潮音山に建つ。1961年、解体修理。朱塗の三間三重塔。和様を基調に、細部に唐様を導入。組物の装飾彫刻が見事。各重に花頭窓を配す。

R775f

2010.7.8.　旅の風景　第9集（瀬戸内海）
R775f　80Yen ……………………………120□

磐台寺 【広島県福山市沼隈町】
<small>ばんだいじ</small>

992年、花山法皇創建という。航海安全を祈願し十一面観音像を祀る。1185年、源平合戦で荒廃。1338年、夢告により漁師が阿伏兎沖で十一面観音像を拾い上げ、安置。1570年毛利輝元が再建。近世は福山藩主が庇護。

観音堂［重文］

1570年、毛利輝元が建立した、断崖に立つ朱塗の観音堂。

客殿の裏手、朱塗の階段廊下を昇る。縁を巡らすが、欄干の高さが50cmほどで怖い。しかも床板が海側に傾斜。

P12　阿伏兎（あぶと）観音

1939.4.20.　大山・瀬戸内海国立公園
P12　10Sen…………1,700□［同図案▶P14小型シート］

崇福寺 【長崎市鍛冶屋町】
<small>そうふくじ</small>

1632年、長崎の福建商人らが超然（ちょうねん）を招き、福州人の菩提寺として創建。大雄宝殿（本堂）と第一峰門は、黄檗宗建築の代表例で国宝。媽祖堂は航海の女神を祀る。1655年、隠元が入り、3年間住む。

三門（楼門／龍宮門）［重文］

1849年建立。二重門・入母屋造・本瓦葺・左右脇門付。見た目から龍宮門と呼ばれ、中央の門と左右の脇門で構成されるので三門ともいう。下層は石の練積み、漆喰塗り。上層は入母屋屋根・勾欄を巡らす。

C211（左）
R819f（右）

1951.9.15.　観光地百選 長崎（都邑）
C211　24Yen………1,100□
2012.9.11.　旅の風景　第16集（長崎）
R819f　80Yen ……………………… 120□

※長崎国際文化都市建設（C164）にも、崇福寺の三門が小さな線画で描かれている（右）。

富貴寺 【長崎市鍛冶屋町】
<small>ふきじ</small>

718年、仁聞（にんもん）の創建と伝えるが、平安後期に宇佐神宮大宮司が氏寺として開創したらしい。大堂は何度か修復を受け、永く維持されてきた。

大堂（おおどう）（蕗の大堂／富貴寺大堂）［国宝］

屋根は宝形造・行基葺（本瓦葺の1種）。軒先の緩やかな曲線が美しい。内部は板敷。九州では現存最古の木造建築。堂内に本尊の阿弥陀如来坐像［重文］を安置。壁面には阿弥陀浄土変相図や四仏浄土図など［重文］。

R822c

2012.11.15.　地方自治法施行60周年　大分県
R822c　80Yen ……………………………120□

四国八十八ヶ所の寺院

各寺院の特徴を数行で書き尽くすのは不可能であり、空海が関与する創建伝承を中心に、切手意匠に採用された建物や仏像の特徴、御利益などを記す。伝承やご利益の大半は創作だが、弘法大師崇敬の素朴な表現である（札所の喧伝も）。ただ「空海が札所を定めた」は史実ではなく、平安後期から明治時代にかけて徐々に形成される。平成になっても札所の変化があった。掲載順は八十八ヶ所の札所順で、発行順とは異なる。

【徳島県】阿波国　発心の道場：23ヶ寺

番	寺名	号	住所	宗派	本尊
1	霊山寺	竺和山 一乗院	鳴門市	高野山真言宗	釈迦如来
2	極楽寺	日照山 無量寿院	鳴門市	高野山真言宗	阿弥陀如来 [重文]
3	金泉寺	亀光山 釈迦院	板野町	高野山真言宗	釈迦如来
4	大日寺	黒巌山 遍照院	板野町	東寺真言宗	大日如来
5	地蔵寺	無尽山 荘厳院	板野町	真言宗御室派	勝軍地蔵菩薩
6	安楽寺	温泉山 瑠璃光院	上板町	高野山真言宗	薬師如来
7	十楽寺	光明山 蓮華院	阿波市	高野山真言宗	阿弥陀如来
8	熊谷寺	普明山 真光院	阿波市	高野山真言宗	千手観世音菩薩
9	法輪寺	正覚山 菩提院	阿波市	高野山真言宗	涅槃釈迦如来
10	切幡寺	得度山 灌頂院	阿波市	高野山真言宗	千手観世音菩薩ほか1体
11	藤井寺	金剛山 一乗院	吉野川市	臨済宗妙心寺派	薬師如来 [重文]
12	焼山寺	摩盧山 正寿院	神山町	高野山真言宗	虚空蔵菩薩
13	大日寺	大栗山 花蔵院	徳島市	真言宗大覚寺派	十一面観世音菩薩
14	常楽寺	盛寿山 延命院	徳島市	高野山真言宗	弥勒菩薩
15	国分寺	薬王山 金色院	徳島市	曹洞宗	薬師如来
16	観音寺	光耀山 千手院	徳島市	高野山真言宗	千手観世音菩薩
17	井戸寺	瑠璃山 真福院	徳島市	真言宗善通寺派	七仏薬師如来
18	恩山寺	母養山 宝樹院	小松島市	高野山真言宗	薬師如来
19	立江寺	橋池山 摩尼院	小松島市	高野山真言宗	延命地蔵菩薩
20	鶴林寺	霊鷲山 宝珠院	勝浦町	高野山真言宗	地蔵菩薩
21	太龍寺	舎心山 常住院	阿南市	高野山真言宗	虚空蔵菩薩
22	平等寺	白水山 医王院	阿南市	高野山真言宗	薬師如来
23	薬王寺	医王山 無量寿院	日和佐町	高野山真言宗	厄除薬師如来

香川／愛媛／高知／徳島

お遍路は同行二人（どうぎょうにんにん）の旅

八十八ヶ所のお遍路修業は、常にお大師さま（弘法大師）と共に旅することでもある。その象徴として、金剛杖がお大師さまそのものとされる。さらに複数人でのお遍路修業でも、個人とお大師さまの同行二人とされる。

納札、経本など、お遍路に必要な用品を入れる山谷袋。

絹本著色 弘法大師像　【愛媛県太山寺蔵】

鎌倉時代。縦113cm×横118cm。仙洞御所御料椅子の上に座し、胸元を寛げて袈裟をまとう。顔は右向き。右手は金剛杵を逆手にとり、胸にあてる。左手は掌を上にして数珠をとり、膝上に置く。木履（ぼくり）と浄瓶（じょうびょう）を添える。弘法大師像の一般的な像容である。

R704j　2007.8.1.　四国八十八ヶ所の文化遺産IV
R704j　80Yen・・・・・・・・・・・・・・・・・120□

阿波国　発心の道場

1番　霊山寺（りょうぜんじ）　【徳島県鳴門市】

当地で、空海は釈迦が天竺（インド）の霊鷲山（りょうじゅせん）で説法するような霊感を得た。霊鷲山を和国（日本）に移すという意味で「竺和山（じくわさん）霊山寺」と命名。

2004.11.5.
四国八十八ヶ所の文化遺産 I
R649a　80Yen・・・・・・・・・・・・・・・・120□

R649a　1番札所：「発願の寺」や「一番さん」と呼ばれる。空海が当地で修行中、天人が現れ「88の煩悩をなくして人々を救うため88の霊場を開き、ここを第一番とせよ」と告げた。

2番　極楽寺（ごくらくじ）　【徳島県鳴門市】

空海が当地で修行中、阿弥陀如来が出現した。その姿を彫って本尊とし、二番札所に定める。阿弥陀像が発する光が眩しすぎ、漁師たちが本堂前に小山を築いて光を遮ったというのが、山号＝日照山の由来。

2004.11.5.
四国八十八ヶ所の文化遺産 I
R649b　80Yen・・・・・・・・・・・・・・・・120□

R649b　長命杉：寺を末永く護れと祈って空海が植えたという杉。樹齢約1200年・高さ31m。

3番　金泉寺 こんせんじ　【徳島県板野町】

聖武天皇の勅願により、行基が金光明寺を開基。のち、当地で渇水に悩む人々をみた空海が井戸を掘ると、黄金の霊水が湧き出た。堂宇を再建、金泉寺と改称した。

2004.11.5.
四国八十八ヶ所の文化遺産 I
R649c　80Yen…………………120□

R649c　本堂と護摩堂。弁慶の力石：1185年、源義経一行は当地で戦勝祈願。弁慶に大石を持上げさせ、力を試した。水面に自分の影（顔）が映れば長命という黄金の井戸も有名。

4番　大日寺 だいにちじ　【徳島県板野町】

空海が修法中に大日如来が出現。その姿を1寸8分の像に刻み本尊とし、大日寺と称す。秘仏であり、一般人は前仏を拝観。八十八番のうち6寺は大日如来が本尊。真言宗の最高仏。

2004.11.5.
四国八十八ヶ所の文化遺産 I
R649d　80Yen…………………120□

R649d　本堂と大師堂をつなぐ回廊に観音像33体を安置。西国三十三観音霊場にちなむ木造観音像で、姿や表情は様々。1790年頃から大坂などの信者が奉納したという。

5番　地蔵寺 じぞうじ　【徳島県板野町】

空海は紀伊国から運んだ霊木に高さ1寸8分の勝軍地蔵菩薩（騎乗の甲冑姿）を刻み、本尊として寺を開創。のち、浄函（じょうかん）上人が1尺7寸の延命地蔵を刻み、勝軍地蔵を胎内に納めた。

2005.7.8.
四国八十八ヶ所の文化遺産 II
R669a　80Yen…………………120□

R669a　大銀杏（たらちね銀杏）：境内中央にある樹齢800年の大銀杏。幹周囲5m、高さ20m。幹に小銭を挟んで祈願する。

6番　安楽寺 あんらくじ　【徳島県上板町】

古くから万病に効く温泉があった。空海は人々を病から救うべく、薬師如来坐像を刻み、お堂を建て、温泉山安楽寺と命名。長宗我部氏の兵火で焼失、約2km離れた現在地に移転。

2005.7.8.
四国八十八ヶ所の文化遺産 II
R669b　80Yen…………………120□

R669b　空成就如来：密教の金剛界五仏の一尊。安楽寺には、京都の大佛師・松本明慶（1945〜）が若い頃から現在まで彫り続けてきた仏像数十体が祀られている。

7番　十楽寺 じゅうらくじ　【徳島県上板町】

空海の前に阿弥陀如来が出現。当地に堂宇を建て、樟（くすのき）の阿弥陀像を刻んで安置。浄土で瞑想する姿。如来の慈悲によって、八苦に対して十の光明があるようにと、光明山・十楽寺と命名。

2005.7.8.
四国八十八ヶ所の文化遺産 II
R669c　80Yen…………………120□

R669c　山門（鐘楼門）：竜宮門形式で、赤い上層（朱塗）と白い下層（漆喰）の対照が美しく、田園風景の中に映える。切手図案前景の桜は、山門周辺の整備で消滅。

8番　熊谷寺 くまたにじ　【徳島県土成町】

空海が修行中、熊野権現が現れて「衆生済度の礎とせよ」と告げ、1寸8分の金の観音像を与えた。等身大の千手観音像を刻み、胎内に金の観音像を納め、伽藍を建てて安置。

2005.7.8.
四国八十八ヶ所の文化遺産 II
R669d　80Yen…………………120□

R669d　山門（仁王門）：1687年建立。和様と唐様（禅宗様）の折衷。間口9m、高さ13.2mは札所の木造山門では最大。上層の天井や柱には極彩色で天女などを描く。下層には仁王像2体を安置。

9番　法輪寺 ほうりんじ　【徳島県土成町】

法地ヶ谷に棲む白蛇を見た空海が開基。白蛇は仏の使いとされ、釈迦涅槃像を刻み、白蛇山法林寺と号した。江戸前期、谷から約3km南の現在地で再建。正覚山法輪寺と改称。

2006.8.1.
四国八十八ヶ所の文化遺産 III
R683a　80Yen…………………120□

R683a　釈迦涅槃像：5年に1度の開帳。80歳の釈迦は死を自覚、弟子を集めて最後の教えを説く。沙羅双樹の下、北に頭を向け、右側臥位で入滅。本堂の扁額は「涅槃釋迦如来」と記す。

10番　切幡寺 きりはたじ　【徳島県市場町】

空海は山麓の民家で衣を繕う布切を求めた。娘は機織り中の布を切って差しだす。願いを聴けば「亡き父母のため観音を祀りたい」と。一夜で千手観音像を刻み、得度させると娘は観音に変身した（異説あり）。

2006.8.1.
四国八十八ヶ所の文化遺産 III
R683b　80Yen…………………120□

R683b　はたきり観音：観音に化身した機織り娘の銅像。左手に長い布、右手に鋏を持つ。右利きなのだ。

小坊主くんたち：
あちこちの札所、境内のそこかしこで見かけ、お寺の名前や、納経所やトイレや大師堂の場所などを教えてくれる。

11番　藤井寺　ふじいでら　【徳島県鴨島町】

厄年の空海が薬師如来像を刻んで開基。八畳岩の上に金剛不壊（こんごうふえ：永久不滅）の護摩壇を築いて修法。五色の藤を植える。護摩壇と藤に因み金剛山・藤井寺と命名。

2006.8.1.
四国八十八ヶ所の文化遺産III
R683c　80Yen………………120□

R683c　弘法大師お手植えの藤：山門を入って右手に藤棚がある。4月下旬～5月上旬、多彩な品種の藤が咲く。

12番　焼山寺　しょうさんじ　【徳島県神山町】

大蛇が人々を苦しめていた。空海の夢に阿弥陀如来が現れて異変を告げる。目覚めると大蛇が放つ火で全山が火の海（寺名の由来）。空海は真言で消火し、虚空蔵菩薩の助けで岩穴に大蛇を封じた。

2006.8.1.
四国八十八ヶ所の文化遺産III
R683d　80Yen………………120□

R683d　石造多宝塔：本堂前にある精緻な多宝塔。塔の周囲は石の欄干で、一辺約7mの正方形。石堀を巡らし、四辺の中央に石造の小橋が架かる。

13番　大日寺　だいにちじ　【徳島県徳島市】

空海が森で修法中、紫雲とともに大日如来が現れ、「霊地なので一宇を建立せよ」と告げた。大日如来を刻み、堂宇を建てて安置。大日寺と称する。札所の創建伝承にはこのパターンが多い。

2007.8.1.
四国八十八ヶ所の文化遺産IV
R703a　80Yen………………120□

R703a　山門（薬医門）：かつては手前（県道沿い）の石柱門のみ。平成20年、四脚門を新築。

14番　常楽寺　じょうらくじ　【徳島県徳島市】

空海が修法中、弥勒菩薩が多数の菩薩を従えて来迎、説法した。空海は霊木に弥勒菩薩を彫り、堂宇を建てこの像を祀る。本尊が弥勒菩薩なのは札所で常楽寺のみ。

2007.8.1.
四国八十八ヶ所の文化遺産IV
R703b　80Yen………………120□

R703b　櫟（あららぎ）の霊木：高さ10mのイチイの大木。空海は糖尿病の老人に持参の霊木を煎じて飲ませて治療した。その木を地面に刺すと大木に育った。右のアララギ大師は、櫟の木の叉（矢印部分）に置かれた、可愛い石像。

15番　國分寺　こくぶんじ　【徳島県徳島市】

聖武帝の発願で鎮護国家のため諸国に国分寺を建立。4県の国分寺が札所に含まれる。ここは阿波の国分寺で、七重大塔を持つ大寺院であった。薬師如来像は行基作という。

2007.8.1.
四国八十八ヶ所の文化遺産IV
R703c　80Yen………………120□

R703c　本堂：重層入母屋造。江戸後期の再建。聖武天皇、光明皇后の位牌を祀る。切手は寺の西に広がる水田の方から本堂を撮影。

16番　観音寺　かんおんじ　【徳島県徳島市】

聖武天皇が国分寺を建立した際、行基が勅願道場として当寺を創立。空海が来訪、等身大の千手観音を刻み再興、脇侍として不動明王と毘沙門天を置いた。

2007.8.1.
四国八十八ヶ所の文化遺産IV
R703d　80Yen………………120□

R703d　鐘楼門（山門）：遍路道に面して建つ、堂々たる二層の和様建築。門の左右、道沿いに寄進者の名を刻んだ石柱が立ち並び、石塀のようになっている。

17番　井戸寺　いどじ　【徳島県徳島市】

天武天皇の勅願道場として国衙の隣に建立。本尊の七仏薬師如来は聖徳太子作という。空海は十一面観世音像を刻んで安置。さらに、この村の水不足を知った空海は、杖で一夜の内に井戸を堀る（寺名の由来）。

2007.8.1.
四国八十八ヶ所の文化遺産IV
R704a　80Yen………………120□

R704a　面影の井戸（一夜建立の井戸）：日限大師堂の中にある井戸を覗き込み、水面に自分の姿が映れば無病息災・長寿だという。札所の幾つかに、空海が杖で泉や井戸を掘ったという伝承がある。右は井戸を覗き込んだところ。

18番　恩山寺　おんざんじ　【徳島県小松島市】

聖武天皇の勅で行基が開創。人々の厄除けに薬師如来を刻む。空海が当寺で修行中、母が訪ねてきたが、ここは女人禁制。修法して女人解禁とし、母君を迎えた。母養山恩山寺と改称。

2007.8.1.
四国八十八ヶ所の文化遺産IV
R704b　80Yen………………120□

R704b　修行大師御尊像：病気平癒を願って当寺に5年間も日参した男性が、治癒御礼と米寿祝いを兼ねて平成14年建立。鋳造は高岡市の鋳物師、梶原幸山。

19番　立江寺　たつえじ　【徳島県小松島市】

光明皇后の安産祈願に行基が創建。白鷺が橋にとまったのを見て、その地に建立。1寸8分の金の地蔵菩薩（延命地蔵）を安置。のち空海は6尺の地蔵菩薩を刻み、黄金像を胎内に納めた。

2004.11.5.
四国八十八ヶ所の文化遺産 I
R649e　80Yen‥‥‥‥‥‥‥‥‥‥120□

R649e　多宝塔：大正7年建立、一辺5.6m、上重は銅板葺き、初重は瓦葺き。多宝塔は主に真言宗系寺院にみられ、正方形の初層の上に円形の上層を重ね、真形造（四角錐）の屋根をもつ。

20番　鶴林寺　かくりんじ　【徳島県勝浦町】

空海が修行中、2羽の白鶴が金色の地蔵菩薩を守りつつ杉の枝に舞い降りた。3尺の地蔵菩薩を彫刻、その胎内に1寸8分の金菩薩を納め本尊とし、鶴林寺と称した。

2004.11.5.
四国八十八ヶ所の文化遺産 I
R649f　80Yen‥‥‥‥‥‥‥‥‥‥120□

R649f　三重塔：江戸末期(1823年)の建築。銅板葺、高さ23m。和様・唐様を折衷。高欄は、初層は擬宝珠高欄、二層は組高欄、三層は逆蓮柱(禅宗様)。内部に五智如来を安置。

21番　太龍寺　たいりゅうじ　【徳島県阿南市】

19歳の空海がこの山で修行。悪竜などが彼の心を試すが、虚空蔵菩薩の法剣が飛来して悪竜を退け、修行を成就。この山と室戸岬は青年空海に大きく影響。のち虚空蔵菩薩を刻み本尊とする。

2004.11.5.
四国八十八ヶ所の文化遺産 I
R649g　80Yen‥‥‥‥‥‥‥‥‥‥120□

R649g　1993年、大師入山1200年を記念し「求聞持法卯修行大師像」を造立。切手の写真は夜明けに撮影しており、金星（虚空蔵菩薩）を拝する空海の後ろ姿をうまく表現している。

22番　平等寺　びょうどうじ　【徳島県阿南市】

母の厄年でもあり、空海は厄除祈願。五色の瑞雲がたなびき、薬師如来が出現。杖で掘った井戸から乳白色の霊水。白い水で人々が平等に救済されるよう、白水山・平等寺と称した。

2004.11.5.
四国八十八ヶ所の文化遺産 I
R649h　80Yen‥‥‥‥‥‥‥‥‥‥120□

R649h　本堂と男坂：田園風景の中、緑・紫・白・赤・黄5色の幕が山門にたなびく。男坂42段を登ると本堂。本堂左に女坂33段。山門前に子厄坂13段（計88段）。多数の草花を描く本堂天井画が見事。

23番　薬王寺　やくおうじ　【徳島県日和佐町】

聖武天皇の勅により行基が創建。空海は民衆の厄除けに薬師如来像を刻んで安置し、寺を再興。「厄除け」の根本祈願寺とした。歴代天皇も厄除け祈願に勅使を遣わした。

2005.7.8.
四国八十八ヶ所の文化遺産 II
R669e　80Yen‥‥‥‥‥‥‥‥‥‥120□

R669e　瑜祇塔(ゆぎとう)：霊場開創1150年を記念し1963年建立。高台に建つ29mの宝塔。円筒形で四角屋根。屋根の中央と四隅に計5基の相輪。台座部分は20m四方の展示室で、戒壇巡りもある。

土佐国　修業の道場

24番　最御崎寺　ほつみさきじ　【高知県室戸市】

室戸岬で修行する空海（19才）の口に、輝く明星が飛び込んだ。山上に寺を建て、虚空蔵菩薩を刻んで安置。帰国後、室戸を再訪、嵯峨天皇の勅で字宇を建立。歴代天皇も崇敬した。

2005.7.8.
四国八十八ヶ所の文化遺産 II
R669f　80Yen‥‥‥‥‥‥‥‥‥‥120□

R669f　本堂と多宝塔。室戸岬の上、寺域は46万㎡。亜熱帯植物が茂る。若き空海の修行地であり、「一夜建立の岩屋」や「捻り岩」など伝説が多い。

空海、その名の由来

神明窟　しんめいくつ　【高知県室戸市】

空海が悟りを開いたという洞窟。室戸岬の東崖に御厨人窟（みくろど・南）と神明窟（北）2つの海蝕洞が並び、両方とも入口に鳥居がたつ。御厨人窟の五所神社は大国主命を祀り、神明窟の神明宮は天照大神を祀る。

R704i

2007.8.1.　**四国八十八ヶ所の文化遺産 IV**
R704i　80Yen‥‥‥‥‥‥‥‥‥‥120□

佐伯真魚（まお）青年は御厨人窟に住み、神明窟などで修行した。洞窟内から見えるのは空と海だけ（空海の由来）。洞窟に入れば、空海が見たのと同じ景色が見えるが、近年は落石のため立入禁止。案内所で「危険ですか？」と尋ねると「自己責任で」。洞窟内に響く波の音は、「日本の音風景100選」の1つ。

御厨人窟　↓　　神明窟　↓

【高知県】土佐国　修行の道場：16ヶ寺

番	寺名	号		住所	宗派	本尊
24	最御崎寺	室戸山	明星院	室戸市	真言宗豊山派	虚空蔵菩薩
25	津照寺	宝珠山	真言院	室戸市	真言宗豊山派	延命地蔵菩薩
26	金剛頂寺	龍頭山	光明院	室戸市	真言宗豊山派	薬師如来
27	神峯寺	竹林山	地蔵院	安田町	真言宗豊山派	十一面観世音菩薩
28	大日寺	法界山	高照院	香南市	真言宗智山派	大日如来［重文］
29	国分寺	摩尼山	宝蔵院	南国市	真言宗智山派	千手観世音菩薩
30	善楽寺	百々山	東明院	高知市	真言宗豊山派	阿弥陀如来［重文］
31	竹林寺	五台山	金色院	高知市	真言宗智山派	文殊菩薩［重文］
32	禅師峰寺	八葉山	求聞持院	南国市	真言宗豊山派	十一面観世音菩薩
33	雪蹊寺	高福山		高知市	臨済宗妙心寺派	薬師如来
34	種間寺	本尾山	朱雀院	高知市	真言宗豊山派	薬師如来
35	清瀧寺	醫王山	鏡池院	土佐市	真言宗豊山派	厄除薬師如来
36	青龍寺	独鈷山	伊舎那院	土佐市	真言宗豊山派	波切不動明王
37	岩本寺	藤井山	五智院	四万十市	真言宗智山派	阿弥陀如来など5尊
38	金剛福寺	蹉跎山	補陀落院	土佐清水市	真言宗豊山派	三面千手観世音菩薩
39	延光寺	赤亀山	寺山院	宿毛市	真言宗豊山派	薬師如来

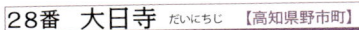

25番　津照寺　（しんしょうじ）【高知県室戸市】

山の形が地蔵菩薩の宝珠に似ており、空海はここを霊場とする。漁民の航海安全と豊漁を願って延命地蔵菩薩像を刻み、堂宇を建立。宝珠山津照寺と称した。津寺（つでら）とも呼ぶ。

2005.7.8.
四国八十八ヶ所の文化遺産Ⅱ
R669g　80Yen……………………120□

R669g　山門と鐘楼門：簡素な山門から丘上の本堂まで125段の急な石段。途中に鐘楼門（仁王門）。竜宮城を思わせる朱色で目立つ門なので、地元の漁師は「仏の灯台」と呼ぶそうな。

26番　金剛頂寺　（こんごうちょうじ）【高知県室戸市】

空海は行当岬（ぎょうどざき）で修行した。平城天皇の勅願で、薬師如来を彫って寺を創建。嵯峨天皇・淳和天皇の勅願所にもなり繁栄した。金剛頂寺は西寺、最御崎寺は東寺とも呼ばれる。

2005.7.8.
四国八十八ヶ所の文化遺産Ⅱ
R669h　80Yen……………………120□

R669h　本堂：鉄筋コンクリート。空海が刻んだという薬師如来を安置。空海が堂を建てると、如来像が歩きだし、自ら扉を開けて座ったという。12月31日～1月8日開帳。

27番　神峯寺　（こうのみねじ）【高知県安田町】

神功皇后は天照大神らを祀る神社を創建、三韓征伐の戦勝を祈願した。行基が十一面観世音菩薩像を刻んで合祀。空海が神峯山中腹に伽藍を建立。

2006.8.1.
四国八十八ヶ所の文化遺産Ⅲ
R683e　80Yen……………………120□

R683e　山門（仁王門）：入母屋造の楼門で、金剛力士像（仁王像）を安置。山門の右手前の鳥居は、神峯神社への参道。山門から157段の石段を登ると左に本堂、右に大師堂がある。

28番　大日寺　（だいにちじ）【高知県野市町】

行基が開創、大日如来を刻んで安置。荒廃したが、空海が再興。楠の大木に爪で薬師如来像を刻んだ（奥の院に安置）。大寺だったが廃仏毀釈で廃寺。地元の人々が本堂を守り続けた。

2006.8.1.
四国八十八ヶ所の文化遺産Ⅲ
R683f　80Yen……………………120□

R683f　大師堂：昭和58年改築。土佐藩2代目藩主山内忠義が寄進した大師像を安置。札所の各寺院には本堂（金堂）と大師堂があり、遍路は両者を参拝し、般若心経や真言を唱える。

29番　国分寺　（こくぶんじ）【高知県南国市】

聖武天皇が諸国に国分寺を建立、行基が開創。のち空海が再興。毘沙門天像を彫って奥の院に安置。歴代天皇や、長宗我部氏・山内氏らが崇敬。元親は四国各地の寺院を焼き払ったが、出身地の国分寺は再建した。

2006.8.1.
四国八十八ヶ所の文化遺産Ⅲ
R683g　80Yen……………………120□

R683g　金堂（本堂）［重文］：1558年、長宗我部元親が再建。天平様式を模した寄棟造で、屋根はサワラ材の柿葺き。内部の海老紅梁は唐様建築の特徴。本尊の千手観世音菩薩を祀る。

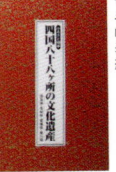

……限定8800部、価格は8,800円……
四国八十八ヶ所の文化遺産90種の切手は、善通寺建立1200年（2006年）に因み、2004～7年に発行された「四国八十八ヶ所の文化遺産」全4集・計5シート。2008年、四国支社は全部を収めた納経帳風の切手帳を発売。限定8800部で価格は当然8,800円。

切手帳表紙

神社仏閣めぐり

30番　善楽寺　ぜんらくじ　【高知県高知市】

土佐神社の別当寺として空海が善楽寺を開創。のち安楽寺や神宮寺も建つ。近世、納経は神宮寺で行った。廃仏毀釈で3寺とも消滅。29番国分寺が本尊や大師像を預かった。1876年安楽寺が再興し30番札所に復帰。1929年に善楽寺も再興、札所の正統性を争う。1994年、善楽寺を札所に、安楽寺をその奥之院とすることで解決。

2006.8.1.　四国八十八ヶ所の文化遺産Ⅲ
R683h　80Yen ……………………120□
R683h　本堂：昭和58年改築。本尊の阿弥陀如来を安置。

31番　竹林寺　ちくりんじ　【高知県高知市】

聖武天皇は五台山（中国：文殊菩薩の聖地）で文珠菩薩を拝む夢をみた。似た山を探せと命じられた行基は、当地を探しあて寺を開創。栴檀の木に文珠菩薩を彫り安置する。

2007.8.1.
四国八十八ヶ所の文化遺産Ⅳ
R703e　80Yen ……………………120□
R703e　本堂（文殊堂）［重文］：室町時代の建築。明治末、なぜか50m北西の現在地に移築。平面は20m四方。入母屋造、柿葺き。桟唐戸や扇垂木など禅宗様式が見られる。内陣の厨子に本尊文殊菩薩像を安置。

32番　禅師峰寺　ぜんじぶじ　【高知県南国市】

海岸近くの峰山（標高82m）の頂上、聖武天皇の勅願で行基が開創。空海が再興、航海安全を祈願しつつ十一面観世音菩薩を刻み本尊とする。漁師も藩主も海の無事を祈った。

2007.8.1.
四国八十八ヶ所の文化遺産Ⅳ
R703f　80Yen ……………………120□
R703f　本堂と奇岩。境内には屏風岩などの奇岩・奇石が多い。鐘楼の後方の干満岩は、くぼみに溜まった水が干満に応じて水位が変わるという。

33番　雪蹊寺　せっけいじ　【高知県高知市】

空海が高福寺を開創。運慶・湛慶らが仏像を制作したので、慶運寺と改称。衰退したが長宗我部元親が中興。元親没後に長宗我部氏の菩提寺となり、元親の法号に因み雪蹊寺と改称した。

2007.8.1.
四国八十八ヶ所の文化遺産Ⅳ
R703g　80Yen ……………………120□
R703g　木造薬師如来像（本尊）：鎌倉時代、運慶晩年の作という。両脇侍（日光菩薩・月光菩薩）と共に薬師三尊を構成。本尊、両脇侍とも重文。いずれも檜の寄木造で、慶派仏師による鎌倉初期の作。当寺は「鎌倉仏像の宝庫」ともよばれる。

34番　種間寺　たねまじ　【高知県春野町】

百済国が四天王寺造営に仏師や大工を派遣。帰途、暴風雨で当地に避難。海上安全を祈って薬師如来を刻み本尾山に安置した。空海はこれを本尊に寺を開創。唐から請来の五穀の種を蒔いたので種間寺と称す。

2007.8.1.
四国八十八ヶ所の文化遺産Ⅳ
R703h　80Yen ……………………120□
R703h　本堂：1970年、台風で大被害。のち、本堂・大師堂などの諸堂を鉄筋コンクリート造で再建。毎年3月8日、本尊薬師如来を開帳。

35番　清瀧寺　きよたきじ　【高知県土佐市】

行基が釈木寺を開創。人々の除災に薬師如来を刻んで安置。空海が金剛杖で岩を叩くと、清水が滝の如く湧き、池ができた。五穀豊穣を祈って閼伽井（あかい）権現と龍王を勧請、清滝寺と改称。

2007.8.1.
四国八十八ヶ所の文化遺産Ⅳ
R704c　80Yen ……………………120□
R704c　厄除け薬師如来像：本堂前に建つ高さ15mの巨大な像（本尊の約10倍）。厄除けに、台座の中で真言を唱えつつ胎内くぐり（戒壇巡り）を行う。昭和8年に製紙業者が寄進。

36番　青龍寺　しょうりゅうじ　【高知県土佐市】

空海は長安で青龍寺の恵果に密教を学ぶ。帰国間際、日本に恵果の恩に報いる寺を建てようと、東の空へ独鈷（とっこ）を投げた。帰国後、当地で松の枝に架かった独鈷を発見。寺を開き、独鈷山・青龍寺と呼ぶ。

2007.8.1.
四国八十八ヶ所の文化遺産Ⅳ
R704d　80Yen ……………………120□
R704d　三重塔：1992年建立。樹々の緑の中に鮮やかな朱色が映える。かつて、のちの横綱・朝青龍が日々のトレーニングで、高校近くの青龍寺の参道を走っていた（四股名の由来）。

37番　岩本寺　いわもとじ　【高知県窪川町】

仁井田大明神のお告げで、空海が五色の御幣を投げると5つの鳥になる。それぞれ舞い降りた場所に宮を建て、仁井田大明神を五社に分祀、各社に本地仏を安置した（五社大明神）。

2004.11.5.
四国八十八ヶ所の文化遺産Ⅰ
R649i　80Yen ……………………120□
R649i　天井絵：1978年、本堂を新築。内陣の格天井には、仏像・花鳥風月・自画像・M.モンローなど、画家や市民ら約400名が描いた575枚の天井絵。眺めて飽きないが首が疲れる。

1960.8.1. 足摺岬国定公園
P208 10Yen ………… 120□
のFDC。カシェにお遍路と足摺岬を描く。

[お遍路と足摺岬]
国定公園切手59種のうちでも印象深い切手。切手もカシェも遍路をよく表現しており、松本清張『砂の器』の場面が想起される。業病のために故郷を追われた男が、幼い息子と共に遍路姿で日本各地を放浪。江戸時代〜昭和40年代、やむなく故郷を出て「お接待」をあてに四国を巡った病者・障害者・貧困層が数多くいた。

38番　金剛福寺　こんごうふくじ　【高知県土佐清水市】

足摺岬の先端、空海は千手観音を感得。嵯峨天皇の勅願で金剛福寺を開創した。補陀落山（ふだらくさん）（ポータラカ：インド南端にあるという観音浄土）を感じる霊場となる。境内は3万6000坪。

2004.11.5.
四国八十八ヶ所の文化遺産 I
R649j　80Yen ………………… 120□

R649j　大師亀（海亀塔）：本堂前にある石像。空海が沖合の不動岩で修行したとき、海亀の背に乗って渡ったという伝説に因む。願いを念じつつ亀の頭を撫でれば叶うとされる。

39番　延光寺　えんこうじ　【高知県宿毛市】

行基が開創、薬師如来を刻み本尊とする。空海が長く滞在。日光菩薩・月光菩薩を刻み、脇侍として安置、寺を再興。水不足に苦しむ村人のため、錫杖で地面を叩くと水が湧き出た（眼洗い井戸）。

2004.11.5.
四国八十八ヶ所の文化遺産 I
R649k　80Yen ………………… 120□

R649l　本堂。本堂右手にある眼洗い井戸は空海が錫杖で掘った霊水。この水で目を洗えば、眼病治癒の御利益。宝医水（ほういすい）ともよぶ。目の周りを水に浸す遍路も多い。

伊予国　菩提の道場

40番　観自在寺　かんじざいじ　【愛媛県御荘町】

空海が開基。1本の霊木から、薬師如来など3体を刻んで安置。平城天皇・嵯峨天皇は、毎年勅使を下向させて護摩供を修した。一帯は「御荘」と、特に寺周辺は「平城」と呼ばれる。

2004.11.5.
四国八十八ヶ所の文化遺産 I
R649l　80Yen ………………… 120□

R649l　山門（三門／仁王門）：総ケヤキ造。高さ7m、幅6m。屋根は入母屋。明治43年の火災で焼失したが、翌年、近在の大工が大病平癒のお礼に造営した。

41番　龍光寺　りゅうこうじ　【愛媛県三間町】

稲束を背負った老人が現われ、空海に「我この地に住み、法教を守護し、諸民を利益せん」と告げて消えた。大明神の化身と悟り、その像を刻み安置。稲荷大明神・龍光寺と称した。

2005.7.8.
四国八十八ヶ所の文化遺産 II
R669i　80Yen ………………… 120□

R669i　孔雀明王：平成8年に信者が奉納。高さ2.4mの金色の像で、大師堂の内部に安置。扉の格子の隙間から覗くと、その美麗な姿が間近に見える。

42番　仏木寺　ぶつもくじ　【愛媛県三間町】

牛をひく老人が現れ、空海はその牛に乗る。牛は楠の下で停止。帰国際に唐から投げた宝珠が枝にあった。楠で大日如来像を刻み、眉間に宝珠を嵌め、堂を建立した。

2005.7.8.
四国八十八ヶ所の文化遺産 II
R669j　80Yen ………………… 120□

R669j　鐘楼：元禄期の建立。高さ7m。札所唯一の茅葺屋根の鐘楼。2014年に葺き替え。茅葺屋根の重厚さと形の面白さに驚く。長い余韻の鐘が心に平安をもたらす。

43番　明石寺　めいせきじ　【愛媛県宇和町】

欽明天皇の勅願で、正澄が唐請来の千手観音を安置して建立。寿元が熊野権現を勧請、十二社権現12坊を建立、修験道場となる。のち荒廃したが、空海が再興。中世、頼society武士らが崇敬した。

2005.7.8.
四国八十八ヶ所の文化遺産 II
R669k　80Yen ………………… 120□

R669k　地蔵堂：明治42年の建築。木造平屋・入母屋造・瓦葺、面積16㎡。龍・兎・鶴などの彫刻が、向拝（こうはい：張出し部）や身舎（もや：本体部）の細部に施されている。切手図案は向拝虹梁（やや上に反った梁）の左側の龍の彫刻。

神社仏閣めぐり

【愛媛県】伊予国　菩提の道場：26ヶ寺

番	寺名	号		住所	宗派	本尊
40	観自在寺	平城山	薬師院	愛南町	真言宗大覚寺派	薬師如来
41	龍光寺	稲荷山	護国院	宇和島市	真言宗御室派	十一面観世音菩薩
42	佛木寺	一カ山	毘盧舎那院	宇和島市	真言宗御室派	大日如来
43	明石寺	源光山	円手院	西予市	天台寺門宗	千手観世音菩薩
44	大寶寺	菅生山	大覚院	久万高原町	真言宗豊山派	十一面観世音菩薩
45	岩屋寺	海岸山		久万高原町	真言宗豊山派	不動明王
46	浄瑠璃寺	医王山	養珠院	松山市	真言宗豊山派	薬師如来
47	八坂寺	熊野山	妙見院	松山市	真言宗醍醐派	阿弥陀如来
48	西林寺	清滝山	安養院	松山市	真言宗豊山派	十一面観世音菩薩
49	浄土寺	西林山	三蔵院	松山市	真言宗豊山派	釈迦如来
50	繁多寺	東山	瑠璃光院	松山市	真言宗豊山派	薬師如来
51	石手寺	熊野山	虚空蔵院	松山市	真言宗豊山派	薬師如来
52	太山寺	瀧雲山	護持院	松山市	真言宗智山派	十一面観世音菩薩
53	圓明寺	須賀山	正智院	松山市	真言宗智山派	阿弥陀如来
54	延命寺	近見山	宝鐘院	今治市	真言宗豊山派	不動明王
55	南光坊	別宮山	金剛院	今治市	真言宗御室派	大通智勝如来
56	泰山寺	金輪山	勅王院	今治市	真言宗醍醐派	地蔵菩薩
57	栄福寺	府頭山	無量寿院	今治市	高野山真言宗	阿弥陀如来
58	仙遊寺	作礼山	千光院	今治市	高野山真言宗	千手観世音菩薩
59	国分寺	金光山	最勝院	今治市	真言律宗	薬師如来
60	横峰寺	石鈇山	福智院	西条市	真言宗御室派	大日如来
61	香園寺	栴檀山	教王院	西条市	真言宗御室派	大日如来
62	宝寿寺	天養山	観音院	西条市	真言宗単立	十一面観世音菩薩
63	吉祥寺	密教山	胎蔵院	西条市	真言宗東寺派	毘沙門天
64	前神寺	石鈇山	金色院	西条市	真言宗石鈇派	阿弥陀如来
65	三角寺	由霊山		四国中央市	高野山真言宗	十一面観世音菩薩

（地図：愛媛、香川、徳島、高知）

44番　大寶寺　たいほうじ　【愛媛県久万町】

百済の僧が久万の山中に草庵を結び十一面観音像を安置。のち猟師兄弟が光る観音像を発見、菅蓑や弓で草庵を作る（菅生山の由来）。文武天皇は大宝1年に寺を建立、像を移す。年号に因み大寶寺と称す。

2005.7.8.
四国八十八ヶ所の文化遺産Ⅱ
R669I　80Yen……………………120□

R669I　本堂：1925年再建。44番は札所の真ん中。明石寺から95km、岩本寺-金剛福寺間に次いで遠い「遍路ころがし」の1つ。山の中、樹木に囲まれた銅板葺き本堂の青色が美しい。

45番　岩屋寺　いわやじ　【愛媛県美川村】

空海の前に法華仙人が現われ「この山は私の修行場、他所へ行ってよ」と。「貴女は自分一人のためだが、私は衆生のために寺を開く」と返答。仙人は山を譲り、大往生した。

2006.8.1.
四国八十八ヶ所の文化遺産Ⅲ
R683i　80Yen……………………120□

R683i　杉木立の中、山門から266段の急な石段をのぼる。本堂や庫裏は礫岩峰（れきがんぼう）に抱かれるように建つ。一帯に高さ数十mの礫岩峰が50余あり、隆起海底地層が浸蝕された奇景。胎蔵界峯・金剛界峯などの名がある。

46番　浄瑠璃寺　じょうるりじ　【愛媛県松山市】

海抜710mの三坂峠は「馬子泣かせ」の難所。一願弁天・仏足石・仏手石・仏手花判石・籾（モミ）大師など様々な御利益アイテムが揃っており、「御利益のよろず屋」とも呼ばれる。

2006.8.1.
四国八十八ヶ所の文化遺産Ⅲ
R683j　80Yen……………………120□

R683j　仏足石：素足で上に立ち、自分の足を仏の足型に合わせれば、健脚・交通安全の御利益あるという。知恵や技能とも。常人の2倍の足サイズで、立つと冷っとする（右）。

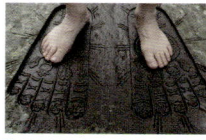

47番　八坂寺　やさかじ　【愛媛県松山市】

伊予国司＝越智玉興（おち・たまおき）が文武天皇の勅願寺として創建。役小角が開創。空海が再興、造営に際して8つの坂道を開いたので、八坂寺と称す。弥栄（いやさか：益々栄える）も兼ねたものか。

2006.8.1.
四国八十八ヶ所の文化遺産Ⅲ
R683k　80Yen……………………120□

R683k　いやさか不動尊（不動三尊）：大堂山を背に高さ4mの不動明王が立つ。左右に矜羯羅童子（こんがらどうじ）と制多迦童子（せいたかどうじ）を従える。2005年、修験道復興を目指して建立。世界平和・商売繁盛・家門繁栄などを祈願する。毎年4月29日に柴灯大護摩供を行う。

48番　西林寺　さいりんじ　【愛媛県松山市】

聖武天皇の勅願で伊予国司＝越智玉純（たまずみ）が創建、行基が開創。空海は現在地に移して寺を再興、十一面観音を安置する。本尊は後向きに立つともいわれ、本堂裏でお参りする遍路もいる。

2006.8.1.
四国八十八ヶ所の文化遺産Ⅲ
R683l　80Yen・・・・・・・・・・・・・・・・・・・・・120□

R683l　仁王門（山門）：1843年の再建。入母屋造。

49番　浄土寺　じょうどじ　【愛媛県松山市】

考謙天皇の勅願により、恵明上人が創建。行基作の釈迦如来を祀る。空海が伽藍を再建。源頼朝が再興。平安中期、空也が浄土寺に3年間滞留して布教。源頼朝が堂塔を修復。

2007.8.1.
四国八十八ヶ所の文化遺産Ⅳ
R703i　80Yen・・・・・・・・・・・・・・・・・・・・・120□

R703i　空也上人像［重文］：3年住んだ空也が去るとき、村人の「お姿だけでも残して」との願いに、自刻の木像を残した。南無阿弥陀仏（六字名号）を唱える姿で六波羅密寺の像と同様の造形である。

50番　繁多寺　はんたじ　【愛媛県松山市】

孝謙天皇の勅願で行基が開創。薬師如来を刻んで安置、光明寺と称した。空海が札所に定め、繁多寺と改称。鎌倉時代、河野家（伊予の豪族）出身の一遍が参篭している。

2007.8.1.
四国八十八ヶ所の文化遺産Ⅳ
R703j　80Yen・・・・・・・・・・・・・・・・・・・・・120□

R703j　鐘楼：1696年、信者が寄進。近年の改修の際、格天井に24面の天井絵が描かれた。『御伽草子』収載の、中国の孝行話を集めた「二十四孝」の挿絵である。

51番　石手寺　いしてじ　【愛媛県松山市】

伊予国司＝越智玉純が夢で菩薩の降臨を見た。聖武天皇の勅により鎮護国家の道場として創建。行基が本尊＝薬師如来を彫る。衛門三郎の説話に因み「石手寺」と改称。河野氏が庇護した。

2007.8.1.
四国八十八ヶ所の文化遺産Ⅳ
R703k　80Yen・・・・・・・・・・・・・・・・・・・・・120□

R703k　平和万灯会（まんどうえ）：大晦日の夜。寺で燃え続ける「平和の灯」を蝋燭に点し世界平和を祈る行事。コンサートなどがあり、午後11時に点火、そして除夜の鐘。1995年（終戦50年）に始まる。平和の灯は広島・長崎・沖縄などで採火。

［寺名の由来］衛門三郎（右は石手寺の三郎像）の最期、空海は「衛門三郎」と書いた小石を手に握らせた。60年ほど後、伊予領主＝河野息利に息子が誕生。左手が開かないので安養寺で祈願すると、開いた手に小石が。石は安養寺に納められ、石手寺と改称した。

52番　太山寺　たいさんじ　【愛媛県松山市】

586年、難波へ向かう豊後国の真野長者が、高浜沖で暴風雨にあう。観音菩薩に祈ると、山頂からの光の導きで無事に接岸。大工と建材を積んで松山に戻り、一夜で寺を建立。

2007.8.1.
四国八十八ヶ所の文化遺産Ⅳ
R704l　80Yen・・・・・・・・・・・・・・・・・・・・・120□

R704l　本堂［国宝］：1305年、伊予守護＝河野氏が再興。入母屋造。和瓦葺き。和洋を基本に、虹梁など細部に天竺様を採用。十一面観音7体（秘仏）を安置。札所の中では本山寺に次いで古い本堂建築。

53番　圓明寺　えんみょうじ　【愛媛県松山市】

聖武天皇の勅願を受けて行基が開創、阿弥陀如来を彫って安置する。海辺にあり「海岸山 圓明密寺」と称す。空海が再建。数度の兵火で衰退。1633年に現在地に再建。

2007.8.1.
四国八十八ヶ所の文化遺産Ⅳ
R704e　80Yen・・・・・・・・・・・・・・・・・・・・・120□

R704e　本堂：右上の鴨居に、長さ4mの巨大な龍の彫物がある。躍動的な造形で、左甚五郎の作ともいう。顔は斜め下に飛び出し、本尊を守る。行いの悪い人が見ると龍の目が光って見えるという。

54番　延命寺　えんめいじ　【愛媛県今治市】

行基が近見山の山頂に寺院を創建、不動明王を刻んで安置。大寺院だったが衰退。空海が再建、近見山円明寺と称す。明治時代、53番円明寺との混同を避け、俗称の延命寺を寺号にした。

2007.8.1.
四国八十八ヶ所の文化遺産Ⅳ
R704f　80Yen・・・・・・・・・・・・・・・・・・・・・120□

R704f　降三世（ごうざんぜ）明王：五大明王の1つで東に配され、主尊の不動明王に次いで重要。衆生の貪瞋痴（とん・じん・ち：欲望・怒り・無知）の三毒を降伏（ごうぶく）する。3面の忿怒相は三毒を表す

55番　南光坊　なんこうぼう　【愛媛県今治市】

大三島に大山祇神社と別当24坊を建立。島は不便なので、越智玉純が別宮を現在地に移転「日本総鎮守三島の地御前」とした。南光坊など8坊も移す。兵火で焼亡。近世、南光坊だけ再建。

2004.11.5.
四国八十八ヶ所の文化遺産Ⅰ
R649m　80Yen・・・・・・・・・・・・・・・・・・・・・120□

R649m　山門：空襲で焼失し、1998年に再建。仁王ではなく四天王が立つ大型の楼門。持国天、広目天、増長天、多聞天が東西南北を守る。「日本総鎮守三島地御前」の扁額を掲げる。

56番　泰山寺 たいさんじ【愛媛県今治市】

よく氾濫する蒼社川に村人は苦しむ。空海は村人を指揮して堤防を建設。祈祷すると延命地蔵菩薩が現れた。その像を刻んで安置。延命地蔵十大願の第一「女人泰産（安産）」に因み泰山寺と称す。

2004.11.5.
四国八十八ヶ所の文化遺産 I
R469n　80Yen……………………120□

R649n　石積みの塀と本堂：境内は周辺より3mほど高く、石垣を巡らす。漆喰塀は2000年の改修。18段の石段を上ると境内。本堂は左奥に建つ。手前の水田が塀や石垣を際立たせる。

57番　栄福寺 えいふくじ【愛媛県玉川町】

空海は瀬戸内海で多発する海難事故を憂い、府頭山の山頂で海神供養を修し、海上安全を祈った。満願の日、風は凪ぎ、海中から阿弥陀如来像が出現。これを本尊に、堂宇を創建。

2004.11.5.
四国八十八ヶ所の文化遺産 I
R649o　80Yen……………………120□

R649o　大師像：境内に入ってすぐ右側、本堂裏の石垣を背にして立つ青銅の修行大師像。若き空海がお遍路を迎えてくれる。切手写真は紅葉の風景で、背景の雑多な物をうまく隠している。

58番　仙遊寺 せんゆうじ【愛媛県玉川町】

天智天皇の命で伊予国守＝越智守興が建立。本尊の千手観音は竜王の娘が彫ったという。阿坊（あぼう）仙人が40年籠り、読経三昧の日々をおくり、諸堂を整え、ある日姿を消した。仙人がいたので仙遊寺。

2004.11.5.
四国八十八ヶ所の文化遺産 I
R649p　80Yen……………………120□

R649p　山門（仁王門）の阿像：阿吽一対の金剛力士（仁王）がたつ。仁王像の反対側には特大の草履。扁額は「補陀落山」。近年、ある夫妻が息子の菩提を弔うために建立・寄進したもの。

59番　国分寺 こくぶんじ【愛媛県今治市】

聖武期、行基が伊予国分寺を開創。現在地は伊予国府跡。旧国分寺は150m東、七堂伽藍の大寺院で、巨大な礎石が残る。空海が滞在、五大尊明王の絵像を残す。藤原純友の乱などで幾度も焼失。

2005.7.8.
四国八十八ヶ所の文化遺産 II
R669m　80Yen……………………120□

R669m　本堂：藤原純友、源平合戦、細川頼之と寺は幾度も被災、長宗我部元親が止めを刺した。茅葺の小堂が寂しく建っていたが、江戸後期の1789年に再建。無事だった本尊を安置する。

60番　横峰寺 よこみねじ【愛媛県小松町】

役小角が開創。石鎚山で見た蔵王権現の姿を石楠花の木に刻み小堂に安置。のち空海も山頂で除災求福の星祭を修し、同じく蔵王権現を見た。石楠花の木で大日如来坐像を刻み安置。

2005.7.8.
四国八十八ヶ所の文化遺産 II
R669n　80Yen……………………120□

R669n　山門（仁王門）：湯波休憩所から山門までは約2kmだが、標高差450m。厳しい登りが続き、遍路ころがしとも呼ばれる難所。切手図案はなんとか登り切ったお遍路さん。

61番　香園寺 こうおんじ【愛媛県小松町】

聖徳太子が父用明天皇の病気平癒祈願で創建。金衣白髪の老人が飛来し、大日如来を安置した。空海は門前で難産の妊婦に遭遇、栴檀香を焚いて祈祷すると無事出産。以後、人々は子宝・安産・子育てを祈願する。

2005.7.8.
四国八十八ヶ所の文化遺産 II
R669o　80Yen……………………120□

R669o　大日如来：巨大な大聖堂の2階、薄暗いホールの舞台に安置された、金色に輝く大きな前立本尊。荘厳も超豪華。その後方の厨子に秘仏の本尊が安置。

62番　宝寿寺 ほうじゅじ【愛媛県小松町】

聖武天皇は諸国に一の宮を造営。この寺は、伊予国一ノ宮の法楽所として創建。空海が当地で修行し、光明皇后の姿を元に十一面観世音菩薩を刻み本尊とする。

2005.7.8.
四国八十八ヶ所の文化遺産 II
R669p　80Yen……………………120□

R669p　本堂：旧大師堂。本堂は老朽化のために工事中で、本尊の十一面観音を安置している。旧大師堂の大師像は新設の大師堂に安置。

63番　吉祥寺 きちじょうじ【愛媛県西条市】

空海が光を放つ1本のヒノキを発見。一刀三礼しつつ毘沙門天・吉祥天・善膩師童子を刻む。坂元山に貧苦救済を祈願して堂宇を建立、像を安置。江戸前期、現在地に再建された。

2006.8.1.
四国八十八ヶ所の文化遺産 III
R683m　80Yen……………………120□

R683m　成就石：本堂前に置かれた石で、高さ約1m、中央部に直径30cmほどの丸穴。目を閉じて願い事を念じながら、金剛杖を前にして歩き、本堂前からこの石まで進む。杖が穴に入れば、願いが叶うという。少し難しい。切手写真のアングルは秀逸。

64番　前神寺　まえがみじ　【愛媛県西条市】

石鎚山（1982m）の中腹に役小角が開創、石鎚蔵王大権現を安置。桓武天皇が平癒祈願、成就したので七堂伽藍を整備、金色院前神寺と称す。歴代天皇が帰依。若き空海も２度修行した。麓にも堂宇を造営。

2006.8.1.
四国八十八ヶ所の文化遺産Ⅲ
R683n　80Yen ·················120□

R683n　本堂：1972年再建。入母屋造、銅板葺き。広い境内の奥に建ち、老樹が囲む。石鎚山お山開きの前日、本堂前の広場で柴灯護摩を修し、権現様３体と共に信者らが出発する。

65番　三角寺　さんかくじ　【愛媛県川之江市】

行基が開創、弥勒浄土の具現をめざす。空海が十一面観音像と1尺8寸の不動明王像を刻んで安置。三角の護摩壇を築き、21日間、降伏護摩の秘法を修す。この護摩壇に因み三角寺と呼ぶ。

2006.8.1.
四国八十八ヶ所の文化遺産Ⅲ
R683o　80Yen ·················120□

R683o　本堂：1849年再建、1971年修復。切手図案は本堂正面の彫刻。本尊の十一面観音（秘仏）は、子安観音・厄除観音として信仰される。

讃岐国　涅槃の道場

66番　雲辺寺　うんぺんじ　【徳島県池田町】

16歳の空海は善通寺造営の木材を求めてこの山に登る。霊山と感じとり、山頂近くに堂宇を建てた。のち、嵯峨天皇の勅で再び登り、札所とする。本尊の千手観音を刻んだ。

2006.8.1.
四国八十八ヶ所の文化遺産Ⅲ
R683p　80Yen ·················120□

R683p　大師堂：拝殿は約18m四方の大きな建物。拝殿の背後に奥殿が建ち、大師像を安置するが拝観不可。その代わりでもないが、拝殿前には合掌する少年空海の座像「稚児大師像」が建つ。雲辺寺山（標高927m）の山頂、四国札所では最高点。

67番　大興寺　だいこうじ　【香川県山本町】

東大寺末寺として建立。のち天台宗となる。空海が熊野三所権現を勧請、薬師如来を刻んで本尊とし現在地に再建。やがて真言24坊・天台12坊が並んだ。現在、弘法大師堂と天台大師堂がある。

2007.8.1.
四国八十八ヶ所の文化遺産Ⅳ
R703m　80Yen ·················120□

R703m　仁王像（金剛力士像）：高さ3.14mあり札所の中では最大。檜の寄木造・彩色。鎌倉時代、伝・運慶作（作者不明）。頭部は江戸時代の補作。仁王門（1318年建立）に安置。
※仁王の首：八百屋お七は、吉三に会いたい一心で放火、火刑に。その供養に吉三は遍路となる。大興寺の傷んだ仁王の首をみて修理を思いたち、首を背負って四国を勧進して歩いたという。

68番　神恵院　じんねいん　【香川県観音寺市】

日証上人が山頂で修行中、浜に舟が漂着。琴が鳴り「我は宇佐八幡大菩薩」の声。童を集めて神舟を山（標高58m:琴弾山）へ曳き上げ、琴と共に祀る（琴弾八幡宮）。のち空海が阿弥陀如来を描いて本尊とし、別当寺を神恵院と改称。

2007.8.1.
四国八十八ヶ所の文化遺産Ⅳ
R703n　80Yen ·················120□

R703n　山門（仁王門）：観音寺と共通で、表札は「四国第六十八・六十九番 霊場」「七宝山 神恵院 観音寺」。神仏分離の結果だが、住職は兼任で宝物は１つの寺院。納経所も１つ。

69番　観音寺　かんのんじ　【香川県観音寺市】

空海は、神功皇后は観世音の転生として聖観音像を刻み安置。琴弾八幡宮の神宮寺を再興、観音寺と称す。神仏分離で神恵院が八幡宮から観音寺境内へ移され、１寺２霊場となった。納経所は１つ。

2007.8.1.
四国八十八ヶ所の文化遺産Ⅳ
R703o　80Yen ·················120□

R703o　鐘楼：屋根裏、一面の波雲模様の浮彫りが美しい。四隅には青い目をした龍。梁は二段。その四辺中央で、天邪鬼が梁を支える束（つか）となって踏ん張る。撞木（金属製）を引くワイヤーが斜めについており、下に引けば鐘が打てる仕組み。

R851d　琴弾公園「銭形砂絵」
※琴弾公園にある有名な銭形は、観音寺の西500mの海岸。真円ではなく、122m×90mの楕円形で、山頂展望台からみえる形を考慮している。

2014.9.10.
地方自治法施行60周年　香川
R851d　82Yen ·················150□

70番　本山寺　もとやまじ　【香川県豊中町】

平城天皇の勅願で、空海が鎮護国家のため創建。空海は一晩で本堂を造営した（一夜建立）。本尊の馬頭観音（四国霊場では唯一）と、阿弥陀如来・薬師如来を刻む。

2007.8.1.
四国八十八ヶ所の文化遺産Ⅳ
R703p　80Yen ·················120□

R703p　本堂［国宝］：1300年建立。寄棟造・本瓦葺き。豪壮な和様建築、細部に禅宗様を採用。手前は外陣、奥は内陣で脇陣と後陣が囲む。本尊の馬頭観音と、薬師如来・阿弥陀如来を安置（全て秘仏）。切手は本堂と五重塔。本山局の風景印と同じ。

札所を描く風景印

本山局の風景印は切手にピッタリ。「遍路はスタンプラリーではない」と言うが、実際には信仰だけでなく「集めたい欲望」を利用した集客の要素もある。郵趣家なら札所を描く風景印も集めようと調べてみると、風景印のある札所は20ヶ所のみ。残念。

切手図案そのままの本山局風景印

【香川県】讃岐国　涅槃の道場：23ヶ寺 ＊徳島県

番	寺名	号		住所	宗派	本尊
66	雲辺寺	巨鼇山	千手院	三好市 ＊	真言宗御室派	千手観世音菩薩 [重文]
67	大興寺	小松尾山	不動光院	三豊市	真言宗善通寺派	薬師如来
68	神恵院	七宝山		観音寺市	真言宗大覚寺派	阿弥陀如来
69	観音寺	七宝山		観音寺市	真言宗大覚寺派	聖観世音菩薩
70	本山寺	七宝山	持宝院	三豊市	高野山真言宗	馬頭観世音菩薩
71	弥谷寺	剣五山	千手院	三豊市	真言宗善通寺派	千手観世音菩薩
72	曼荼羅寺	我拝師山	延命院	善通寺市	真言宗善通寺派	大日如来
73	出釈迦寺	我拝師山	求聞持院	善通寺市	真言宗御室派	釈迦如来
74	甲山寺	医王山	多宝院	善通寺市	真言宗善通寺派	薬師如来
75	善通寺	五岳山	誕生院	善通寺市	真言宗善通寺派	薬師如来
76	金倉寺	鶏足山	宝幢院	善通寺市	天台寺門宗	薬師如来
77	道隆寺	桑多山	明王院	多度津町	真言宗醍醐派	薬師如来
78	郷照寺	仏光山	広徳院	宇多津町	時宗	阿弥陀如来
79	天皇寺	金華山	高照院	坂出市	真言宗御室派	十一面観世音菩薩
80	國分寺	白牛山	千手院	高松市	真言宗御室派	十一面千手観世音菩薩
81	白峯寺	綾松山	洞林院	坂出市	真言宗御室派	千手観世音菩薩
82	根香寺	青峰山	千手院	高松市	天台宗 (単立)	千手観世音菩薩
83	一宮寺	神毫山	大宝院	高松市	真言宗御室派	聖観世音菩薩
84	屋島寺	南面山	千光院	高松市	真言宗御室派	十一面千手観世音菩薩
85	八栗寺	五剣山	観自在院	高松市	真言宗大覚寺派	聖観世音菩薩
86	志度寺	補陀洛山	清浄光院	さぬき市	真言宗善通寺派	十一面観世音菩薩 [重文]
87	長尾寺	補陀洛山	観音院	さぬき市	天台宗	聖観世音菩薩
88	大窪寺	医王山	遍照光院	さぬき市	真言宗単立	薬師如来

71番　弥谷寺　いやだにじ　【香川県三野町】

行基が開創。空海は7〜12歳頃に当寺で修行。唐から帰国後にも修業。5本の剣が天から降り、金剛蔵王権現の託宣を聞き、観音像を刻む。谷が多いので、剣五山・弥谷寺と改称。

2007.8.1.
四国八十八ヶ所の文化遺産Ⅳ
R704g　80Yen······················120□

R704g　阿弥陀三尊磨崖仏（まがいぶつ）：鎌倉期。阿弥陀如来（中央：高さ約1m／右の写真）・観音菩薩（向かって右）・勢至菩薩（左）。舟形光背あり。元来か、風化のためか、温和な表情。陽光の明るさや方向で雰囲気が変わる。8万4000体の磨壁仏があるという。保護のためとはいえ、舟形光背に沿うコンクリートの逆U形カバーは残念。

72番　曼荼羅寺　まんだらじ　【香川県善通寺市】

596年、讃岐の豪族＝佐伯氏（空海の祖先）の氏寺として建立。空海が母の菩提寺として造営。唐請来の大日如来と両界曼荼羅を安置、曼荼羅寺と改称。伽藍は唐の青龍寺に倣う。

2007.8.1.
四国八十八ヶ所の文化遺産Ⅳ
R704h　80Yen······················120□

R704h　聖観音立像：本堂の隣、小さな観音堂に安置。高さ158cm、檜一木造り。平安後期のふくやかな像で、経年劣化がみられる。左手には金色の蓮華を持つ。本堂の本尊大日来は秘仏だが、聖観音像は扉の外から拝観できる。

73番　出釈迦寺　しゅっしゃかじ　【香川県善通寺市】

7歳の空海が我拝師山（がいしさん：481m）に登り衆生済度を決意。「叶うなら釈迦如来よ現れ給え。叶わぬなら私の命を諸仏に捧げる」と断崖から投身。釈迦如来が現れ、空海を抱きとめ「一生成仏」と告げた。迷いがなくなり、以後は仏の道をまっしぐら。

2004.11.5.
四国八十八ヶ所の文化遺産Ⅰ
R649q　80Yen······················120□

R649q　本堂：空海作とされる本尊の釈迦如来が、すだれ越しに透けて見える。脇侍に不動明王と虚空蔵菩薩。

74番　甲山寺　こうやまじ　【香川県善通寺市】

空海は、曼荼羅寺と善通寺の間に寺を建てる霊地を探す。甲山の岩窟から老人（毘沙門天の化身）が現れ「ここに寺を建てるなら私が守る」と告げた。空海は毘沙門天の石像を刻み、岩窟に安置。

2004.11.5.
四国八十八ヶ所の文化遺産Ⅰ
R649r　80Yen······················120□

R649r　本堂。本尊の薬師如来像を安置。拝顔可。
満濃池：空海は勅命で満濃池修築を指揮する。甲山寺で薬師如来像を刻んで祈願すると、3ヶ月で竣工。空海を慕って大勢が集まり、協力したのが実情だろう。朝廷からの褒賞金で伽藍を造営した。

神社仏閣めぐり

75番 善通寺 ぜんつうじ 【香川県善通寺市】

774年、当地で空海が誕生。父＝佐伯善通（よしみち）は讃岐の豪族。空海は父が寄進した土地に6年かけて寺を造営。伽藍は留学行先の長安の青龍寺に倣う。父の名に因み善通寺と称した。

2005.7.8.
四国八十八ヶ所の文化遺産 I
R649s　80Yen·····················120□

R649s　三国伝来金銅錫杖頭は156頁参照。

76番 金倉寺 こんぞうじ 【香川県善通寺市】

774年、豪族＝和気道善（わけ・どうぜん）が如意輪観音像を安置。その後、孫の円珍が先祖供養に唐の青龍寺を模して造営。薬師如来を刻み本尊とした。のち金倉郷という地名に因んで金倉寺と改称。

2004.11.5.
四国八十八ヶ所の文化遺産 I
R649t　80Yen·····················120□

R649t　本堂：鎌倉様式で1983年に再建。16.5m四方で棟高12.5m。入母屋造で向拝が付く。総工費は約4億円。本尊薬師如来と、不動明王・阿弥陀如来を安置。正月1～3日、本尊を開帳。

77番 道隆寺 どうりゅうじ 【香川県多度津町】

領主の和気道隆（みちたか）の桑園で1本の桑が妖しい光を放つ。矢を射ると、乳母が倒れていた。供養として道隆は桑の木で薬師如来の小像を刻む。のち空海も薬師如来像を刻み、道隆の像を胎内に納めて本尊とした。

2005.7.8.
四国八十八ヶ所の文化遺産 II
R669q　80Yen·····················120□

R669q　山門（仁王門）：表側に阿吽の仁王像。その裏側には大草履が2対。扁額は、和気道隆の伝説に因む山号「桑多山」。本堂へ向かう参道には種々の観音像255体が並ぶ。

78番 郷照寺 ごうしょうじ 【香川県宇多津町】

入唐の途上、空海は青ノ山から山麓へ放たれる霊光を見た。帰朝後、当地を訪れ光がさした場所を掘ると、阿弥陀如来像が出た。これを本尊とし、霊場と定めた。山号「仏光山」の由来という。

2005.7.8.
四国八十八ヶ所の文化遺産 II
R669r　80Yen·····················120□

R669r　雲上二十五菩薩来迎仏：本堂天井には極彩色の浮彫の花模様。本堂内陣上部に25体の菩薩像。西方から阿弥陀如来が二十五菩薩を従え来迎、雲に乗った菩薩たちが様々な楽器を鳴らし、臨終の人の不安を除いて浄土へ導くという。

79番 天皇寺 てんのうじ 【香川県坂出市】

行基は金山（かなやま）に薬師如来を本尊として開創。八十場（やそば）の泉を訪れた空海は、霊気を感じて十一面観音などを刻み安置、寺を再建した（摩尼珠院）。

2005.7.8.
四国八十八ヶ所の文化遺産 II
R669s　80Yen·····················120□

R669s　赤門：境内から本坊へ続く門。上部は10角形を半分にしたようなアーチで、雷紋（唐草模様）が縁取る。洋風とも中華風ともいえる異国風。アーチ北面には青い卍、南面（切手図案側・右）は蓮の花。

80番 國分寺 こくぶんじ 【香川県国分寺町】

行基は当地に十一面千手観音を彫って安置、壮大な讃岐国分寺を開く。創建当時の堂塔の礎石や瓦の窯跡などが残る。空海が本尊を修復、堂塔を増築。鎌倉時代、本堂と鐘楼を造営。

2005.7.8.
四国八十八ヶ所の文化遺産 II
R669t　80Yen·····················120□

R669t　本堂［重文］：鎌倉中期。奈良時代の講堂跡地で、その礎石を流用している。5間四方の入母屋造、全面と背面に桟唐戸。本尊の木造千手観音立像［重文］は欅一本造で秘仏。
※讃岐国分寺跡：遺構の保存状態が良好で、特別史跡に指定。敷地は南北240m×東西220m。大官大寺式の伽藍配置で、中門・金堂・講堂が南北に並ぶ。金堂や七重塔の1mもある礎石が元の位置に残る（切手図案の前景）。

81番 白峯寺 しろみねじ 【香川県坂出市】

五色台の一峰、白峰山（337m）の山頂部。空海が白峰に宝珠を埋め、閼伽井（あかい）を掘り、衆生済度を祈願して創建。のち、円珍は山頂の光を見て登り、白峯大権現の神託を受け、霊木に千手観音像を彫る。

2006.8.1.
四国八十八ヶ所の文化遺産 III
R683q　80Yen·····················120□

R683q　山門（七棟門:しちとうもん）：1803年の再建。切妻造の高麗門（コの字型に3棟で構成した門）に、左右各2棟の塀を連ねるので、計7棟。切手写真は門の中央部。平面図はこんな感じ➡

82番 根香寺 ねごろじ 【香川県高松市】

空海は五色台で五智如来を感得、五大明王を刻み花蔵院を建立。のち円珍（空海の甥）が青峰（五色台の5峰の1つ）で神託を受け、香木で千手観音立像を刻み千手院を創建、2院を合わせ根香寺と称す。

2006.8.1.
四国八十八ヶ所の文化遺産 III
R683r　80Yen·····················120□

R683r　五大明王堂（五大堂）：空海の開基伝説にちなみ、五大明王の木像を安置。左から、大威徳・金剛・不動・降三世・軍荼梨。元寇の際、降伏（ごうぶく）を祈願して不動明王（中央）が作られたという。他の4体は江戸前期。

神社仏閣めぐり

83番　一宮寺　いちのみやじ　【香川県高松市】

田園地帯に佇む閑静な小寺。聖武天皇の御世、田村神社（讃岐国一宮）が建つ。行基が隣に一宮寺を整備。空海が聖観音像を刻み、本尊として再興。今も田村神社と隣接し、仁王門も鳥居と向き合う。

2006.8.1.
四国八十八ヶ所の文化遺産Ⅲ
R683s　80Yen ……………………120□

R683s　本堂：1701年、高松藩主が再建。

84番　屋島寺　やしまじ　【香川県高松市】

屋島（P11等）の台地上にあり、備讃瀬戸の眺望は雄大。難波へ向かう鑑真が屋島山頂からの瑞光を感得、北嶺に堂を建立。空海は千手観音像を刻み、南嶺に寺を再建。屋島の戦いでは、平家が当寺に拠った。

2006.8.1.
四国八十八ヶ所の文化遺産Ⅲ
R683t　80Yen ……………………120□

R683t　養山大明神：本堂東側、赤鳥居が並ぶ祠。屋島太三郎狸を祀る神社。傍らに太三郎一家（夫婦と子供）の石像が建つ。一夫一婦の契が固く、縁結・子宝・家庭円満・商売繁盛などを願う参拝者が多い。

※太三郎狸：四国狸の総大将で、屋島の異変を感知すると住職に知らせ。住職代替の時は、源平合戦を演じて歓待した。映画『平成狸合戦ぽんぽこ』にも登場。

85番　八栗寺　やくりじ　【香川県牟礼町】

空海の修行中、天から５本の剣が降り、蔵王権現が出現した。空海は剣を埋めて鎮護し五剣山と呼ぶ。山頂から八国を見渡せるので八国寺と称す。入唐成就を祈願して焼栗８個を埋めた。帰国後、栗が大樹に成長しており、八栗寺と改称。

2007.8.1.
四国八十八ヶ所の文化遺産Ⅳ
R703q　80Yen ……………………120□

R703q　正面に本堂、左手に聖天堂。背景に五剣山。五剣山（375m）は頂上に屹立する５つの岩峰に因む名。八栗山とも。

86番　志度寺　しどじ　【香川県志度町】

626年、当地の海人族の尼、凡薗子（おおし・そのこ）が十一面観音を感得、その像を霊木に刻み安置。藤原不比等（鎌足の次男）、そして房前（不比等の次男）らが造営したという。

2007.8.1.
四国八十八ヶ所の文化遺産Ⅳ
R703r　80Yen ……………………120□

R703r　仁王門［重文］：三棟造。運慶作の仁王像を安置。両脇に巨大な草履が掲げられている。1670年頃、高松藩主＝松平頼重が仁王門・本堂など造営。西向きで、夕陽を真正面に浴びる。長曽我部の侵攻時、仁王に圧倒されて馬が動かず、寺は焼討を免れたという。

87番　長尾寺　ながおじ　【香川県長尾町】

行基が開創。道端の柳の木で聖観音像を彫り安置。空海が訪れ入唐成就の護摩祈祷を行う。帰国後、空海は成就を感謝して大日経一字一石の供養塔を建てた。

2007.8.1.
四国八十八ヶ所の文化遺産Ⅳ
R703s　80Yen ……………………120□

R703s　本堂：本尊の聖観音像を安置。2008年修築。

88番　大窪寺　おおくぼじ　【香川県長尾町】

行基が矢筈山に草庵を結ぶ。空海は、帰国後、胎蔵ヶ峰の岩窟で求聞持法を修し、薬師如来を刻んで安置（寺名の由来）。四国巡錫時の錫杖を納めた。結願の寺なので結願寺（けちがんじ）とも呼ぶ。

2007.8.1.
四国八十八ヶ所の文化遺産Ⅳ
R703t　80Yen ……………………120□

R703t　本堂：礼堂・中殿・奥殿（多宝塔）で構成。奥殿に本尊＝薬師如来（秘仏）と三国伝来の錫杖を安置。

衛門三郎の伝説（えもんさぶろう）

伊予の豪族、遍路の元祖。強欲で神仏を敬わず、慈悲心も皆無だった。空海が托鉢にきたが、鍬を振って追い払うと、空海の鉄鉢が８つに割れた。彼には男児８人がいたが、次々と急死する。彼は非道を悔い、財宝を社寺や貧者に寄進、空海を探し求めて四国を巡った。これが遍路の起源とされる。

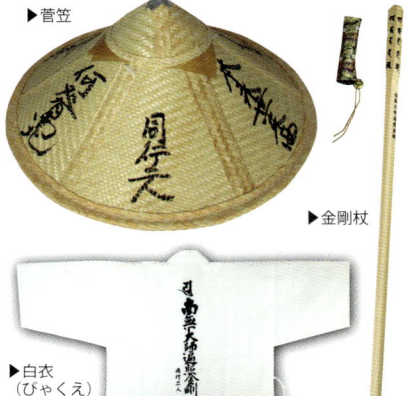

▶菅笠

▶金剛杖

▶白衣（びゃくえ）

◀納経帳

141

東照宮 【栃木県日光市】

日光東照宮とも呼ばれる。家康・秀吉・頼朝を合祀。
1616年、徳川家康が駿府城で没す（死因は胃癌？）。
遺言により久能山に埋葬、1年後二荒山神社東隣の当
地へ改葬。天海の主張で神号は東照大権現となる。

陽明門［国宝］

東照宮のシンボル。回廊とともに表神域と内神域の境
をなす。508体の多様な彫刻で装飾され、壮麗で見飽
きず、日暮れを忘れるほど（日暮門）。柱12本のうち1
本だけ模様が上下逆（逆柱）。

214　　　　　　　230

1926.7.5.　風景切手6銭
214　6Sen ································ 2,800□ ［同図案▶218］

1938.11.1.　第1次昭和切手10銭
230　10Sen ································ 1,300□

364　　　　376　　　　425

1952.10.15.　第2次動植物国宝切手45円
364　45Yen ································ 900□

1962.5.10.　第3次動植物国宝切手40円
376　40Yen ································ 1,200□

1968.5.20.　新動植物国宝図案切手・1967年シリーズ40円
425　40Yen ································ 120□

※ #425の下部は本地堂（ほん
ちどう：薬師堂）の天井画「日
光の鳴竜」。下で手を打つと、
天井と床で反響して聞こえる。

C744　　　　　　　　　　　　　R821a

1978.3.3.　第2次国宝　第8集
C744　100Yen ································ 190□

2012.10.15.　地方自治法施行60周年　栃木県
R821a　80Yen ································ 120□

142

唐門（からもん）［国宝］

C1796c　東照宮「唐門」

四方唐破風造（しほうからはふつ
くり）の豪華な正門で、本殿を囲
む玉垣（透塀：すきべい）の中心を
なす。江戸時代、大名や勅使だけ
が唐門を使った。陽明門に比べる
とモノクロ風で質素にみえるが、
計611の彫刻で細かく装飾。

2001.2.23.　第2次世界遺産　第1集（日光の社寺）
C1796c　80Yen ································ 120□

建築装飾

東照宮の各建物の内外は、大小様々な彫刻や絵画で装
飾される。代表例は左甚五郎作と伝わる眠り猫。その
裏側の彫刻は2羽の雀が戯れる姿で、「猫が寝り、雀が
遊べるような太平」を表すという。

左：C1796h　眠り猫（東回廊）　中：C1796d　麒麟（拝殿南側杉戸）
右：C1796g　孔雀（東回廊外壁）

2001.2.23.　第2次世界遺産　第1集（日光の社寺）
C1796dgh　各80Yen ································ 120□

※日光国立公園の小型シート（P9）のタトウ表紙も眠り猫。

■ 日光山内（さんない）　二社一寺の所在

※世界遺産の登録名称としては「日光の社寺」。登録前に国の
史跡に指定され、その指定名は「日光山内」。「山内地区」「二
社一寺」とも呼ばれている。

神社仏閣めぐり

G20ij　上神庫（かみじんこ）南側上部の装飾「象」

2007.9.26.　国際文通グリーティング（日タイ修好120周年）
G20ij　各80Yen…………………………………… 120□

※2頭の「想像の象」は日タイ修好120周年の切手シートでは尻を向けあうが、実際の2頭は顔を合わせている。上神庫は渡御祭の装束などを納める蔵で校倉造。

二荒山神社【栃木県日光市】
ふたらさん

古来より二荒山（男体山）は信仰の山。767年、勝道（しょうどう）が山麓に三神を祀る。のち、山頂に奥宮、中禅寺湖畔に中宮祠を創建。1617年東照宮創建に伴い、地主神として庇護され造営が進んだ。

本殿［重文］

1619年、徳川秀忠が寄進した優美な八棟造りの建物。間口11m×奥行12mで、7mの向拝がつく。外表全面に飾り金具を施すが、東照宮より落ち着いた雰囲気。内部は極彩色。

C1796b

2001.2.23.　第2次世界遺産第1集（日光の社寺）
C1796b　80Yen……………… 120□

中宮祠（ちゅうぐうし）の大鳥居

二荒山神社は、東照宮西隣の本社と、男体山山頂の奥宮、中禅寺湖畔の中宮（中宮祠）の3つで構成。日光連山の千万坪が神域で、いろは坂や華厳滝も含まれる。湖畔の赤い大鳥居は湖のシンボル的存在。男体山は御神体。

P5　中禅寺湖と男体山

1938.12.25.　日光国立公園
P5　2Sen ……………………………… 150□

神橋（しんきょう）

大谷川（だいやがわ）に架かる朱塗りの美しいアーチ橋。「日光山内」（東照宮・二荒山神社・輪王寺のある区域）への玄関口。欄干親柱は左右各5本、黒や金の金具で飾られる。

P7　　　　　　　C1796a

1938.12.25.　日光国立公園
P7　10Sen ………………………………… 2,000□
2001.2.23.　第2次世界遺産　第1集（日光の社寺）
C1796a　80Yen ……………………………… 120□

※P5、P7には同図案▶P9小型シートがある。

三芳野神社【埼玉県川越市】
みよしの

川越城の鎮守。創建は平安初期。1624年、藩主酒井忠勝が家光の命で造営。童歌「通りゃんせ」はこの参道が舞台。お城の「天神さま」に庶民が参拝できたのは大祭か七五三の時ぐらい。

R89　切手図案は三芳野神社の拝殿。

1990.10.12.　「通りゃんせ」
R89　62Yen ……………………… 100□

香取神宮【千葉県佐原市】

経津主神（ふつぬしのかみ）を祀る。神武18年の創建という。鹿島神宮と香取神宮は古代より武神とされ、藤原氏や源頼朝・家康らの武家が崇敬・寄進した。庶民の信仰も篤く、関東や東北に勧請した神社が多い。

456　古瀬戸黄釉（おうゆう）狛犬一対［重文］／切手は阿像

※宝物殿に展示。像高は阿像17.6cm・吽像17.9cm。簡素だが気迫に満ちた造形。淡灰色の素地に、朽葉色の透明な黄釉を厚くかける。このような小型の狛犬は、魔除・装飾・奉納物などに使われたらしい。

1976.7.1.　新動植物国宝図案・1976シリーズ25円
456　250Yen…………………………………400□

明治神宮【東京都渋谷区代々木】

明治天皇・昭憲（しょうけん）皇太后を祀る。大正4年着工、9年完成。境内70haは内苑と外苑に分かれ、樹木365種・約12万本は全国から奉献。外苑には競技場・絵画館・野球場などがある。　※外苑については67㌻参照。

229　　　　　C26　　　　　　C54

1939.8.11.　第1次昭和切手8銭
229　8Sen ……………………………… 280□
1920.11.1.　明治神宮鎮座
C26　1½Sen …………………… 700□ ［同図案▶C27］
1930.11.1.　明治神宮鎮座10年
C54　1½Sen …………………… 500□ ［同図案▶C55］

湯島天満宮【東京都文京区湯島】

雄略2年に創建、天之手力雄神を祀る。1355年、菅原道真を合祀。近世、徳川家が庇護。梅の名所で、一帯は江戸有数の盛り場であった。現在、各地の天満宮と同様、学業成就・合格祈願の参詣が多い。

※通称は湯島天神。旧称は湯島神社で、2000年現名に改称。

2006.10.2.　東京の四季の花・木コレクションⅦ
R686d　湯島の白梅　R686d　80Yen……………………120□

※切手図案は境内の東北隅からの眺め。46㌻参照。境内の梅の約8割が白梅。

靖国神社【東京都千代田区九段北】

明治2年、新政府は「東京招魂社」を創立、戊辰戦争以来の戦死者3588柱を祀る。現在は、日清・日露から太平洋戦争に至る戦没者約250万人の霊を合祀。明治12年「靖国神社」と改称、陸・海軍共同で祭事を統括。戦後は宗教法人。

260　　　　　274　　　　　C94

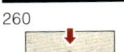

※＃260の矢印部は大村益次郎（村田蔵六）像。日本最初の西洋式銅像。

1943.2.21.　第2次昭和切手17銭
260　17Sen‥‥ 200□[同図案▶262]

1946.3.-.　第3次昭和切手1円
274　1Yen‥‥‥‥‥‥‥300□

1944.6.29.　靖国神社75年
C94　7Sen‥‥‥‥‥‥‥150□

鶴岡八幡宮【神奈川県鎌倉市】

応神天皇、比売（ひめ）神、神功皇后を祀る。1063年源頼義が石清水八幡宮を由比郷に勧請。1180年頼朝が現在地に遷座、首都たる鎌倉の中核とした。源氏の氏神、幕府の守護社として崇敬された。春秋の流鏑馬（62㌻）は壮観。

R817a（左）
C2312e（右）

2012.7.13.　地方自治法施行60周年　神奈川県
R817a　80Yen‥‥‥‥‥‥‥120□

2017.4.14.　My旅切手　第2集レターセット専用シート
C2312e　82Yen‥‥‥‥‥‥‥120□

江島神社【神奈川県藤沢市】

江の島に鎮座。宗像三女神らを祀る。藤原秀衡調伏祈願のため、源頼朝が文覚（もんがく）に命じて弁財天を勧請。江島弁天とも呼ばれ、厳島・竹生島と共に日本三弁天の一つ。御利益は技芸・雨乞・開運など。

C2310c　江ノ島　　　　　　C2310i　江ノ島
　　　　　　　　　　　　　　と流れ星
　　　　　　C2310d　電車

R873神奈川
江ノ島と湘南海岸

2017.4.14.　My旅切手　第2集
C2310cdi　各52Yen‥‥‥‥‥80□

2016.6.7.　地方自治法施行60周年　47面シート
R873神奈川　82Yen‥‥‥‥‥120□

箱根神社【神奈川県箱根町】

瓊瓊杵尊（ににぎのみこと）らを祀る（箱根大神）。古来、山岳信仰の霊場で、757年に万巻（まんがん）上人が造営。関東総鎮守として幕府や武家の崇敬を集めた。湖上の赤い鳥居がくっきり目立つ。

2012.7.13.
地方自治法施行60周年　神奈川県
R817e　箱根芦ノ湖　R817e　80Yen‥‥‥‥‥‥120□

※平和の鳥居：空と湖の青、森の緑に、湖上の赤鳥居が映える。立太子礼と平和条約調印を記念して1952年に建立。1964年、鎮座1200年と東京五輪を記念して「平和」の扁額を掲げる。揮毫は講和条約の全権特命大使だった吉田茂。

諏訪大社【長野県諏訪市（上社）、下諏訪町（下社）】

上社（かみしゃ）は本宮（ほんみや）と前宮、下社（しもしゃ）は春宮と秋宮、計4宮で構成。建御名方神（たけみなかたのかみ）らを祀る。古来、狩猟神・農業神・武神として崇敬され、各地に一万余の分社。6年毎の御柱祭（46㌻）が有名。

R767a　上社本宮

2010.4.1.　ふるさとの祭
第4集（諏訪大社御柱祭）
R767abfg　各50Yen‥‥‥‥‥80□

R767b　上社前宮　　R767f　下社秋宮　　R767g　下社春宮

尾山神社【石川県金沢市尾山町】

1599年、前田利家が死去。当時、神社創建は憚られ、建前として射水郡の八幡神社を卯辰山（うたつやま）山麓に遷座、利家を合祀して卯辰山八幡宮と称す。明治6年、現在地に新築、利家の霊を遷して尾山神社と改称。

C908　神門

1982.6.12.　近代洋風建築　第5集
C908　60Yen‥‥‥‥‥‥‥100□

※尾山神社神門［重文］：明治8年竣工。和漢洋折衷、木造3層の楼門。1階は3連アーチの通路。上階は和洋混用で、2階は主に和風。宝形造の3階の窓は5色のステンドグラスで、夕日を浴びて美しく輝く。屋根には日本初の避雷針も。6月の封国（ほうこく）祭が「百万石まつり」（54㌻）に発展。

尾山神社神門の
日本初の避雷針

神社仏閣めぐり

三嶋大社【静岡県三島市】

大山祇命と事代主神を祀る。東海道三島宿の中心で伊豆国府の所在地。源頼朝が戦勝を祈願。北条政子奉納梅蒔絵手箱（国宝）（#239等）など社宝多数。境内のキンモクセイは国の天然記念物。

C2044
東海道五拾三次之内 三島

2008.10.9.
国際文通週間
C2044
110Yen…………220□

熱田神宮【名古屋市熱田区】

主神は熱田大神で、草薙剣を御霊代とする天照大神という。日本武尊が尾張に残した神剣が当地に祀られた。皇室や武家が崇敬。空襲で社殿の大半を消失、1955年に復興。神域は6万坪ある。

C1902
東海道五拾三次之内 宮

2003.10.6.
国際文通週間
C1902
110Yen…………220□

八百富神社【愛知県蒲郡市】

三河湾に浮かぶ竹島に鎮座、387mの竹島橋が架かる。三河国司だった藤原俊成が琵琶湖の竹生島弁天を勧請、市杵島姫命（いちきしまひめのみこと：弁天）を祀る。「竹島弁天」とも呼ばれる。

R692a
カキツバタと竹島

P206　蒲郡海岸の竹島

1960.3.20.　三河湾国定公園
P206　10Yen……………………120□

2007.4.2. 東海の花と風景
R692a　80Yen……………………120□

神宮【三重県伊勢市】

皇大（こうたい）神宮（内宮：ないくう）と、豊受（とようけ）大御宮（外宮：げくう）。この2つ正宮（しょうぐう）を中心に多数の宮社が付属。内宮は天照坐皇大御神（あまてらしますすめおおみかみ）らを祀り、その女性シェフたる豊受大神らを外宮に祀る。

※正宮の正殿：唯一神明造（しんめいづくり）と呼ばれる。切妻・平入の茅葺で、丸柱の掘立式、素木造、屋根に千木（ちぎ）と鰹木（かつおぎ）。四重の御垣（みかき）が正殿・東宝殿・西宝殿を囲む。天武朝で20年毎の式年遷宮を定めた。

C50
神宮の内宮正殿

1929.10.2.　伊勢神宮式年遷宮
C50　1½Sen……400□［同図案▶C51］

宇治橋

内宮神域を貫流する五十鈴川にかかる100m余の参道橋で、両側に神明鳥居がある。近世以降、式年遷宮とともに架け替えられる。

P109　宇治橋

1964.3.15.　伊勢志摩国立公園
P109　5Yen……………………40□

C2260de
五十鈴川と伊勢神宮宇治橋

2016.4.26.　伊勢志摩サミット
C2260de　各82Yen……120□

R850a
五十鈴川と伊勢神宮宇治橋

2014.6.19.　地方自治法施行60周年　三重県
R850a　82Yen…………150□

> ········· 正式名称は単に「神宮」·········
> 神宮は通常の神社とは別格の、最高格の宮居とされる。明治・橿原・平安・熱田・香取など神宮号をつけた神社が幾つかあるが、真の神宮は伊勢のみで他は全て神社。正式名称は単に「神宮」で、他と区別するため、伊勢神宮と呼ばれることが多い。

二見興玉神社【三重県二見町】

700m沖に沈む興玉石が御神体（猿田彦大神）で、夫婦岩が鳥居、社殿が遥拝所にあたる。神の使いとされる二見蛙が多数奉納されている。無事帰る・貸したモノが返る等の験担ぎである。

C1155　「蛤の ふたみに別 行秋ぞ」　　P73　二見ヶ浦

1989.5.12.　奥の細道　第10集
C1155　62Yen………100□［同図案▶C1175小型シート］
1953.10.2.　伊勢志摩国立公園
P73　5Yen……………………400□

P2 二見ヶ浦の
夫婦岩
R151

※夫婦岩：大岩（高
さ9m）・小岩（高さ
4m）の2つの岩で、
大注連縄が結ぶ。
その張替神事が、
年3回、1・5・9月の
5日にある。夫婦
円満・縁結びのシ
ンボル。沖合に御
神体の興玉石があ
ったが、地震で海
中に沈んだらしい。

1936.12.10. 昭和12年用年賀切手
N2　1½Sen ······················1,400□
1994.7.22.　シロチドリと二見ヶ浦
R151　80Yen ························120□

八坂神社【京都市東山区】

素戔嗚尊（すさのおのみこと）とその妻神の櫛稲田比売
（くしなだひめ）命らを祀る。四条通に面する西楼門（重
文）がシンボル。7月の祇園祭（54㌻）と元日の白朮（お
けら）祭が有名。全国の八坂神社（約2300）の総本社。

※矢印が八坂神社（60%）

R836cd　八坂神社西楼門と神輿渡御　C404　祇園まつり

2013.7.1.　ふるさとの祭　第10集（祇園祭）
R836cd　各50Yen ·····················80□
1964.7.15.　お祭りシリーズ（祇園まつり）
C404　10Yen ························50□

賀茂神社【京都市】

賀茂別雷（わけいかずち）神社（上賀茂神社）および賀茂
御祖（みおや）神社（下鴨神社）の総称。元来は賀茂氏の
氏神で、朝廷の崇敬篤く、平安遷都後は皇城鎮護の神
として伊勢神宮に次ぐ厚待遇となる。5月15日の例祭
「葵祭」（R590・51㌻）が有名。

賀茂別雷神社（上賀茂神社）：京都市北区

賀茂別雷神を祀る。本殿と権殿は国宝で、神は両殿を
往来しているという。5月5日の競馬（くらべうま・51
㌻）は900年以上の歴史を持つ神事。切手に描かれた円
錐型の立砂（たてずな）は依代（よりしろ）。

C1798a（左）
賀茂別雷神社
細殿（ほそど
の）・舞殿（ま
いどの）・土屋
（つちや）
C1798b（右）
賀茂別雷神社
楼門
※矢印は玉橋

2001.6.22.　第2次世界遺産　第3集（京都1）
C1798ab　各80Yen ·····················120□

※立砂：賀茂別雷神が降臨したという神山（こうやま）を模し
たもの。頂には神の目印となる松葉が刺してある。向かって
左は3葉、右は2葉で、陰陽道に基づき奇数・偶数を合わせて
神の出現を願う。「清めの砂」や「清めの塩」の風習はこの立砂
が起源とされる。
※楼門［重文］：境内を流れる御物忌川（おものいがわ）を渡る
と左右に回廊を巡らす朱塗・二層の楼門がある。
※玉橋［重文］：楼門の前、御物忌川に架かる橋で、神事の際
に使われる。普段は注連縄が渡り、通行禁止。

賀茂御祖神社（下鴨神社）：京都市左京区

東本殿・西本殿は国宝。東に玉依媛（たまよりひめ）命
（賀茂別雷神の母）、西に賀茂建角身（たけつのみ）命（玉
依媛命の父）を祀る。境内は原生林で「糺（ただす）の森」
と呼ばれ、社殿が建つほか、様々な神事の場となる。

C1798c（左）
賀茂御祖神社
東本殿
C1798d（右）
賀茂御祖神社
狛犬

2001.6.22.　第2次世界遺産　第3集（京都1）
C1798cd　各80Yen ·····················120□

宇治上神社【京都府宇治市】

応神天皇・菟道稚郎子命（うじのわきいらつこのみこ
と）・仁徳天皇を祀る。本殿は平安後期の流造（ながれ
づくり）で、現存最古の神社建築。拝殿は鎌倉初期の寝
殿造。ともに国宝。隣接する宇治神社が下社であった。

C1800a（左）
宇治上神社拝殿
と本殿（奥）
C1800b（右）
同 本殿かえる股

2001.12.21.　第2次世界遺産　第5集（京都3）
C1800ab　各80Yen ·····················120□

嵯峨鳥居本【京都市右京区】

愛宕神社参道の「一ノ鳥居」付近、門前町として発達し
た集落で「重要伝統的建造物群保存地区」。古くは化野（あだしの）
と呼ばれ、京の人々の埋葬地の
1つ。近くに化野念仏寺や愛宕
念仏寺がある。

R718b

2008.9.1.
旅の風景　第1集（京都）
R718b　80Yen ···················120□

※C1496-500平安建都1200年（5連刷）は「高雄観楓図屏風」
の部分。屏風の第五扇〜第六扇に雪が降り積もった愛宕神社
が描かれているが、切手では部分的にしか見えない。
（117㌻神護寺参照）

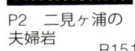

住吉大社【大阪市住吉区】

住吉造の本殿4棟（国宝）に住吉大神3柱と神功皇后を祀る。全国2000余の住吉社の総本宮。海上安全の神で、遣唐使も出発の際に祈願した。奉納された石灯籠は大小600基余。

C741 宗達
「関屋澪標図屏風」

※切手図案は澪標図の中央部のみだが、左側に住吉大社の鳥居と反橋が描かれる。

1978.1.26.　第2次国宝　第7集
C741　50Yen ················ 80□

C2251b 広重「六十余州名所図会 摂津住よし出見のはま」

※住吉高燈籠（たかどうろう）：鎌倉時代の創建。当社に奉納された常夜燈だが、近世の海運隆盛に伴って夜間航海安全の灯台としての意義が高まる。戦後に解体されたが、1974年にコンクリートで再建。

2016.2.26.　浮世絵　第4集
C2251b　82Yen ··········· 120□

春日大社【奈良県奈良市】

春日山の西麓に鎮座。平城遷都に際して藤原不比等が鹿島神宮の武甕槌（たけみかづち）命を祀ったという。藤原氏の氏神。春日造の本殿をはじめ、刀剣や甲冑など国宝が多い。春日鳥居や春日形石灯籠も有名。

南門・回廊と藤

神社の中核は東西70m×南北90m程の回廊で囲まれる。南回廊中央の南門から入ると、左手（慶賀門の前）に藤棚。5月初旬、花房が1m以上に伸び、地面の砂にすれるというので「砂ずりの藤」と呼ばれる。

C1803a　春日大社の廻廊・南門と「砂ずりの藤」　R731ef※
※R731efの軒は慶賀門の一部。南回廊の屋根も少しだけ見える。

2002.7.23.　第2次世界遺産 第8集（奈良2）
C1803a　80Yen ·········· 120□
2009.3.2.　旅の風景　第5集 奈良　奈良公園周辺
R731ef　各80円 ·········· 120□

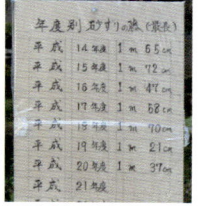

※藤棚の前には、年度別の「砂ずりの藤」の最長が示されている。

中門（ちゅうもん）と御廊（おろう）

南門すぐに特別参拝受付があり、中門へ続く。中門の向こうに4棟並ぶ本殿がある。中門の内側へは入れず、外から参拝。第二・三殿の一部が見える。

232

1938.2.11.　第1次昭和切手14銭
232　14Sen ·············· 250□ [同図案▶243コイル]

※昭和切手14銭は「林檎の庭」から、中門や東西の御廊を見た図。林檎の庭は、祭礼のときに舞楽や神楽を舞う場所となる。東南に林檎の木があるので、この名がある。

春日大社中門
C1803b（左）

C2074b（右）

**2002.7.23.
第2次世界遺産　第8集（奈良2）**
C1803b　80Yen ················ 120□
2010.4.23.　平城遷都1300年
C2074b　80Yen ················ 120□

春日山原生林と鹿

100haもの神域は動植物の宝庫。境内には1000頭以上の神鹿（しんろく）が遊ぶ。鹿島から遷座の際に武甕槌命が乗ってきた白鹿が繁殖したと伝える。希だが鹿にもアルビノが生まれる。

437

**1972.2.1.
新動植物国宝
1972年シリーズ10円**
437　10Yen ·········· 30□ [同図案▶448コイル]

C1803c
春日山原始林

2002.7.23.　第2次世界遺産　第8集（奈良2）
C1803c　80Yen ················ 120□

橿原神宮【奈良県橿原市】
かしはら

神武天皇と皇后を祀る。畝傍山の南東、天皇が即位・宮居した橿原宮の跡と考証される場所に1890年鎮座。明治天皇は旧御所の賢所（かしこどころ）と神嘉殿（しんかでん）を献進。移築された賢所が本殿となる。

C82　切手図案は、手前から内拝殿・幣殿・本殿。

1940.11.10.　紀元2600年
C82　20Sen ················ 350□

談山神社 【奈良県桜井市・多武峰（とうのみね）】

藤原鎌足を祀る。678年、僧の定慧（じょうえ＝鎌足の長男）が、父の遺骸を多武峰に改葬、十三重塔などを造営、妙楽寺を創建したという。701年、聖霊殿（本殿）を建て

鎌足像を安置。紅葉の名所。現存の本殿は1850年再建。

R745gh

2009.8.21. 旅の風景 第6集（奈良）
R745gh　各80円 ……………………… 120□

※十三重塔（R745g）／室町時代［重文］：藤原鎌足追福のため、長男定慧と次男不比等が678年に建立したという。現存の塔は1532年の再建。高さは約17m、屋根は檜皮葺き。談山神社のシンボル的存在で、多武峰局の風景印もこれ。

……… 談山神社　呼称の由来 …………

談山神社所蔵の「多武峯（とうのみね）縁起絵巻」は江戸前期、住吉如慶・具慶父子が、鎌足の誕生から没後まで描いたもの。「談合の図」は鎌足と中大兄皇子が多武峯山中で入鹿討伐を談合する場面で、連刷右の切手の右側が中大兄皇子、左側が鎌足。談山はこの談合に因む呼称。

2009.8.21. 旅の風景 第6集（奈良）
R745ij　各80Yen ……………………… 120□

吉野水分神社 【奈良県吉野町子守地区】

天水分命（あまのみくまりのみこと）ら七神を祀る。豊臣秀頼が再建した本殿・幣殿・拝殿・楼門・回廊などの社殿は重文。木造玉依姫坐像は国宝。本来は水の神

だが、ミクマリがミコモリと転訛し、子守の神となる。

C2005a（左）本殿
C2005b（右）楼門装飾

2007.3.23.
第3次世界遺産　第2集（紀伊山地）
C2005ab　各80Yen ……………………… 120□

※本殿［重文］／C2005a：三殿一棟の独特の構造で水分造と呼ばれる。七柱の祭神を3つの社殿に祀る。中央は春日造、左右は流造、檜皮葺。
※楼門［重文］／C2005b：重層入母屋造、栩葺（とちぶき：栩板で葺いた屋根）。栩板とは厚さ1～3cm、幅10cm、長さ60cm程度の厚板。左右に回廊［重文］がつながる。切手図案は通路上部の装飾で、蟇股の下に注連縄を付けてある。

熊野本宮大社 【和歌山県本宮町】

家都美御子大神ら14柱を祀る。崇神期の創建という。中世以降、熊野三社の中心として栄えた。本地は阿弥陀如

来、熊野大権現。社務所前に黒い八咫烏ポストがある。

C2004ab
熊野本宮大社：本殿 第三殿と第四殿

2006.6.23. 第3次世界遺産 第1集（紀伊山地）
C2004ab　各80Yen ……………………… 120□

熊野速玉大社 【和歌山県新宮市】

速玉之男命（はやたまのおのみこと）（熊野速玉大神）ら12柱を祀る。本地は薬師如来。景行58年の創建という。10

月15日の例祭（御船祭）は有名。多数の国宝・重文の宝物を所蔵。

C2005d（左）本殿
C2005e（右）本殿正面

2007.3.23. 第3次世界遺産 第2集（紀伊山地）
C2005de　各80Yen ……………………… 120□

熊野那智大社 【和歌山県那智勝浦町】

熊野夫須美（ふすみ）大神らを祀る。仁徳5年の創建と伝える。那智滝の自然崇拝が起源だろう。本地は千手観音とされ、飛瀧（ひろう）権現とよばれた。例祭は7月

14日で、那智の火祭（55ｼﾞ）として有名。

2006.6.23.
第3次世界遺産
第1集（紀伊山地）
C2004d
熊野那智大社：本殿　C2004d　80Yen ……… 120□

那智大滝 【和歌山県那智勝浦町】

那智大社の社殿は山の上にあるが、元来は那智滝にあり、滝の神を祀っていた。現在、別宮として飛瀧（ひろう）神社があるが、滝が御神体であり、本殿や拝殿はない。青

岸渡寺（125ｼﾞ）も参照。

C2004c（左）
P132（右）

1970.4.30.
吉野熊野国立公園
P132　15Yen ………………………………… 50□

2006.6.23. 第3次世界遺産
第1集（紀伊山地）
C2004c　80Yen ……………… 120□

神社仏閣めぐり

R306
※参道入口に一の鳥居、滝の前に二の鳥居（C2004e那智の火祭り参照・右）が立つ。

1999.4.28.
南紀熊野体験博
R306　80Yen ·························· 120□
(50%)

出雲大社【島根県大社町】
<small>いずもたいしゃ／いづもおおやしろ</small>

R146

大社造りの巨大な本殿に大国主（おおくにぬし）大神ら5神をまつる。旧暦10月（神無月）には全国の氏神が集まり、当地では神在月（かみありづき）という。御利益は縁結や福徳。出雲大社の500mほど西に「阿国の墓」がある。

1994.5.2.　出雲の阿国と出雲大社
R146　80Yen ····················· 120□

R404（左）
ボタンと
出雲大社

R873島根（右）
出雲大社

2000.5.1.　中国地方の自然・花
R404　50Yen ··································· 80□

2016.6.7.　地方自治法施行60周年　47面シート
R873島根　80Yen ······························ 120□

吉備津神社【岡山市吉備津】
<small>きびつ</small>

R583
吉備津神社本殿・南随神門

大吉備津彦命らを祀る吉備国総鎮守。この神が桃太郎（R841a）のモデルという。本殿は吉備津造。1425年再建で神社建築としては最大級。本殿と拝殿は国宝。傾斜地形にあわせて、本殿から本宮へ400m余の回廊が続く。

2003.3.5.　吉備津神社
R583　80Yen ························ 120□

厳島神社【広島県宮島町】

祭神は市杵島姫(いちきしまひめ)命ら。推古期の創建という。平清盛が大規模化。後の幕府や武家も庇護した。航海守護の神。多数の国宝・重文と、餌をねだる多数の鹿。「安芸の宮島」として日本三景の1つ。

弥山（彌山：みせん）

厳島（宮島）の最高峰（530m）。モミやツガが茂る彌山原始林は天然記念物。登山道やロープウェーが通じる。山頂の展望台付近にも鹿がいて観光客の食べ物を狙う。さらに猿もいる。北東に厳島神社を俯瞰できる。

C309（左）
C1519（右）
モミジと宮島

1960.11.15.
日本三景　宮島
C309　10Yen ······································ 300□
1995.5.19.　国土緑化運動
C1519　50Yen ···································· 100□

大鳥居［重文］

本社拝殿から108間の位置。平安時代からあり現在のは8代目（明治8年）。前後に神柱を立てる四脚造で、総高16m。土中埋設部はなく自重で立つ。

235  263

272

1939.4.3.　第1次昭和切手30銭
235　30Sen ····················· 600□
1944.3.23.　第2次昭和切手30銭
263　30Sen ····················· 750□
1946.4.1.　第3次昭和切手30銭
272　30Sen ····················· 500□

※大鳥居の「厳島神社」と書かれた額は熾仁親王（C3日清戦争勝利）の筆。

■ 厳島神社 本社等の所在

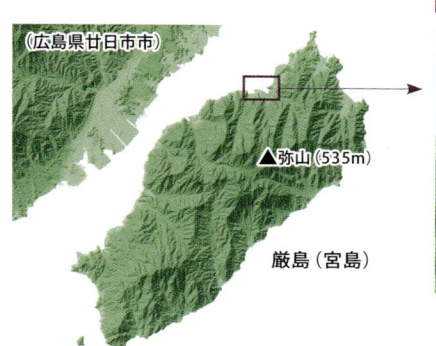

（広島県廿日市市）
▲弥山（535m）
厳島（宮島）

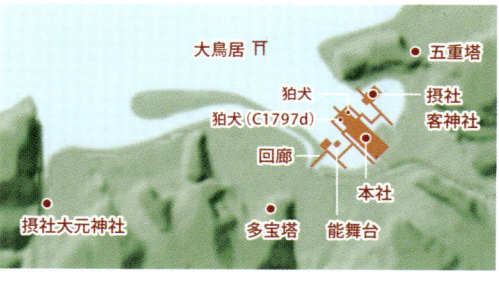

大鳥居 ⛩
五重塔
狛犬
摂社
狛犬（C1797d）
客神社
回廊
本社
摂社大元神社
多宝塔
能舞台

神社仏閣めぐり

R251（左）
厳島神社

R406（右）
モミジ

1998.7.17.　瀬戸の海
R251　80Yen ··· 120□

2000.5.1.　中国地方の自然・花
R406　50Yen ·· 80□

R676d（左）
モミジと宮島

C2144h（右）
広重「六十余州
名所図会　安芸
厳島祭礼之図」

2006.5.1.　中国5県の花
R676d　50Yen ·· 80□

2013.8.1.　浮世絵　第2集
C2144h　80Yen ·· 120□

本社（大宮）[国宝]

社殿は本殿、幣殿（へいでん）、拝殿、祓殿（はらいでん）
で構成。本殿に市杵島姫命ら三柱を祀る。厳島神社は、
本社・客神社を中心に、舞台・楽房・朝座屋などが浜に
配置され、回廊がめぐる。

C1797c（左）
本社

C1797d（左）
狛犬

2001.3.23.　第2次世界遺産　第2集（厳島神社）
C1797cd　各80Yen ·· 120□

回廊[国宝]

幅4m、全長108間。東廻廊は47
間、入口は切妻造、檜皮葺。棟に
は棟瓦が載る。西廻廊は61間、
西端は出口で唐破風造。1間（ま：
柱と柱の間）は8尺（約2.4m）で、
1間毎に釣灯籠がある。

R7　瀬戸内海の海と島

1989.7.7.　'89海と島の博覧会・ひろしま
R7　62Yen ·· 100□

R834a
厳島神社と
舞楽「蘭陵王」と
もみじ
➡C1797fは蘭
陵王の舞楽面

（50%）

2013.6.14.
地方自治法施行60周年　広島県
R834a　80Yen ·· 120□

客（まろうど）神社[国宝]

本社の主神に従属する天忍穂耳（あめのおしほみみ）命
ら5神を祀る。厳島神社の摂社の中では最大。厳島神
社の祭礼の大半は客神社から始まる。社殿は本社とほ
ぼ同じ構成で、本殿、幣殿、拝殿、祓殿が並ぶ。

C1797ab
摂社客神社
拝殿（左）と本殿（右）
両者を幣殿がつなぐ

2001.3.23.　第2次世界遺産　第2集（厳島神社）
C1797ab　各80Yen ·· 120□

五重塔[重文]

唐様を主に、和様を調和させる。高さ27.6m、方4.6m
の小形の塔、檜皮葺。1407年建立。内部（見学不可）
は唐様で、内陣天井の龍、外陣天井の葡萄唐草など極
彩色で装飾。

C1193　摂社客神社の祓殿

←五重塔

1988.6.23.
第3次国宝　第4集
C1193　60Yen ·· 100□

C1797e　客神社と五重塔

2001.3.23.
第2次世界遺産　第2集（厳島神社）
C1797e　80Yen ·· 120□

能舞台[重文]

世界唯一の海に浮かぶ能舞台。普
通の能舞台は足拍子などを共鳴さ
せる甕を床下に置くが、甕が置け
ないので床自体を一枚板のように
して響かせる。潮の干満で響き方
が変化。

2001.3.23.
第2次世界遺産　第2集（厳島神社）
C1797h　各80Yen ·· 120□

C1797h　能舞台

多宝塔

二層。屋根は上下とも方形だが、下層方形の屋根の上に饅頭形の亀腹があり、それに合わせて上層の柱は円形配置され、軸部や組物まで円形。1523年建立。

C1797i 多宝塔

2001.3.23.
第2次世界遺産 第2集（厳島神社）
C1797i 各80Yen……………120□

大元神社

摂社の1つ。創建は不詳。本殿（重文）の三殿に、大山祇神・保食神・国常立尊を祀る。三間社流造り。屋根は大元葺とも呼ばれる特殊な長板葺き。

C1797j 摂社大元神社

2001.3.23.
第2次世界遺産 第2集（厳島神社）
C1797j 各80Yen……………120□

金刀比羅宮【香川県琴平町】

大物主（おおものぬし）神と崇徳天皇を祀る。江戸時代は神仏習合で、象頭山金毘羅大権現（ぞうずさんこんぴらだいごんげん）と称した。明治の神仏分離で金刀比羅宮と改称。社殿は琴平山（象頭山）一帯に広がる。

R584（左）
旧金毘羅大芝居
※↓は琴平山

R762g（右）
金刀比羅宮

2003.3.24. 旧金毘羅大芝居
R584 80Yen………………120□

2010.3.1. 旅の風景 第8集（瀬戸内海）
R0762g 80Yen………………120□

琴平山（ことひらやま）：R584の背景。善通寺市・郡琴平町・高瀬町の境をなす山で、標高520m。東方から眺めた山容が象の寝姿に似ており、象頭山（ぞうずさん）とも呼ばれる。中腹、象の目の位置に金刀比羅宮が鎮座。

大山祇神社【愛媛県今治市大三島（おおみしま）町】

大山祇神（三島大明神）らを祀る。仁徳期に百済から摂津三島に渡来した神を、大三島に遷したという。平氏・源氏・河野氏（三島水軍）らが崇敬。奉納された甲冑・刀剣は数多く、国宝も8点。境内には樹齢2000年余の楠群。

R775g 大山祇神社の拝殿

2010.7.8. 旅の風景
第9集（瀬戸内海）
R775g 80Yen………………120□

……… 年賀切手と社寺 ……

年賀切手の題材の多くは、その年の干支に因んだ郷土玩具である。昭和期以降に新たに創作された玩具もあるが、近世以前に起源をもち、社寺の祭礼や素朴な信仰に基づく玩具も多い。参考までにそれらの年賀切手を示す。一覧は左から切手番号、郷土玩具、当該の社寺の順。

N2	夫婦岩	二見興玉神社
N9	三春駒	馬頭観音堂
N12	鯨の潮吹き	諏訪神社（長崎くんち）
N13	犬張子	浅草寺、鳥越神社
N16	赤べこ	福満虚空蔵菩薩圓蔵寺
N18	能古見人形	祐徳稲荷神社
N20	麦わらへび	浅草富士浅間神社
N21	しのび駒	円万寺観音堂
N22	奈良一刀彫	春日大社
N24	笹野一刀彫	笹野寺
N25	守り犬	法華寺
N30	梅竹透釣灯篭	千葉寺
N33	竹へび	大山阿夫利神社
N34	伏見人形	伏見稲荷大社
N36	喜々猿	住吉大社
N42	神農の虎	少彦名神社（神農祭）
N43	名古屋土人形	熱田神宮
N46	八幡馬	櫛引八幡宮
N48	能古見人形	祐徳稲荷神社
N83	唐津曳山人形	唐津神社（唐津くんち）
N85	唐津曳山人形	（同上）
N87	深大寺土鈴	深大寺
N88	笹野一刀彫	笹野寺
N89	深大寺土鈴	深大寺
N90	笹野一刀彫	笹野寺
N145	能古見人形	祐徳稲荷神社

郷土玩具と社寺の関わり方は様々。「三春駒」や「赤べこ」は、社寺の縁起や伝承と関わる。「鯨の潮吹」や「唐津曳山人形」は、祭礼の山車を郷土玩具にしている。「能古見人形」「奈良一刀彫」は、境内で授与品・土産物として売られている。

年賀切手の中で社寺との関連が最も深いといえるのは法華寺の「守り犬」。尼僧たちが仏事の余暇に旧来の方法で作り、授与する。光明皇后が護摩供養の灰を土に混ぜて作り始めたという伝承がある。守り犬には大・中・小3種あり、切手図案は中。その胴体の若松模様は、護摩木（松材）の灰が混ぜられていることを示す。

N25 法華寺の守り犬
昭和45年用年賀切手

＊写真の守り犬は「大」。

海津見神社【高知県高知市】

わたつみ

桂浜の南端の小さな岬「竜王岬」にポツンとたつ小さな祠。大海津見（おおわたつみ）神を祀り、竜王宮とも呼ばれる。ご利益は海上安全・恋愛成就。

R104（左）
坂本竜馬とくじら

R371（右）
桂浜

1991.6.26.
土佐のくじら
R104　62Yen ……………………………… 100□

1999.11.15.　桂浜と坂本竜馬
R371　80Yen …………… 120□ [同図案▶R753a]

筥崎宮【福岡市東区箱崎】

はこざき

応神天皇・神功皇后・玉依姫命を祀る。西海（さいかい）防護のため、社殿は玄界灘に面す。1月3日の玉取祭（玉せせり）は有名。小早川隆景が楼門を造営、亀山上皇の宸筆を写した「敵国降伏」の額を掲げる。毎年ホークスも必勝祈願。

筥崎宮の勅額
257（左）　269（右）

1945.4.15.　第2次昭和切手10銭
257　10Sen …………… 900□ [同図案▶258]

1945.4.1.　第3次昭和切手10銭
269　10Sen ……………………………… 6,800□

太宰府天満宮【福岡県太宰府市】

管原道真（菅公）を祀る天満宮の総本社。道真は太宰府に左遷、当地に埋葬された。勅命により殿舎を造営。文道の神として信仰される。飛梅や鷽替（うそかえ）神事が有名。

R665a　ウメと太宰府天満宮

2005.6.1.　九州の花と風景
R665a　50Yen ……………………… 80□

※切手は飛梅（とびうめ）。当社には各地から献上の梅が197品種ある。本殿右側が飛梅。太宰府駅前に鷽型ポスト（70㌢）。

宗像大社【福岡県大島村・宗像市】

むなかた

沖ノ島・大島・田島に鎮座する沖津宮・中津宮・辺津宮の総称で、宗像三女神を祀る。沖ノ島からは古墳時代の祭祀遺物が多量に出土。海上交通の神として崇敬される。

R858a
沖ノ島と宗像大社と金製指輪

2015.6.16.　地方自治法施行60周年　福岡県
R858a　82Yen ……………………………… 150□

英彦山神宮【福岡県添田（そえだ）町】

ひこさん

古来からの信仰の山、英彦山（日本の山岳 C2183f）の中岳山頂に本社（上宮）が鎮座。天忍穂耳尊を祀る。中世、修験道場として繁栄。農業・鉱山・工場安全・勝運の神とされる。

R858e　英彦山神宮の銅鳥居

2015.6.16.　地方自治法施行60周年　福岡県
R858e　82Yen ……………………………… 150□

※切手図案：銅鳥居（どうとりい／かねのとりい）[重文]。参道入口に立つ、高さ7m、青銅製の大鳥居。1637年、佐賀藩主鍋島勝茂が寄進。約100年後、霊元法皇が下賜した「英彦山」の扁額を掲げる。ここから奉幣殿まで約1kmの表参道、桜並木の石畳が続く。

祐徳稲荷神社【佐賀県鹿島市】

ゆうとく

倉稲魂（うかのみたま）大神らをまつる。鹿島藩主=鍋島直朝に嫁いだ萬子姫（祐徳院）が創始。社殿は石壁（いわかべ）山腹の崖に組まれた丹塗の高楼建築。その華麗さから鎮西（ちんぜい）日光とも称される。日本三大稲荷の一つ。

R783c　祐徳稲荷神社

2011.1.14.　地方自治法施行60周年　佐賀県
R783c　80Yen ……………………………… 120□

宇佐神宮【大分県宇佐市】

うさ

応神天皇（八幡大神）・比売神・神功皇后を祀る。全国4万余の八幡宮の総本社で、八幡信仰の拠点。大仏造立や道鏡事件など歴史的事態に際して託宣で神意を示した。本殿は国宝。

R822a　宇佐神宮南中楼門と双葉山
※切手発行の2012年は双葉山の生誕100年。宇佐神宮の北西10kmほどの場所に生家（記念館）がある。

2012.11.15.　地方自治法施行60周年　大分県
R822a　80Yen ……………………………… 120□

霧島神宮【鹿児島県霧島町】

瓊瓊杵尊（ににぎのみこと）ら6柱を祀る。欽明期の創建という。1234年の霧島山噴火で社殿を焼失、社殿を東へ移す。のち東社（霧島東神社）と西社（霧島神宮）に分離。現在の社殿は第4代藩主の島津吉貴が造営。

P27　霧島神宮参道
紀元2600年（1940年）の発行に向け1938年撮影。現在は樹木が伸び、鬱蒼とした景観になる。

1940.8.21.　霧島国立公園
P27　10Sen …………… 2,000□ [同図案▶P29小型シート]

※2018年7月11日、世界遺産シリーズ第11集〈「神宿る島」宗像・沖ノ島と関連遺産群〉が10種シートで発行の予定。切手図案には宗像大社沖津宮遙拝所、中津宮、辺津宮等が描かれている。

神社仏閣めぐり

········· 沖縄の信仰と御嶽（うたき）·········

御嶽とは、奄美～沖縄に広く分布する聖地の総称。琉球神道とも呼ばれるが、琉球独特の信仰に基づく聖域（祭祀空間）で、内地の社寺とは異なる存在である。地域や時代による変化も大きく、その意義や形態は単純ではない。内地の社寺にも自然崇拝に起源するものが多く、この点では御嶽と共通する。

御嶽は地域を守護してくれる聖域である。古い集落には１つ以上の御嶽があり、今も地集落の信仰・祭事の中心として維持される。東御廻り（あがりうまーい）や今帰仁上り（なきじんぬぶい）など、聖地巡礼の風習も継承されている。一方で放棄・破壊された御嶽があり、園比屋武御嶽・斎場御嶽など観光化した御嶽もある。

園比屋武御嶽

園比屋武御嶽（そのひゃんうたき）【那覇市首里】

首里城正門（歓会門）の外、守礼門のすぐ東にある石門。尚真王が創建。首里城の守護神とされ、王族らがルーツである伊是名島を遥拝する場所。国王外出の際には道中安泰を祈願した。沖縄戦で大破したが復元。奥の森が聖域だったが、今は小学校。

C1805b
2002.12.20. 第２次世界遺産
第10集 琉球王国のグスク及び関連遺産群
C1805b 80Yen……………………………… 120□

斎場御嶽（せいふぁうたき）【南城市知念】

琉球王国の最高聖地で、開闢神アマミクが定めたという７御嶽の１つ。神が降臨した久高島を遥拝する場所。国家的祭事では、久高島からの白砂を敷き詰めた。６つのイビ（神域）があり、大庫理（うふぐーい）・寄満（ゆいんち）・三庫理（さんぐーい）（C1805j）の３つは首里城の部屋と同じ名が付けられている。

C1805j
2002.12.20. 第２次世界遺産
第10集 琉球王国のグスク及び関連遺産群
C1805j 80Yen……………………………… 120□

※三庫裏（さんぐーい）：斎場御嶽の拝所の１つ。三角形の洞門で、斎場御嶽のシンボル的存在。約1.5万年前の地震による断層のズレでできたという。その奥に久高島の遥拝所がある。

［参考］沖縄切手の社寺

琉球郵政の切手類にも幾つか社寺や墓所を描いたものがある。普通切手「文化財シリーズ」では、８種のうち５種（#22～26）が社寺関連。これらは沖縄戦で壊滅しており、戦前の写真が使われた。ここでは参考までに沖縄切手の社寺を示す。一覧は左から沖縄切手の切手番号、社寺の名称、またその役割を示す。

22	崇元寺の石門	王廟
23	弁財天堂	弁財天を祀る小堂
24	園比屋武御嶽	国家的な聖地
25	玉陵	歴代国王の陵墓
26	円覚寺の放生橋	臨済宗の寺院
34	野国総管宮	甘藷を導入した野国総管を讃える小社
92	白銀堂	糸満の氏神的な聖地　航海安全と豊漁の神
152	仲宗根豊見親墓	宮古島の豪族の墓
167	円覚寺の放生橋	臨済宗の寺院
174	円覚寺の総門	臨済宗の寺院
181	弁財天堂	弁財天を祀る小堂
221	桃林寺の仁王像	臨済宗の寺院

普通切手「文化財シリーズ」」より　　（60%）

22 崇元寺石門　23 弁財天堂　24 園比屋武御嶽

25 玉陵　　26 放生池石橋

記念・特殊切手より

34 野国総管神社社殿と甘藷　92 白銀堂　152 仲曽根豊見親の墓（宮古島・平良）

167 円覚寺放生橋　174 円覚寺総門

181 弁財天堂　221 桃林寺の仁王像（密迹力士）

153

仏像・仏画・神像

［当項目の分類］　仏像は大別すると、「如来」「菩薩」「明王」「天部」に分類される。このほか、関連して「羅漢・高僧像」を含め、これに「神像」「その他」を加えた7分類で掲載した。

［仏像とは？］　仏教の開祖・釈迦は古代インドの釈迦族の王子だった。釈迦の死後、信者は釈迦の教えを石に刻み、存在を象徴させていた。仏像は紀元1世紀末頃、ギリシャ彫刻の影響を受けてガンダーラ（パキスタン）、インドで作られ始め、その後、仏教が発展した東アジア地域で多様な仏像が誕生した。日本では、6世紀に朝鮮半島から鍍金が施された青銅像の「金銅仏」が伝わって以降、飛鳥時代には「木像」による本格的な仏像作りも始まり、以降、その時代よって仏像の特徴や制作技法は多様化していった。

如来　（にょらい）

如来とは、「真実から来た者」「真理を悟った者」という意味。悟りを得て最高の境地に達したものだけに与えられる最高ランクの仏のことをいう。

［如来の特徴］
❶肉髻（にっけい）：頭部の椀を被せたように隆起した部分。悟りの智恵が詰まる。
❷螺髪（らほつ）：右回りに髪が巻かれ、塊になっている。
❸白毫（びゃくごう）：額の中央の白い毛。右回りにねじれ、世界に光を放つ。
❹三道（さんどう）：喉元の三本の線。悟りに至る修業の三段階を示すという。
❺印相（いんそう）：手の形が、それぞれの仏像の意味を示している。
❻蓮華座（れんげざ）：蓮華の台座。泥池で美しい花を咲かせる、仏の智恵や悟りの象徴。
❼結跏趺坐（けっかふざ）：如来の一般的な座り方。反対側の足の太腿に足の甲を下にして座る。
❽衲衣（のうえ）：如来が着る袈裟。釈迦が修行中に着ていた衣服といわれ、粗末なのが特徴。

盧舎那如来＝真実の教えそのものを表現した仏

東大寺大仏殿 奈良大仏　【奈良市】

大仏さんとして親しまれているが、途方もなく巨大な存在。宇宙そのものを仏の姿として表現した超越仏を、聖武天皇が国の銅を使い尽くす覚悟で造った。

文化財名称：盧舎那如来坐像
天平時代、銅造・鍍金、
像高：1485.0cm、総高：1805.0cm、
重量：250t【国宝】

R731b
2009.3.2.　旅の風景　第5集（奈良）
R731b　80Yen……………………………120□

※奈良大仏は中世、近世に焼損し、蓮弁蓮華座などを除き、大部分が後世の補作となった。

東大寺大仏殿 蓮弁蓮華座釈迦像　【奈良市】

1枚の葉の上部には「釈迦如来が中央に座し、それを取り囲むように左右に各11体の菩薩が座している絵柄」が描かれている。また、中段には仏教の世界観が表現され、「4頭の動物の頭部」や「菩薩の頭部」「宮殿（建物）」などの絵柄がある。

C1802c　　天平勝宝年間（749〜757年）、線刻画、蓮華座直径18.3〜18.4m（上段）【国宝】

2002.6.21.　第2次世界遺産　第7集（奈良1）
C1802c　80Yen……………………………120□

釈迦如来＝最初に登場した如来の基本像

東大寺 誕生釈迦仏立像　【奈良市】

灌仏盤（盥・たらい）の中に立つ愛らしい釈迦の像。誕生直後に右手は上に天を指し、左手は下に大地を指して、「天上天下唯我独尊」を唱えた姿を表している。

天平時代、銅造・鍍金、
像高：47.5cm
灌仏盤（盥）直系89.4cm
【国宝】

C2074c
2010.4.23.　平城遷都1300年
C2074c　80Yen……………………………120□

法輪寺 涅槃釈迦如来像　【徳島県阿波市】

涅槃釈迦如来像は、北枕で顔を西向きに、右脇を下に寝ている涅槃の姿を表している。沙羅双樹は白く枯れ、釈迦を慕い嘆き悲しむ羅漢や動物の像も安置されている。

仏師：伝弘法大師作、
仏長：約80cm

2010.8.2
四国八十八ヶ所の文化遺産 Ⅲ
R683a　80Yen……………………………120□

R683a

興福寺国宝館 仏頭 【奈良市】

飛鳥時代
天武天皇14年 (685)、
銅像・鍍金、
高：98.3cm
【国宝】

444　　C1802i

丸々とした豊満な頭部、若く凛々しい表情は飛鳥彫刻にはない。中国初唐の様式を基礎としたものと推測される。室町時代の火災で焼け落ち、当時の傷が左側に大きく残っている。釈迦如来の頭部とされている。

1974.9.27.　新動植物国宝図案　1972年シリーズ300円
444　300Yen ……………………………………… 700□
2002.6.21.　第2次世界遺産　第7集 (奈良1)
C1802i　80Yen ……………………………………… 120□

二尊院本堂 【京都市右京区】
釈迦如来立像、阿弥陀如来立像

寺名由来の二尊が左右に並ぶ。本堂の中央に安置され、右の釈迦如来像が現世から来世へと送り出し、左の来迎の阿弥陀如来が極楽浄土へ迎え入れる意味をもっている。

仏師：春日作、鎌倉時代、
木造・漆箔・玉眼、像高：78.8cm
【重文】

R718e

2008.9.1.　旅の風景　第1集 (京都)
R718e　80Yen ……………………………………… 120□

…… 二尊院・阿弥陀如来の手 ……

二尊院の釈迦如来 (向かって右側) は右手を上に、左手を下に向けた施無畏 (せむい) 印を組んでおり、阿弥陀如来 (向かって左側) は左手を上に、その親指と他の指で輪をつくる来迎印を組んでいる。一般に阿弥陀如来は右手を上にした仏像が多いが、二尊院の場合、阿弥陀如来の左手を上にすることで、隣の釈迦如来と左右対称のバランスとなっている。

阿弥陀如来　　　釈迦如来

…… 仏像姿勢の種類 ……

仏像姿勢の種類には、立像 (りゅうぞう)・坐像 (ざぞう)・臥像 (がぞう) の3種類がある。

立 像　人々を救おうと立ち上がった姿の像。両足をそろえる形が一般的だが、左右片足に体重をかけ、かかっていない方の足を軽く前に出した形もある。

座 像　両足の足の裏が見える坐り方を基本形として、片足を組まないものや、正座をするもの、椅子に座っているものなど様々なタイプがある。

臥 像　横になり涅槃に入る釈迦の姿を表した像。この姿勢は釈迦如来像のみに適用される。

阿弥陀如来＝人々を極楽浄土へ導く案内役
あみだにょらい

高徳院 鎌倉大仏 【神奈川県鎌倉市】

大仏の内部は空洞になっており、像内に入ることが出来る。肉髻部は低く、強い弧を描く眉、切れ長の眼、唇の表現などは、中国宋代仏画の影響を示している。

237　　　　　　　　　　　　　A33

文化財名称：阿弥陀如来坐像
鎌倉時代　建長4年 (1252) 以降、銅造・漆箔、
像高：1131.2cm、総高：1335.0cm、重量：121t 【国宝】

1939.7.1.　第1次昭和切手1円
237　1Yen ……………………………………… 1,200□
1953.8.15.　大仏航空 70円
A33　70Yen …………………… 700□ [同図案▶A34-36]

C2311a　　　　　　　　　　　　　C2312c

2017.4.14.　My旅切手　第2集　いざ鎌倉！
C2311a　82Yen ……………………………………… 120□
2017.4.14.　My旅切手　第2集　レターセット専用シート
C2312c　120Yen ……………………………………… 240□

鎌倉大仏と青銅の蓮の花

神社仏閣めぐり

平等院鳳凰堂 阿弥陀如来座像 【京都府宇治市】

柔らかく温和の印象を受ける仏像。舟形の光背、天蓋、壁面の雲中供養菩薩と一体となり、極楽浄土の世界や阿弥陀来迎の姿を今もなお伝えている。

仏師：定朝作　平安時代（1053年）、木造・漆箔、仏高：277.2cm【国宝】

2001.8.23.　C1799i
第2次世界遺産　第4集（京都2）
C1799i　80Yen……………………120□

平等院鳳凰堂　阿弥陀如来像

善通寺 金銅錫杖頭 【香川県善通寺市】
こんどうしゃくじょうとう

表面は阿弥陀三尊（阿弥陀如来は座像）を中央に持国天・増長天を配す。裏面は阿弥陀如来立像と両脇侍に、広目天・多聞天を配す。座像を薬師如来とする説もある。

中国唐時代 8〜9世紀、鋳金製・鍍金、長さ27cm【国宝】

表面の阿弥陀三尊

2004.11.5.　R649s
四国八十八ヶ所の文化遺産 I
R649s　80Yen………………………120□

薬師如来＝人々の病気を癒す如来
やくしにょらい

薬師寺 薬師如来座像 【奈良市】

本来は光背と同じように金色に輝いていたが、室町時代の火災で鍍金を失った。今は艶やかな深い黒色の中に微妙な色をたたえ、別の魅力が備わっている。

文化財名称：薬師三尊像　奈良時代、銅造、像高：255.0cm【国宝】
C1803g

2002.7.23.　第2次世界遺産　第8集（奈良2）
C1803g　80Yen……………………………120□

元興寺 薬師如来立像 【奈良市】

厳しい表情、体躯の圧倒的な量感で悪霊に立ち向かう姿。そして、今も像の周囲には榧（かや）の香気が漂っているという。

平安時代 9世紀、木造・素地、像高：166.0cm【国宝】
C2074f

2010.4.23.　平城遷都1300年
C2074f　80Yen…………120□

法隆寺金堂 薬師如来坐像 【奈良県斑鳩町】

宝珠形の光背をつけた独尊像形式で、裾広がりの二重宣字坐（せんのじざ：箱型の台座）の上に懸裳（かけも）を広げて座る。ややふっくらとした顔は明るく、穏やかな笑みが浮かび、柔和で洗練されている。

飛鳥時代 7世紀、銅像・鍍金、像高63.8cm【国宝】
C1198

1989.1.20.　第3次国宝　第6集
C1198　100Yen……………………180□

雪蹊寺 薬師如来像 【高知県高知市】

運慶晩年の作とされる。肉髻は低く、眼はやや尻上がりで見開かれた眼差しである。膝前は大きく、体幹部はゆったりとしている。

文化財名称：薬師如来及両脇侍像、仏師：伝運慶作、鎌倉時代、木造・漆箔、像高：140.0cm【重文】
R703g

2007.8.1.　四国八十八ヶ所の文化遺産Ⅳ
R703g　80Yen……………………………120□

弥勒如来＝弥勒菩薩の未来の如来形
みろくにょらい

興福寺北円堂 弥勒如来坐像 【奈良市】

弥勒菩薩が56億7千万年後に成仏した姿を表している。運慶作の彫眼の眼差しは柔らかさを帯び、引き締まった頬と唇は深遠な理性を感じさせる。

仏師：運慶作、鎌倉時代、木造・彩色・彫眼、像高：141.9cm【国宝】
C1802g

2002.6.21.　第2次世界遺産　第7集（奈良1）
C1802g　80Yen……………………………120□

神社仏閣めぐり

不空成就如来＝何物にも捉われず実践する如来

東寺 不空成就如来座像 【京都市南区】

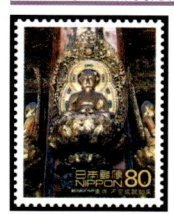

左手で衣の端をにぎり、右手、掌を正面に向け胸の前に上げる「施無畏（せむい）印」を結んでいる。これは、畏れることのない力を人々に与えることを表現している。

奈良時代、木造・漆箔、
像高：53.0cm【重文】

C1798f

2001.6.22.　第2次世界遺産　第3集（京都1）
C1798f　80Yen……………………………120□

菩　薩　（ぼさつ）

菩薩とは、最高の境地である「悟り」を得るために修行中の仏、修行者、如来を目指すもの。

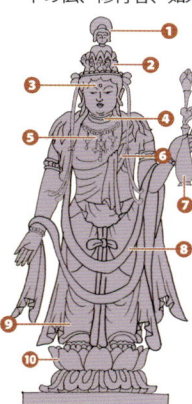

[菩薩の特徴]
❶**宝冠**（ほうかん）：王子の時代の釈迦がモデル。豪華な宝冠を身に着けている。
❷**宝髻**（ほうけい）：髪を高く結い上げている。
❸**白毫**（びゃくごう）：如来と同じ額の中央の白い毛。
❹**三道**（さんどう）：如来と同じ喉元の三本のしわ。
❺**瓔珞**（ようらく）：金銀、宝物などをつないだ首飾り。
❻**条帛**（じょうはく）：左肩から右脇へとまとうショール。
❼**持物**（じもつ）：仏像特有の持ち物。菩薩により異なる。
❽**天衣**（てんね）：長い衣。
❾**裙**（くん）：腰に巻く布。
❿**蓮華座**（れんげざ）：蓮華型の台座。

………日本を代表する美術品………

1997年の「日本におけるフランス年」「フランスにおける日本年」では、両国を代表する美術品の交換展示が行われた。ドラクロワの名画「民衆を率いる自由の女神」（下左）に対し、日本からは「百済観音」。百済観音が海外で公開されるのは初めてであり、シラク大統領をはじめ、多くの参観客が訪れたという。

1997年日本年・フランス年では両国の代表的美術品が、それぞれの記念切手の題材となった。

大日如来＝天地を遍く照らす密教の如来

中尊寺 一字金輪像 【岩手県平泉町】

白く塗られた面相および肢体が肉感的で、大日如来の変化形から「人肌の大日」「生身の大日」の別称がある。正面から見ると普通の丸彫り像のように見えるが、背面を全く造らない、特異な構造の像である。

473　　平安時代 12世紀、銅像・鍍金、
　　　 29.0×33.0cm、中尊寺外十七箇院【重文】

1981.1.20　新動物国宝図案　1980年シリーズ260円
473　260Yen …………………………… 450□

摩耶夫人＝仏教開祖のお釈迦さまの母親

法隆寺献納宝物 摩耶夫人像 【東京都台東区】

夫人が出産の里帰り途上、花咲く無憂樹の枝を手折ろうとした時、夫人の右腋下から釈迦が誕生する。この劇的な場面を立体彫刻であらわした珍しい群像である。

文化財名称：摩耶夫人及び天人像
476　　飛鳥時代7世紀、銅造・鍍金、
　　　 像高：16.5cm 東京国立博物館法隆寺宝物館【重文】

1981.1.20.　新動植物国宝図案切手・1980年シリーズ410円
476　410Yen …………………………… 900□

観世音菩薩＝人々を苦しみから救う「観音様」

薬師寺東院堂 聖観世音菩薩立像 【奈良市】

崇高な使命感に満ちた眼差し、優しい微笑み、豊かな頬をした端正で明快な表情。黒光りする肌に長い慈悲行の歴史が刻まれている。

457　　飛鳥〜奈良時代　7〜8世紀、
　　　 銅造・鍍金、像高：188.9cm【国宝】

1976.6.7.　新動植物国宝図案切手・1976年シリーズ350円
457　350Yen …………………… 500□［同図案▶496］

法隆寺百済観音堂 百済観音 【奈良県斑鳩町】

立体感のある体躯、前後に翻る天衣。蓮華座上に佇む長身の姿は、静けさの中に秘められた強さを感じさせる。清楚な目鼻立ちの穏やかな表情は、楚々とした美しさが漂う。

文化財名称：観音菩薩立像、
飛鳥時代、木造・彩色、
像高：209.4cm【国宝】

C486

1967.11.1.　第1次国宝　第1集
C486　15Yen………………60□

奈良県立万葉文化館　【奈良県高市郡】
法隆寺金堂壁画（模写）

344

1949年の火災は、壁本体はもとより、壁画の顔料に大きな痛手を与えたが、逆に高温による顔料の変色が絵具の成分を解き明かす資料を提供した。また、火災を免れた小壁の飛天図によって、本来の壁画の彩色や力強い筆線の美しさをうかがい知ることが出来る。

◀C1505　模写

模写：真野 満　昭和時代 1940～48年、紙本軸装彩色、305.0×98.0cm （火災前：飛鳥時代 7-8世紀、土壁著色）

1995.2.22.　第1次世界遺産　第2集
C1505　80Yen ………………………… 150□

1951.12.10.　第1次動植物国宝10円
344　10Yen………… 4,500□ [同図案▶358、371コイル]

第1次世界遺産第2集「法隆寺金堂壁画」のMC

普賢菩薩＝白象に乗った慈悲をつかさどる菩薩
東京国立博物館　普賢菩薩像　【東京都台東区】

菩薩は白象の背に置かれた蓮華の台座に坐り、伏し目がちに合掌する。菩薩や白象の体は透き通るような白色で描き、輪郭は細く淡い墨の線、かすかに朱のぼかしを施している。

平安時代　12世紀、絹本著色、159.1×74.5cm 【国宝】

C493

1968.6.1.　第1次国宝　第3集
C493　50Yen ………………………… 250□

精緻な記念印の法隆寺壁画

第1次世界遺産シリーズの第2集に取り上げられたのは、「法隆寺地域の仏教建造物」。実は第1集発行時の絵入りハト印から記念押印機によるサービスが始まった。法隆寺はその2番目の例であるが、壁画を描く消印の精妙さに、収集家は驚きの声を挙げた。

日光・月光菩薩＝薬師如来に従い病気の人々を救済
薬師寺金堂　日光菩薩立像　【奈良市】

元は金色に輝いていたが、鍍金の落ちた今も霊妙な光を放っている。菩薩は明快な顔立ち、柔軟で張りのある肉身、気品あふれる身のこなしに清々しい曙光のような明るさが漂っている。

文化財名称：薬師三尊像
飛鳥～奈良時代、銅像・鍍金、像高：317.3cm【国宝】

C2074h　2010.4.23.　平城遷都1300年
C2074h　80Yen ………………………… 120□

醍醐寺薬師堂　日光菩薩像　【京都市伏見区】

薬師如来坐像の左脇侍に配置された日光菩薩は、丁寧に天衣のしわが刻まれ、象徴の日輪の蓮枝を持つ左手の指は繊細に表現されている。本像に比べて華奢で優美な印象を抱かせる。

C2277c

文化財名称：薬師三尊像、仏師：会理僧都、平安時代、木造・漆箔、像高：120.0cm【国宝】

2016.8.19.　My旅切手　第1集　私が見つけた京都
C2277c　82Yen ………………………… 120□

日光菩薩？　月光菩薩？

第1次世界遺産シリーズの第2集に取り上げられた醍醐寺薬師堂の薬師三尊像には、脇侍として日光菩薩と月光菩薩が控えている。切手シートの地には「醍醐寺 月光菩薩像」と記されているが、どうやら「日光菩薩」のようである。HP等を参照されたい。

東大寺法華堂 月光菩薩立像 【奈良市】

暗い堂内で、窓から入るかすかな光に浮かび上がる姿。彩色が剥奪して白みを帯びた塑土の色に、土の中に含まれる雲母が微妙にきらめいて、月の光を浴びたかのようだ。

文化財名称：伝月光菩薩立像
奈良時代、塑造・彩色、
像高：206.8cm 【国宝】

C489

1968.2.1. 第1次国宝 第2集
C489 15Yen………………… 60□

弥勒菩薩＝釈迦に代わり人々を救済する未来仏

広隆寺霊宝殿 【京都市右京区】
弥勒菩薩半跏（はんか）像（宝冠弥勒）

現状では美しい木肌を見せるが、元は金箔が施され、金色に輝いていた。低い山形の冠を被っているので「宝冠弥勒」と呼ばれている。

飛鳥時代、
木造・漆箔、
像高：84.2cm
【国宝】

478

1981.3.16.
新動植物国宝図案切手 1980年シリーズ600円
478 600Yen………………………………… 1,000□
1967.11.1. 第1次国宝 第1集
C485 15Yen………………………………60□

法隆寺献納宝物 菩薩半跏像 【東京都台東区】

台座框（かまち）の刻銘「丙寅年に高屋大夫が亡き韓夫人のために発願造立した」。「韓夫人」銘や痩身の体躯、腰から垂れる帯飾りなどから朝鮮三国時代の仏像との関連が濃いといわれる。

飛鳥 or 奈良時代 推古14年（606）or
天智5年（666）、銅像鋳造・鍍金、
像高：38.8cm 東京国立博物館法隆寺宝物館【重文】

1981.1.20. 新動植物国宝図案切手・1980年シリーズ
472 170Yen…………… 300□［同図案▶494］

中宮寺 菩薩半跏像 【奈良県斑鳩町】

寺伝では本像は如意輪観音とされ、聖徳太子の母・間人（はしうど）皇后の姿といわれる。微笑みを湛えた優しい表情には慈母の面影があるが、一般には半跏思惟の菩薩は弥勒と考えられている。

347 飛鳥時代7世紀、木造・彩色、像高：87.0cm【国宝】
1951.5.1. 第1次動植物国宝切手50円
347 50Yen……………………………… 30,000□
［同図案▶351小型シート（右）、365、407、426、451］

雲中供養菩薩＝本尊の阿弥陀如来を供養する

平等院鳳凰堂 雲中供養菩薩像 【京都府宇治市】

鳳凰堂の壁の上方には雲に乗った菩薩たちが、様々な楽器を奏し、あるいは舞いながら阿弥陀如来を供養している。かくも華麗で厳かな空間に身を置けば極楽が見えそうだ。

C1799j
南20号

C734 北10号

平安時代 天喜元年（1053）、
木造・彩色、像高：北10号 87.0cm、
南20号 77.3cm【国宝】

1977.3.25. 第2次国宝 第3集
C734 100Yen……………………………… 190□
2001.8.23. 第2次世界遺産 第4集（京都2）
C1799j 80Yen……………………………… 120□

如意輪観音菩薩＝宝珠と法輪で願いを叶える観音

東寺 如意輪観音像 【京都市南区】

蓮台に坐し、手には名前の由来にもなる如意宝珠と法輪を持つ。また、蓮の花を持ち、供花も蓮、天蓋も蓮の花弁。保存状態も良く、色彩も鮮やかで赤い唇が生々しい。

鎌倉時代、絹本著色【重文】

C1798i

2001.6.22. 第2次世界遺産 第3集（京都1）
C1798i 80Yen……………………………… 120□

国宝名称は「木造菩薩半跏像」

下の国宝小型シートの地には「国宝 中宮寺如意輪観音」とある。いわゆる寺伝であるが、当初は弥勒菩薩像として制作されたものとされている。そのため、国宝指定名称もたんに「木造菩薩半跏像」。現在の切手カタログは当初の仏像名称を採用している。

↑国宝小型シート「中宮寺弥勒菩薩」（＃351）。
シート地には「如意輪観音」とある。

神社仏閣めぐり

159

せんじゅかんのんぼさつ
千手観音菩薩＝千の眼で見つめ千の手で人々を救う

唐招提寺金堂 千手観音菩薩立像　【奈良市】

千本の手を持つ数少ない作例。頭上の10面の化仏が全て当初のまま残る。各面は温和で気品があり、宝冠の透かし彫りも美しく、澄んだ眼差しで人々を見つめている。

C1803i　　　　C2074g

奈良時代 8世紀、木心乾漆造・漆箔、像高：536.0cm【国宝】

2002.7.23.　第2次世界遺産　第8集（奈良2）
C1803i　80Yen ……………………………………120□

2010.4.23.　平城遷都1300年
C2074g　80Yen ……………………………………120□

おんじょうぼさつ
音声菩薩＝雅楽を奏でる天女像

東大寺大仏殿前（東京藝術大学美術館）【東京都台東区】
音声菩薩像（八角燈籠火袋羽目板）

扉門4面の羽目板に、横笛・尺八・笙・鈸子（ばっし）と異なる楽器を奏する音声菩薩が浮き彫りされている。腰でリズムをとり演奏に興じる姿は明るさに満ちている。

奈良時代、銅造・鍍金、
羽目板高：121.0cm、
灯籠総高：462.0cm

414

1966.6.20.　新動植物国宝図案 1966年シリーズ200円
414　200Yen …………………………1,000□［同図案▶442］

[明王の特徴]
❶忿怒面（ふんぬめん）：怒りに満ちた表情。
❷宝剣（ほうけん）：悪を打ち砕く明王の武器。
❸弁髪（べんぱつ）：長い髪を編んでいる。他に髪が逆立つ焔髪（えんぱつ）の場合もある。
❹羂索（けんさく）：人々を救う明王の縄。
❺条帛（じょうはく）：左肩から右脇へ身に付けるショール状のもの。
❻裙（くん）：腰に巻き付ける布。
❼瓔珞（ようらく）：金銀などの首飾り。
❽火焔後背（かえんこうはい）：煩悩を焼き尽くす後背の炎。

わらべ地蔵＝子どもの守護尊で地蔵菩薩の一種

三千院 わらべ地蔵　【京都市左京区】

苔が一面に生えた美しい庭園のなかに置かれる。この像の基本姿勢の「祈る姿」のほかにも、頬杖をつき仲良く寄り添うものや、仰向けで足を上げたものなど、どれも可愛い表情をしている。

平成時代、彫刻：杉村孝　石造

2016.8.19.　My旅切手　第1集　私が見つけた京都
C2277e　82Yen …………………………………………120□

明　王　（みょうおう）

明王とは、如来の命を受けて、いくら諭しても正道に向かわない人に対し、髪を逆立てて怒ったり、手に持った縄で強引に相手を屈服させる役割をもつもの。また、明王のなかで大威徳、不動、降三世（ごうざんぜ）、金剛夜叉、軍荼利（ぐんだり）を五大明王と呼ぶ。

ふどうみょうおう
不動明王＝大日如来の命を受け行動する化身

善楽寺　不動明王　【高知県高知市】

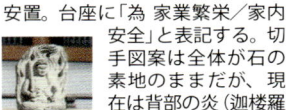

高さ1mほどの石像で、本堂の前に安置。台座に「為　家業繁栄／家内安全」と表記する。切手図案は全体が石の素地のままだが、現在は背部の炎（迦楼羅焔）が赤く塗られ像が目立つ。

R683h
本堂：昭和58年改築。

2006.8.1.
四国八十八ヶ所の文化遺産Ⅲ
R683h　80Yen ………………120□

はちだいどうじ
八大童子＝不動明王に随従する童子形の尊像

高野山霊宝館の八大童子立像は、容貌や体の肉付きに凛々しい少年らしさが強調され、写実的な着衣やポーズはそれぞれが洗練されており個性的である。

高野山霊宝館 制多伽童子像　【和歌山県高野町】

頭に五髻を結び、身色は紅蓮色、着衣は天衣をスカーフにして両肩を覆い、右手に金剛棒を持つ。

仏師：伝運慶作、
鎌倉時代　建久8年（1197）、
木造・彩色・玉眼、
像高：103.0cm【国宝】

C736

1977.6.27.
第2次国宝　第4集
C736　100Yen………190□

高野山霊宝館 恵光童子像（えこう）　【和歌山県高野町】

忿怒する顔貌。肌色は黄白色、右手に三鈷杵（さんこしょ）、左手で月輪を載せた蓮の茎を持つ。

仏師：運慶作、
鎌倉時代　建久8年（1197）、
木造・彩色・玉眼、
仏高：96．6cm【国宝】

C1192

1988.2.12. 第3次国宝 第3集
C1192　110Yen ………… 180□

高野山霊宝館 恵喜童子像（えき）　【和歌山県高野町】

兜には唐草文を墨描き。紅蓮の肌色で微笑し、右手に三叉鉾（ほこ）、左手に宝珠を持つ。

474（左）　652（右）

仏師：運慶作、鎌倉時代　建久8年（1197）、
木造・彩色・玉眼、像高：98.8cm【国宝】

1984.4.3. 新動植物国宝図案切手・1980年シリーズ
474　300Yen ………… 500□

2009.7.23. 平成切手
652　300Yen ………… 800□

高野山霊宝館 矜羯羅童子像（こんがら）　【和歌山県高野町】

合掌する手の親指と人差指の間に独鈷杵（どっこしょ）を横に挿す。丸顔に頭髪の巻毛が可愛い。

仏師：運慶作、
鎌倉時代
建久8年（1197）、
木造・彩色・玉眼
像高：95.6cm
【国宝】

C2004h（左）

R340（右）

2006.6.23. 第3次世界遺産　第1集（紀伊山地）
C2004h　80Yen ………… 120□

1999.7.26. 矜羯羅童子像
R340　80Yen ………… 120□

大威徳明王＝水牛に乗る阿弥陀如来の化身（だいいとくみょうおう）

東寺講堂 大威徳明王像　【京都市南区】

大威徳とは、大きな威力の特性を持つという意味。六面六臂六足の忿怒形に表され水牛に乗る。戦勝祈願の本尊とされる。

五大明王像のうちの大威徳明王像
平安時代　承和6年（839）、
木造・彩色、像高：143.0cm【国宝】

2001.6.22.
第2次世界遺産　第3集（京都1）
C1798j

C1798j　80Yen ………… 120□

愛染明王＝人々の愛欲を浄化 菩提心に変える（あいぜんみょうおう）

西大寺 愛染明王座像　【奈良市】

煩悩の真っただ中に飛び込み、我が身を炎で赤く染め、歯を食いしばって人々を救おうとする愛の表現が忿怒の形相となっている。頭上の獅子、脇手の弓矢などの持ち物にも特徴がある。

仏師：善円作、鎌倉時代12世紀、
木造・彩色・玉眼、像高：32.0cm
奈良国立博物館委託【重文】

C2074d

2010.4.23. 平城遷都1300年
C2074d　80Yen ………… 120□

孔雀明王＝諸毒を除く力を持つ慈悲の明王（くじゃくみょうおう）

龍光寺 孔雀明王像　【愛媛県宇和島市】

孔雀に乗った異形の明王が、天空より舞いおりる。羽根をひろげた孔雀はきわめて印象的である。像は、平成8年に信者から奉納された。

平成時代　1996年、木造、総高：2.4m

R669i

2005.7.8.
四国八十八ヶ所の文化遺産Ⅱ
R669i　80Yen ………… 120□

天　部　（てんぶ）

天部は釈迦の説教に感動し、仏教に帰依した神々で、仏教の信心を妨げる外敵から人々を護り、仏法を守護するのが役割。如来・菩薩の領域と人間（衆生）との中間に位置する。また、天部の「天」は昔のインドの呼び名「天竺（てんじく）」のこと。

八部衆＝仏教を守護するインドの神々（はちぶしゅう）

興福寺国宝館 阿修羅像（あしゅら）　【奈良市】

少女のように細くしなやかな姿態、バランスよく配置された長い6本の腕。三面六臂の異形の像にも関わらず不自然さを感じさせない。僅かに眉をひそめ、深い憂いに満ちた表情が観るものをひきつける。

C488　　　　C1802h

八部衆立像のうちの阿修羅像
仏師：将軍万福作、奈良時代　天平6年（734）、
脱活乾漆造・彩色、像高：154.0cm【国宝】

1968.2.1. 第1次国宝　第2集
C488　15Yen ………… 60□
2002.6.21. 第2次世界遺産　第7集（奈良1）
C1802h　80Yen ………… 120□

神社仏閣めぐり

R731c

2009.3.2.
旅の風景　第5集（奈良）
R731c　80Yen……　120☐

➡平安遷都1300年の
　シートの地

こんごうりきし・しゅこんごうしん
金剛力士・執金剛神＝伽藍を外敵から守る神

二神対で仁王さまとも呼ばれる。口を開いているのが、阿形像、閉じているのが吽形像。

東大寺南大門　金剛力士像　【奈良市】

向かって左に切手図案の阿形、右に吽形の甲をつけた金剛力士像が侍立する。天平時代の像容は裸形のほかに着甲の武装形も行われていたことがわかる。

仏師：運慶・快慶・定覚・湛慶作、
鎌倉時代　建仁3年（1203）、
木造・彩色、像高：836.3cm【国宝】

434

1969.2.1.　新動植物国宝図案切手・1967年シリーズ500円
434　500Yen ……………………………… 1,400☐

東大寺法華堂　執金剛神立像　【奈良市】

ある行者が執金剛神像の足に綱を掛け、修業していたという説話がある。この行者は後の良弁僧正でその時の像だと伝えられる。法華堂の背後に北向きに配置。

奈良時代　8世紀、塑造・彩色、
像高：170.4cm【国宝】

C730

1976.12.9.
第2次国宝　第1集
C730　100Yen ……… 190☐

してんのう
四天王＝帝釈天に仕え、仏の四方を守る

東大寺戒壇堂　広目天立像　【奈良市】

475

柔らかな塑土特有の持ち味が行かされており、顔の表情ばかりか、腕の付け根の肩喰いの表現も真に迫る。

1981.3.16.
新動植物国宝図案切手
1980年シリーズ310円
475　310Yen………550☐

※矢印部分が「肩喰い」。甲冑が獣頭の形になっている。

四天王立像のうち広目天立像
奈良時代、塑像・彩色、
像高：169.9cm【国宝】

C1802d

2002.6.21.
第2次世界遺産　第7集（奈良1）
C1802d　80Yen……………　120☐

たもんてん
大安寺　多聞天立像　【奈良市】

甲から足下の岩座まで含め榧（かや）の一材の像で、兜や甲の装飾まで共木から彫り出されている。中国唐時代の影響が強く、目を怒らせる忿怒の表情が見事である。

四天王立像のうち多聞天立像
奈良時代　8世紀、木造・彩色、
像高：138.8cm【重文】

C2074i

2010.4.23.　平城遷都1300年
C2074i　80Yen……………　120☐

じゅうにしんしょう
十二神将＝甲冑をまとい薬師如来を守る

ばざら
新薬師寺　伐折羅大将　【奈良市】

十二神将の中でも格段の造形性を示し、カッと開いた口からは怒号とともに激しい気が履き続けられる。抜き放った剣は、目前の敵に振り下ろしたばかりを表す。

446　　　　691　　　C2074j

十二神将立像のうち伐折羅大将
奈良時代　天平年間（729～749年）、
塑造・箔押、像高：162.0cm【国宝】

1974.11.11.　新動植物国宝図案1972年シリーズ
446　500Yen……………1,000☐ ［同図案▶675］

2012.7.2.　平成切手・意匠変更
691　500Yen ………………………………… 1,100☐

2010.4.23.　平城遷都1300年
C2074j　80Yen ………………………………… 120☐

……… 切手型試作品の仏像 ………

大蔵省印刷局（当時）が海外からの切手受注見本として制作した「切手型試作品」。そのなかに仏像試作品が多くある。受注見本だけに、印刷の質は実際の切手を遙かに超えている。

宗達「風雷神図屏風」の雷神

神社仏閣めぐり

吉祥天＝五穀豊穣と財宝充足をもたらす女神
きちじょうてん

浄瑠璃寺 吉祥天立像 【京都府木津川市】

大きく弧を描く眉、眼は切れ長、顔も豊かで豊穣を祈る女神、美貌の天女に相応しい顔形である。左手に宝珠を捧げ、右手は施無畏の印をとっている。肉身を胡粉で白く塗り、衣には繧繝（うんげん）彩色の宝相華模様を描き、濃赤色の下地の上に金彩を施している。

447

※繧繝：数段階に分けて順次濃淡をつけていく彩色法。

平安時代　建暦2年（1107）、木造・彩色、仏高：90.0cm【重文】

1975.4.22.　新動植物国宝図案　1972年シリーズ1000円
447　1,000Yen ……………………………………… 1,500□

薬師寺 吉祥天像 【奈良市】

C490

天平美人の面影を伝える優しい表情と、着衣の優美な色彩や繊細な文様表現で知られている。手には人々の願いをかなえ吉祥・福徳をもたらす宝珠をのせており、天女の衣が風をはらんでなびく様子は、今まさに舞い降りたかのようだ。

奈良時代　8世紀、麻布著色、53.0×31.7cm　【国宝】

1968.2.1.　第1次国宝　第2集
C490　50Yen …………………………………… 200□

飛天＝天界に住み、仏を守り讃える天人・天女
ひてん

法隆寺献納宝物 笛吹飛天 【東京都台東区】

467

仏や菩薩の威徳を示す荘厳具（しょうごん）、金銅小幡（しょうばん）は笛吹飛天（左）のほか、如来座像、菩薩立像、獅子などを透かし彫りにしたもの。東博所蔵には長方形の金銅板を蝶番で連結した金銅小幡が2種類ある。

1980.11.25.
新動植物国宝図案切手
1980年シリーズ
467　70Yen……180□

文化財名称：金銅小幡
飛鳥時代7世紀、銅板製透彫・鍍金、全長：①304.0cm、②266.5cm
東京国立博物館法隆寺宝物館【重文】

新薬師寺
伐折羅大将

東大寺
広目天

風神・雷神＝強い風と雷とを象徴する神
ふうじん・らいじん

輪王寺大猷院 風神雷神像 【栃木県日光市】

輪王寺に伝わる風神雷神像は、江戸時代は陽明門を守護していたが、明治の神仏分離で大猷院の二天門に移された。両像は約50年ぶりに修理が完了。

C1796e　輪王寺・大猷院二天門　風神
C1796f　同雷神

寛永時代、木造、像高：風神117cm、雷神114cm

2001.2.23.　第2次世界遺産　第1集　日光の社寺
C1796ef　各80Yen…………………………… 120□

建仁寺蔵 風神雷神図屏風

風と雷を神格化したもの。千手観音の従者で、一般に風神は風袋を持ち、雷神は太鼓を背負い撥で打つ姿に表わされる。

379

1962.7.2.
第3次動植物国宝図案切手90円
379　90Yen………………5,000□
[同図案▶411、431]

2018.4.20.
切手趣味週間
C2359ab　各80Yen…………一□

俵屋宗達筆、江戸時代 17世紀、紙本金地著色、二曲一双屏風、各154.5×169.8cm
京都国立博物館寄託【国宝】

C2359ab

2018年切手趣味週間切手「風神雷神図屏風」の風神MC

武装天部
（毘沙門天）

貴顕天部
（吉祥天）

武装天部と貴顕天部（きけん）

天部の種類は非常に多い。その数は200種類以上あるといわれる。古代インドで祀られた部族の神々に起源があり、仏教に帰依したため、仏法の守護神になった。そうした流れから、天部には武装した姿の「武装天部」が多い。その一方、福徳神としても崇められ、この場合は弁財天や吉祥天のように貴人の姿をした「貴顕天部」として造形される。

天燈鬼・竜燈鬼＝仏前に灯籠を捧げる一対の鬼（てんとうき・りゅうとうき）

興福寺国宝館　天燈鬼立像　【奈良市】

腰を左にひねって左足に重心をかけ、左肩に灯籠を担ぐ二角三眼の鬼の姿を造型。右手と右足はバランスをとるため外に張り出し、大きく開けた口とととともに動勢観を強調する。

仏師：康弁作、鎌倉時代建保3年（1215）、木造・彩色・玉眼、像高：78.2cm

445

2010.4.23.　平城遷都1300年
C2074e　80Yen ……………………120□

1974.9.27.　新動植物国宝図案・1972年シリーズ400円
445　400Yen ……………………800□

興福寺国宝館　竜燈鬼立像　【奈良市】

団子鼻を上に向け、上目遣いに灯籠を見上げ、口を閉じて直立する。飄々としたユーモア溢れる表情や体に巻き付いた竜の尻尾を掴む隆々とした背筋表現に、自由闊達な作風が感じられる。

鎌倉時代、木造、像高：77.8cm　【国宝】

C1802j

2002.6.21.　第2次世界遺産　第7集（奈良1）
C1802j　80Yen ……………………120□

羅　漢・高　僧

羅漢は原始仏教における修行者の最高位、阿羅漢（あらかん）の略称。十六羅漢、五百羅漢などとして仏像・仏画化されることが多い。また天台宗の最澄、真言宗の空海（128㌻）など、高僧や開祖が仏像・仏画化されている。

白滝山　五百羅漢　【広島県因島】

標高227mの白滝山に、因島村上水軍6代当主村上吉充が観音堂を建立し、石像群の五百羅漢を刻んだ。仁王門から山頂まで大小約700体の石像仏群が並んでいる。

R775e　江戸後期

2010.7.8.　旅の風景
第9集　（瀬戸内海）
R775e　80Yen ……………………120□

愛宕念仏寺　千二百羅漢（石仏）　【京都市右京区】

台風で破損した仁王門の解体復元修理を祈念に、境内を羅漢の石像で充満させたいと発願される。参拝者によって彫られた表情豊かな1,200鉢の石造羅漢が並ぶ。

昭和56年（1981）〜平成3年（1991）

2008.9.1.　旅の風景　第1集（京都）
R718a　80Yen ……………………120□

空也上人＝平安時代中期の僧の阿弥陀聖（くうやしょうにん）

浄土寺　空也上人像　【愛媛県松山市】

首から鉦を下げ、右手に撥を、左手に杖を持つ。粗末な衣服、痩せた体、額には深いしわが刻まれ、眼も落ち込んでいる。口からは南無阿弥陀仏の六字の名号が仏の形となって、こぼれ出ている。

鎌倉時代、木造・彩色（剥落）
像高：121.5cm　【重文】

R703i

2007.8.1.　四国八十八ヶ所の文化遺産Ⅳ
R703i　80Yen ……………………120□

神　像

神道の神の姿を彫刻、絵画に表わしたもの。仏教が伝来して以後、神道と混合した信仰体系として再構成された平安時代の初期に、初めて神像が出現した。

熊野速玉大社　熊野夫須美大神座像　【和歌山県新宮市】（ふすみのおおみか）

熊野速玉大社の、雄偉な男神、豊かで美しい女神、潑剌とした御子神という、理想的な神の姿の造形化が成し遂げられた時期の神像彫刻の最高峰。

神像4軀（熊野速玉大神坐像・夫須美大神坐像・国常立命坐像・家津御子大神坐像）のうちの1神
平安時代、木造、像高：76.6cm　【国宝】

2007.3.23.　第3次世界遺産　第2集（紀伊山地）
C2005f　80Yen ……………………120□

薬師寺 仲津姫命座像　【奈良市】

C1195

小像ながら堂々とした体や、自在に彫られる衣文表現。衣に施された文様の美しさが特に目をひく。

文化財名称：木造《僧形八幡神／神功皇后／仲津姫命》坐像
平安時代 9世紀、木造、
像高：368cm
薬師寺休ヶ岡八幡宮【国宝】

1988.9.26.　第3次国宝　第5集
C1195　60Yen ……………………100□

八重垣神社宝物館　【島根県松江市】
伝素盞嗚尊　伝稲田姫命

素盞嗚尊（すさのおのみこと）・稲田姫命（いなたひめのみこと）・天照大神・市杵嶋姫命（いちきしまひめのみこと）・脚摩乳命（あしなずちのみこと）・手摩乳命（てなずちのみこと）の六神像の壁画が保存されている。もともとは本殿内、御神体を囲む板壁に描かれていた。

巨勢金岡筆、
平安時代
寛平5年
（893年）、
板絵著色

板絵著色神像
C2122c（左）
伝素盞嗚尊
C2122d（右）
伝稲田姫命

2012.7.20.　古事記編纂1300年
C2122cd　各80Yen …………………120□

その他

元興寺浮図田 石塔・石仏　【奈良市】

C1803d

元興寺極楽坊本堂と禅室の南側の浮図田には、寺内や周辺地域から浄土往生を願って集まった「石塔・石仏」類が2,500基余りもある。浮図田とは田んぼの稲のように並べた中世の供養形態をいう。

C1803d　鎌倉末期〜江戸中期　石造

2002.7.23.　第2次世界遺産 第8集（奈良2）
C1803d　80Yen …………………………120□

熊野古道 牛馬童子像　【和歌山県田辺市】

C2005h

熊野古道・中辺路、箸折峠のシンボル的存在の牛馬童子は、宝篋印（ほうきょういん）塔の裏手にあり、平安時代の花山法皇の旅姿を偲んで彫られた石仏。

明治時代　高さ：50cm

2007.3.23.　第3次世界遺産
第2集（紀伊山地）
C2005h　80Yen ……………120□

万治の石仏　【長野県下諏訪町】

R736e

諏訪大社下社春宮に大鳥居を造作中、自然石から血が流れ出た不思議な石に阿弥陀様を刻み、霊を納めながら建立された石仏。

万治3年（1660）、自然石石質：安山岩、
高さ：2.6m、胴回り：11.85m

2009.5.14.　地方自治法施行60周年　長野県
R736e　80Yen ………………………………120□

迦陵頻伽＝極楽浄土に住む人頭鳥身

中尊寺金堂 華鬘の迦陵頻伽　【岩手県平泉町】

華鬘は室内荘厳具の一つで、金色堂の所蔵。浄土の鳥である迦陵頻伽を左右に配し、空間は唐草文で埋められる。打ち出し、透かし彫りなどの技法を駆使している。

平安時代 12世紀、
銅製・鍍金
29.0×33.0cm

C2119b
中尊寺
金銅華鬘

381
華鬘の迦陵頻伽

1962.11.1.
第3次動植物国宝図案切手120円
381　120Yen ………………………………2,000□
[同図案▶413、441]

2012.6.29.　第3次世界遺産　第6集（平泉）
C2119b　80Yen ………………………………120□

蔵王権現＝日本独自の修験道の本尊

金峯山寺 蔵王権現立像　【奈良県吉野町】

C2004j

忿怒の相のなかにも典雅さが感じられる。失われた右腕は上方に振り上げ、金剛杵を握っていたものと推測される。

平安時代 12世紀、木造・彩色、
像高：95.3cm【重文】

2006.6.23.　第3次世界遺産　第1集（紀伊山地）
C2004j　80Yen ………………………………120□

[参考文献]
山渓カラー名鑑「仏像」　岡信子、山崎隆之著
（山と渓谷社・2006年）

鉄道・観光編　50音順さくいん

＊当さくいんは、本カタログに採録した「鉄道」、「祭り・イベント」、「観光名所」、「神社仏閣」の切手に関して、掲載した項目を「鉄道編」と「観光編」に大別し、50音順に整理したものです。

テーマ別 日本切手カタログ さくら日本切手カタログ姉妹編

Vol.1 花切手編
第1弾は四季折々の美しい花図案！

Vol.1のテーマは「花」。古くから日本人の暮らしに豊かな興趣と風情を添え、四季を彩る美しい花をテーマにした日本切手1,100種以上が百花繚乱！ 掲載は「一年草」「多年草」「低木」「高木」を分野別に取り上げ、開花時期順に採録。花の特徴をコンパクトにまとめた解説、関連の写真や郵趣品も添えられた魅力的なカタログです！

商品番号 7611

本体1,200円＋税
荷造送料340円
■公益財団法人
日本郵趣協会刊
■2015年9月25日発行
■A5判・並製
／152ページ

Vol.2 世界遺産・景観編
人気の世界遺産と日本の自然を網羅！

Vol.2は「富士山」「日本の世界遺産」「日本の自然景観」の3部構成。「富士山」では作画・撮影地点別に富士山切手を分類し、16方位から山容を解説。「日本の世界遺産」では、構成資産である切手（寺社等）と、関連する資産切手（仏像等）を網羅。「日本の自然景観」は山岳・河川・滝・渓谷・湖沼・岬・海岸・湿原・カルスト台地を掲載！

商品番号 7612

本体1,570円＋税
荷造送料340円
■公益財団法人
日本郵趣協会刊
■2016年7月25日発行
■A5判・並製
／176ページ

Vol.3 芸術・文化編
日本のあらゆる芸術・文化切手を収録！

Vol.3のテーマは「芸術・文化」。日本切手のなかから芸術・文化に関する切手、およそ1160種を採録。芸術・文化切手は人気のテーマ分野であり、多くの収集家に活用していただくため、採録分野は絵画・工芸に始まり、書・いけばな、能・歌舞伎などをたどり、音楽・映画に至るまで、日本のあらゆる芸術・文化を幅広く網羅しています！

商品番号 7613

本体1,700円＋税
荷造送料340円
■公益財団法人
日本郵趣協会刊
■2017年7月25日発行
■A5判・並製
／160ページ

今後の刊行予定 Vol.5 **生きもの編**（予定）が登場！ ご期待ください!!

ご注文は、巻末ハガキ　〒168-8081　**郵趣サービス社** T係　ご注文専用 TEL03-3304-0111　日・月・祝
・電話・FAXで　（当社専用番号）　　　　　　　　FAX03-3304-5318 お問い合せ TEL03-3304-0112　定休

お買い物は、オンライン通販「スタマガネット」へ！　スタマガネット 🔍　　

　JPSコミュニティ通貨「フィラ」取扱加盟店。お買い物代金として「フィラ」をご活用ください。

テーマ別 風景印大百科

vol.1鉄道編は、現行印はもちろん、過去印を含め、延べ750点以上の鉄道関連風景印を項目別に採録。

vol.2城郭編は、城に関連する風景印を「国宝5城」、「重文7城」、「三大名城」、「その他の城」の4項目で採録。現行印と過去印を合わせ、約1,000点の城関連風景印を迫力サイズの「原寸」で採録しています。このほか、城の風景印に関連したコラム記事をはじめ、絵はがきや記念カバー、写真などさまざまな関連マテリアルを採録した今注目の風景印カタログです!

日本初のテーマ別風景印カタログ!「鉄道」&「城郭」関連の風景印がそれぞれ1冊に集結!図案が見やすい"原寸"での採録!

※写真は制作中の見本です。

今後の刊行予定
Vol.3 干支・動物編（予定）

Vol.1 鉄道編
商品番号 **8051**
本体**1,800**円＋税
荷造送料340円
■日本郵趣出版刊
■2018年4月20日発行
■A5判・並製／120ページ

Vol.2 城郭編
商品番号 **8052**
本体**2,000**円＋税
荷造送料340円
■日本郵趣出版刊
■2018年7月25日発行
■A5判・並製／128ページ

ご注文は、巻末ハガキ 〒168-8081（当社専用番号）・電話・FAXで　郵趣サービス社　T係　ご注文専用 TEL03-3304-0111　FAX03-3304-5318　お問い合せ TEL03-3304-0112　日・月・祝 定休

お買い物は、オンライン通販「スタマガネット」へ!　スタマガネット

公益社団法人日本通信販売協会会員

JPSコミュニティ通貨「フィラ」取扱加盟店。お買い物代金として「フィラ」をご活用ください。

日本郵趣協会のご案内

切手を集めることの楽しさを伝えています

1946年の設立以来70余年、郵便切手文化の普及と発展のために、さまざまな展覧会イベントやオークションの開催、出版物の刊行などを行っている内閣府認定の公益財団法人です。事務局は東京・目白の「切手の博物館」にあります。

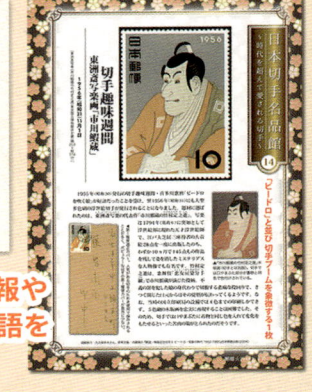

世界中の切手情報や楽しい切手の物語を毎月ご紹介！

日本及び世界各国から発行されている最新の切手情報、数々の切手にまつわる物語、切手収集のための郵趣品や関連書籍、各地の切手イベント情報を月刊誌『郵趣』で皆さまへご案内します。

日本郵趣協会で切手を集める楽しさを見つけませんか？

あなたは雑誌派？ WEB派？

普通会員

年会費7,000円。入会年のみ入会金1,000円

毎月、月刊誌『郵趣』で日本を始め世界各国の切手の最新情報をお届けします。『郵趣』では切手情報に加えて、楽しい展覧会イベントの情報や、切手を楽しむ数々のサークルのご紹介をしています。ご入会の方には、会員証とともに「オリジナル一筆箋」（2種セット）をプレゼントします！

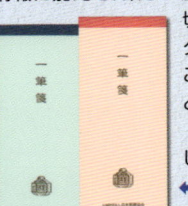

←オリジナル一筆箋
（2種セット）

WEB会員

年会費3,600円。入会年のみ入会金1,000円

WEBで切手の情報を購読する会員システムです。パソコンやスマートフォンで、手軽に最新情報を見ることができます。

❶WEB版「郵趣ウィークリー」（年間50回配信）
毎週、日本の新切手発行情報、小型印、風景印などの情報を最速でお届けします。

❷WEB版「世界新切手ニュース」（年間12回配信）
毎月、世界で発行されている新切手情報を鮮明な切手画像とともに見ることができます。新切手のおもしろ情報、トピックスなどもご紹介しています。

※巻末の紹介もあわせてご覧ください。

普通会員とWEB会員、どっちにしようかなあ？

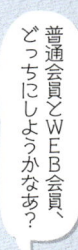

毎年、2つの大きな展覧会を開催

4月には世界各国の郵便切手が楽しめる〈スタンプショウ〉、11月には日本最大規模の競争展〈全国切手展〉を東京・浅草で開催しています。展覧会イベントには、国内外から多くの切手店が出店します。

魅力あるカタログ・書籍を出版

月刊誌「郵趣」、週刊速報紙「郵趣ウィークリー」、WEB版「世界新切手ニュース」をはじめ、各種切手カタログ、専門書籍など多彩な出版物を刊行しています。

テーマ別日本切手カタログ Vol.4 鉄道・観光編

さくら日本切手カタログ姉妹編

2018年7月25日　第1版第1刷発行

発　　行・公益財団法人 日本郵趣協会
　　　　　〒171-0031　東京都豊島区目白1-4-23
　　　　　切手の博物館4階
　　　　　TEL. 03-5951-3311（代表）
　　　　　Eメール　info@yushu.or.jp
　　　　　http://yushu.or.jp/

発 売 元・株式会社 郵趣サービス社
　　　　　〒168-8081　東京都杉並区上高井戸3-1-9
　　　　　TEL. 03-3304-0111（代表）
　　　　　FAX. 03-3304-1770
　　　　　http://www.stamaga.net/

写真提供・田中敏彦　名取紀之　山本厚宏
　　　　　高梁市教育委員会

資料協力・株式会社伊予鉄グループ　神戸市
　　　　　鉄道友の会　郵政博物館

制　　作・株式会社 日本郵趣出版
　　　　　〒171-0031　東京都豊島区目白1-4-23
　　　　　TEL. 03-5951-3416（編集部直通）
編　　集　平林健史　松永靖子
装　　丁　村上香苗　三浦久美子
印　　刷・シナノ印刷 株式会社

ISBN 978-4-88963-821-9　Printed in Japan
2018年（平成30年）6月13日　郵模第2755号
©公益財団法人 日本郵趣協会

＊当カタログの収録範囲は「さくら日本切手カタログ2019年版」に基づいています。

鉄道：監修・執筆

勝見 洋介（かつみ ひろすけ）
JPS鉄道郵趣研究会及びパソコン郵趣研究会会員。1957年ごろから鉄道切手収集。1985年 JPS鉄道切手部会創設会員。以降2005年まで同上部会誌「Railway Stamps」の編集担当。1990年 国内展JAPEXで金銀賞受賞。1991年 国際展PHILA-NIPPONで「The Frontshape of Rollingstock」により大銀賞受賞。

祭り・イベント／名園／教会／
寺院／神社：監修・執筆

田中 敏彦（たなか としひこ）
切手の図案を巡る旅人　切手とパソコンと旅行とカレーが趣味。青年期は昭和切手、新昭和切手を中心にコレクションを拡張するも、20年前、デジタル日本切手図鑑『うめ』を作り始めたころから、切手に描かれた現物を訪ね歩く旅にはまる。常に妻も同伴し、別角度からのビデオ撮影や郵便貯金を担当。

仏像・仏画・神像：監修・執筆

江村 清（えむら きよし）
美術切手収集家　1971年から美術切手収集を始める。1998年、国内切手展にて小倉謙賞を受賞。2001年、HP「印象派時代館＆絵画切手館」を開設。2014年、世界切手展に出品、大金銀賞を受賞。現在、公益財団法人 日本郵趣協会の「研究会委員会」委員長を務める。著作に「印象派切手絵画館」（2014年）、「モダニズム切手絵画館」（2015年）ほかがある。

テーマ別日本切手カタログ

■ 今後の刊行予定（毎年1巻ずつ刊行）

Vol.5　生きもの編

既刊　Vol.1　花切手編
　　　Vol.2　世界遺産・景観編
　　　Vol.3　芸術・文化編

■このカタログについてのご連絡先
本書の販売については…〒168-8081（専用郵便番号）
　（株）郵趣サービス社　業務部　業務1課
　　TEL. 03-3304-0111　FAX. 03-3304-5318
　〔ご注文〕http://www.stamaga.net/
　〔お問い合わせ〕email@yushu.co.jp

内容については…〒171-0031　東京都豊島区目白1-4-23
　（株）日本郵趣出版　カタログ書籍編集部
　　TEL. 03-5951-3416　FAX. 03-5951-3327
　　Eメール　jpp@yushu.or.jp
＊個別のお返事が差し上げられない場合もあります。
　ご了承ください。